E. F. Engelhardt

LEGO® für echte Kerle

VOLVO
VOLVO

E. F. Engelhardt

LEGO® FÜR ECHTE KERLE

Bibliografische Information der Deutschen Bibliothek

Die Deutsche Bibliothek verzeichnet diese Publikation in der Deutschen Nationalbibliografie;
detaillierte Daten sind im Internet über http://dnb.ddb.de abrufbar.

Hinweis: Alle Angaben in diesem Buch wurden vom Autor mit größter Sorgfalt erarbeitet bzw. zusammengestellt und unter Einschaltung wirksamer Kontrollmaßnahmen reproduziert. Trotzdem sind Fehler nicht ganz auszuschließen. Der Verlag und der Autor sehen sich deshalb gezwungen, darauf hinzuweisen, dass sie weder eine Garantie noch die juristische Verantwortung oder irgendeine Haftung für Folgen, die auf fehlerhafte Angaben zurückgehen, übernehmen können. Für die Mitteilung etwaiger Fehler sind Verlag und Autor jederzeit dankbar. Internetadressen oder Versionsnummern stellen den bei Redaktionsschluss verfügbaren Informationsstand dar. Verlag und Autor übernehmen keinerlei Verantwortung oder Haftung für Veränderungen, die sich aus nicht von ihnen zu vertretenden Umständen ergeben. Evtl. beigefügte oder zum Download angebotene Dateien und Informationen dienen ausschließlich der nicht gewerblichen Nutzung. Eine gewerbliche Nutzung ist nur mit Zustimmung des Lizenzinhabers möglich.

Programmleitung und Lektorat: Dr. Markus Stäuble
Aufmachergrafiken: Mathias Vietmeier
Satz & Layout: DTP-Satz A. Kugge, München
art & design: www.ideehoch2.de
Druck: FIRMENGRUPPE APPL,
aprinta druck GmbH, Wemding

ISBN 978-3-645-**60349-2**

Egal ob groß oder klein, jeder will ein Lego-Ingenieur sein: Lego bzw. Lego-Bausteine sind seit Jahrzehnten ein beliebtes Spielzeug, das nicht nur bei Kindern, sondern auch bei Erwachsenen unvermindert großen Anklang findet. Im Jahr 1932 wurde im dänischen Billund von Ole Kirk Christiansen ein Tischlergeschäft für Stühle und Holzspielzeug eröffnet. Nach zwei Jahren wurde, abgeleitet vom dänischen Begriff »Leg godt«, der heute weltweit bekannte Markenname LEGO®, was sich auf Deutsch mit »Spiel gut« übersetzen lässt. Eine etwas bessere Beschreibung von »Leg godt« kommt aus dem Lateinischen und bedeutet »Ich füge zusammen«, was den noch immer spannenden Spielzweck besser unterstreicht. Im Jahr 1977 kam zu dem »traditionellen« Lego der Bereich Lego Technic hinzu, und seitdem steigt die Zahl der verfügbaren Modelle unaufhörlich.

Das Erfolgsgeheimnis von Lego liegt im Spieltrieb und der Kreativität des Einzelnen begründet, und dank der fortschreitenden Entwicklung und des verfügbaren Zubehörs sind der Fantasie beim Lego-Bauen keine Grenzen mehr gesetzt. Im Gegensatz zu früher, als nur wenige verschiedene und verschiedenfarbige Plastiksteine verfügbar waren, sind nun auch Spezialsteine und Komplettsets für den Blick über den Tellerrand hinaus erhältlich. Damit kommen immer mehr technische Innovationen hinzu, die mithilfe der den Modellen beiliegenden Bauanleitungen umgesetzt werden können. Es kommt zwar vor, dass Originalanleitungen verloren gehen, die Mehrzahl der Bauanleitungen ist jedoch noch in elektronischer Form im Internet zu finden, und die meisten davon sind auf der Lego-Webseite zum Download erhältlich. Alternativ bieten auch diverse Lego-Fan- und Bastelseiten alternative und rare Anleitungen – auch von inoffiziellen Modellen – zum Download an. Das Nachbauen der Modelle setzt natürlich das Vorhandensein von Zubehör sowie einiger Lego-Steine voraus, die zwar ebenfalls als Ersatzteil nachgekauft werden können, doch gerade bei speziellen Konstruktionen scheitert es manchmal buchstäblich an der Hardware. Stattdessen heißt die Devise: einfach die Baufantasie spielen lassen, um Modellalternativen zu schaffen, die es nicht nur mit dem Original aufnehmen können, sondern es an verschiedenen Stellen sogar verbessern und um zusätzliche Funktionen ergänzen. Das können ganz einfache Dinge sein wie beispielsweise das Hinzufügen von Lampen, die für die Innenbeleuchtung oder als Scheinwerfer eines Fahrzeugs verwendet werden. Für das elektronische Tuning der Lego-Modelle können Sie Ihre technische Kreativität ausleben und dank der Sensoren und Motoren auch allerhand Ideen umsetzen.

Elektronik ist bekanntermaßen nicht die Kernkompetenz von Lego – wer hier etwas »mehr« möchte, muss also selbst aktiv werden, um passgenaue und individuelle Lösungen für den Anwendungszweck mit dem Arduino oder dem Raspberry Pi zu entwickeln. Dennoch ist das Buch kein Einsteigerbuch zum Thema Raspberry Pi und Programmierung, der Raspberry Pi sollte mit der aktuellen Raspbian-Version betriebsfähig sein. Nach dem Lesen dieses Buchs werden Sie feststellen, dass sich die Lego-Technic-Spielwiese in Sachen Mechanik und Robotik sehr gut mit der Elektronik und dem Arduino sowie dem Raspberry Pi verbinden lässt. Gleichwohl erfordert jedes Projekt und jede Umbaumaßnahme etwas Zeit und Geduld sowie den Willen, auftretende Probleme selbst zu lösen.

Wir wünschen Ihnen viel Spaß mit und vor allem viel Nutzen von diesem Buch!

Autor und Verlag

Sie haben Anregungen, Fragen, Lob oder Kritik zu diesem Buch? Sie erreichen den Autor per E-Mail unter *ef.engelhardt@gmx.de*.

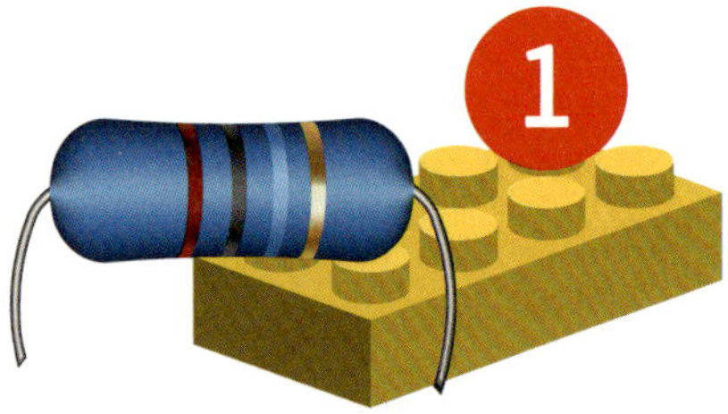
1

2

Zusatzmaterial

Lange Quellcodepassagen werden in diesem Buch nicht abgedruckt, sondern Sie können sich den kompletten Quellcode unter *www.buch.cd* herunterladen. An den jeweiligen Stellen im Buch steht neben dem Archivsymbol der Verzeichnis- und Dateiname.

Links

Bemerkung	Adresse
Arduino-Software	*http://arduino.cc/en/main/software*
Zahnradberechnung online	*http://home.versanet.de/~wb-367106/beispiel/html/Zahnradberechnung.html*
Arduino-Motor-Shield-Library	*https://github.com/adafruit/Adafruit-Motor-Shield-library*
Lego-Digitaldesigner	*http://ldd.lego.com/de-de/*
Lego-Prototyping im Browser	*www.buildwithchrome.com/static/map*
Lego-Bauteilsuche	*www.peeron.com/inv/*
Bausatzdatenbank und Zuordnung Bauteil zu Bauserie/Modell	*http://brickset.com/parts/*
Onlineshop für Lego-Ersatzteile	*www.bricklink.com*
Originalersatzteile Lego-Sets	*https://service.lego.com/de-de/replacementparts#WhatBrickBuy/*

Projekte funktionieren auf dem Raspberry Pi 2

Die Projekte wurden auf einem Raspberry Pi 1 Modell B+ entwickelt, dieser ist Pin-kompatibel zum Raspberry Pi 2 Modell B. Für die älteren Modelle (A und B) konsultieren Sie die GPIO-Pinübersicht auf Seite 32.

0,1µF
1000V
101
124
TI
345ID
RS265
SM564N
SUM 4S29W
3GF0
WC3A09r346
SM564N
SUM 4S29W

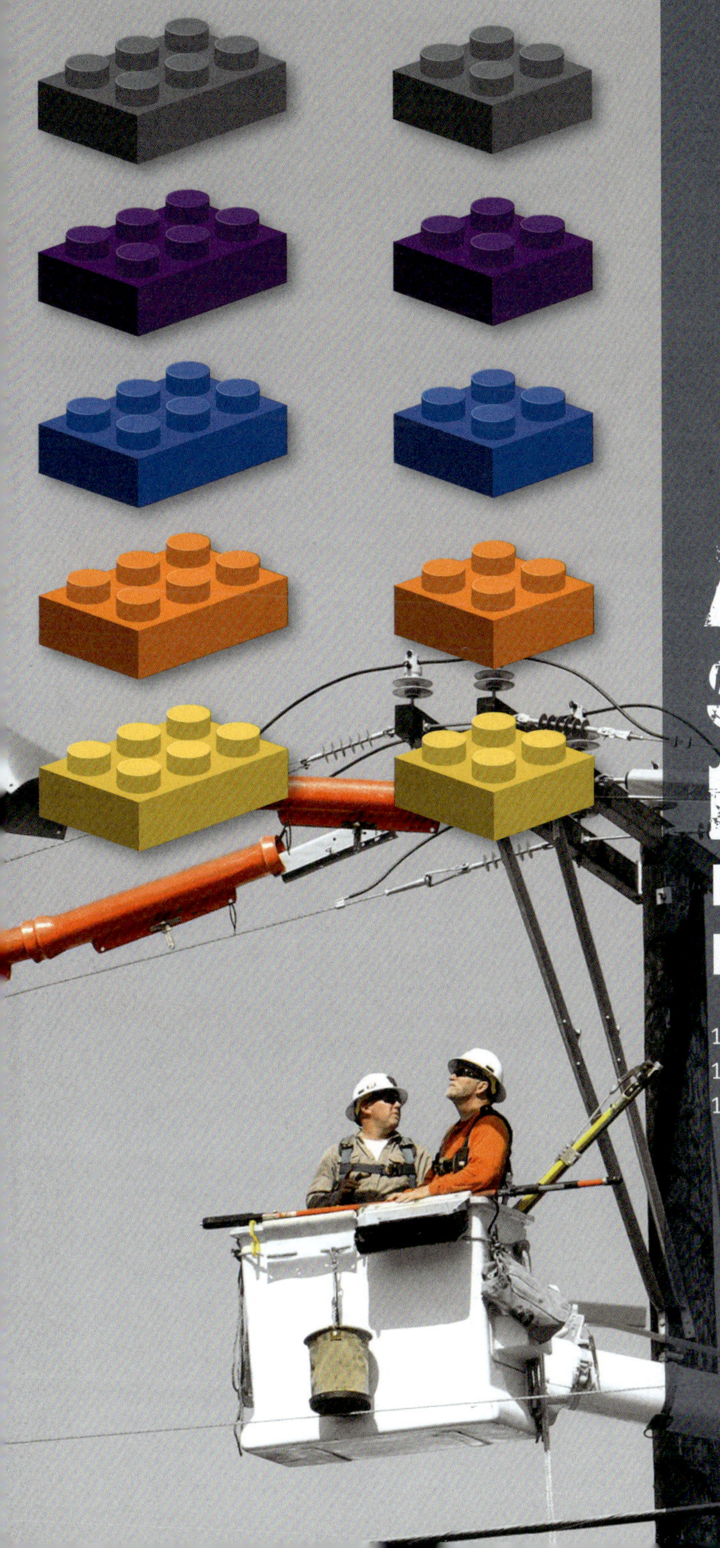

1

ACHTUNG, STROM KOMMT

Elektronik mit Lego verbinden

Eigeninitiative, Kreativität und Ideen – das sind die wichtigsten Voraussetzungen, um Eigenbauelektronik mit der Lego-Welt zu koppeln. Natürlich finden Sie in diesem Buch keine Schritt-für-Schritt-Anleitungen, um bereits vorhandene Lego-Sets nachzubauen, die man kaufen kann. Doch wenn Sie viele Lego-Steine und -Materialien besitzen, haben Sie auch einen Vorsprung in Sachen Kreativität – die Lego-Hardware ist natürlich notwendig, bevor es an das Zusammenbauen gehen kann. Grundsätzlich lassen sich Elektronik und Mechanik mit Lego-Unterstützung und Nutzung von Lego-Erweiterungen wie Lego Power Functions sehr gut verheiraten – aber auch Eigenbaulösungen mit eigenen Servomotoren und Lampen sind je nach Anspruch und technischem Know-how relativ einfach umzusetzen.

Zum Umbauen, Modden und Ergänzen mit Elektronik eignen sich alle Lego-Modelle, die einen steuerbaren und fahrbaren Unterbau mitbringen. Als besonders geeignet haben sich die zahlreichen Bagger- und Kranvarianten erwiesen, die mit unterschiedlichem Detailreichtum glänzen. Selbstverständlich lassen sich nicht alle interessanten Modelle in diesem Buch vorstellen und einsetzen. Im Rahmen der verschiedenen Projekte mit dem Arduino und dem Raspberry Pi wurden die in der nachstehenden Tabelle genannten Modelle exemplarisch verwendet. Die beschriebenen Elektronikprojekte sind jedoch so aufgebaut, dass Sie sie weitestgehend auch in und an anderen Lego-Technic-Modellen umsetzen können.

Lego	Lego-Teile-Nummer	Bezeichnung	Anzahl Teile	Bemerkung	Modding-Projekte
Lego Technic	8110	Unimog U400	2.048	Kran und Winde lassen sich in einen Schneepflug umbauen.	Nachrüsten von Lego-Zubehör und Motoren, Fernbedienung-Modding mit dem Raspberry Pi, Steuerung der Motoren mit dem Raspberry Pi, Fernbedienung über Smartphone.
Lego Technic	42009	Mobiler Schwerlastkran	2.606	2-in-1-Modell: Kann in einen Containerstapler mit Truck umgebaut werden.	Lego-Extremmodding: Nachrüsten von Lego-Zubehör (LEDs) und acht zusätzlichen Motoren.
Lego Technic	42030	Volvo-L350F-Radlader	1.636	2-in-1-Modell: Kann in einen Volvo-A25F-Kipplaster umgebaut werden.	Einbau Vierganggetriebe.
Lego Technic	8275	Motorisierter Bulldozer	1.355		Steuerung der Antriebsservomotoren mit Arduino mit Abstandssensoren.
Lego City	60051	Hochgeschwindigkeitszug	610		Ampel/Scheinwerfer im Eigenbau.

Der Mercedes-Benz-Unimog U400 bringt nicht nur Power-Functions-Zubehör in Form eines Motors für die Seilwinde und eines Batteriefachs samt Schaltung mit, sondern auch eine Pneumatiktechnik, mit der sich der nahezu 360 Grad um die eigene Achse drehbare Greifarm steuern lässt. Für das Auge ist in der Originalkonstruktion ein detailgetreuer Motor mit sich bewegenden Kolben verbaut. Lassen Sie die hintere Krankonstruktion sowie die Seilwinde weg, kann am Unimog daraus stattdessen ein Schneepflug montiert werden, der aus den Teilen der Ladefläche besteht.

1.1 Manchmal praktisch: Lego-Ersatzteillager nutzen

Gerade bei Lego-Spezialbauprojekten – unabhängig davon, ob mit oder ohne Eigenbauelektronik – kommt es immer wieder mal vor, dass genau der Lego-Technic-Baustein gerade zu dem Zeitpunkt nicht auffindbar ist, wenn er benötigt wird. Doch manchmal kann es selbst bei einem frisch gekauften Lego-Technic-Set vorkommen, dass der eine oder andere Lego-Baustein fehlt – aus welchem Grund auch immer. Lego hat für diesen Zweck eine eigene Service- und Qualitätssicherungsseite im Internet, auf der Sie solche Beanstandungen melden und die benötigten Ersatzteile innerhalb kürzester Zeit kostenlos erhalten können.

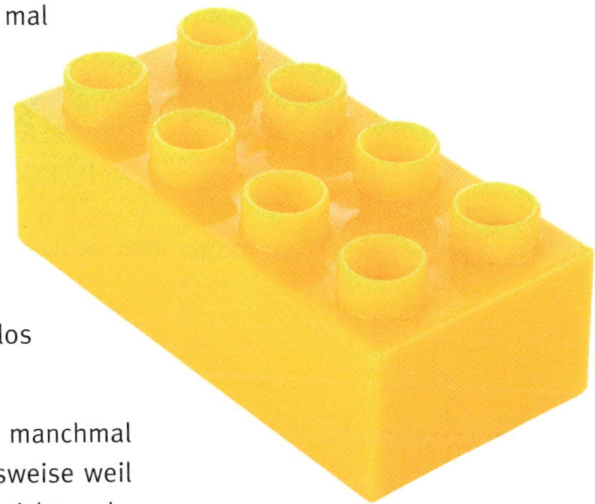

Gerade bei älteren Lego-Bausätzen sind Ersatzteile bei Lego manchmal nicht mehr kostenfrei oder gar nicht mehr erhältlich, beispielsweise weil sie nicht mehr in irgendwelchen Sets verbaut und demnach nicht mehr

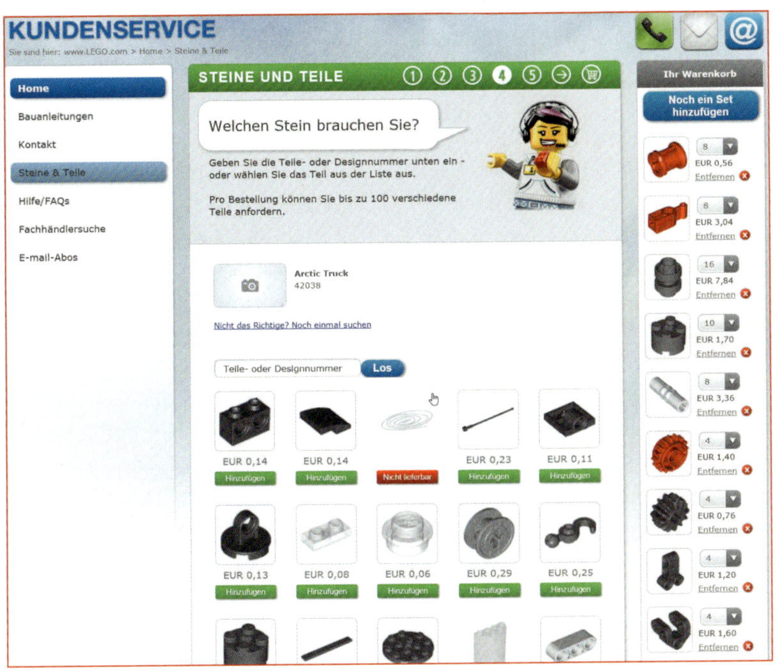

https://service.lego.com/de-de/replacementparts#WhatBrickBuy/: Hervorragender Kundenservice wird großgeschrieben. Fehlt nach dem Kauf der eine oder andere wichtige Baustein, lässt sich dieser bequem per Suche selektieren und in einen Warenkorb legen. Nach rund einer Woche liegen die Ersatzteile kostenlos im Briefkasten.

produziert werden. Für den Fall finden sich im Internet einige Lego-Teile-Händler, die auch rare Lego-Ersatzteile natürlich kostenpflichtig auf Lager haben – ideal bei Eigenkreationen, die spezielle Technic-Bausteine benötigen. Solche Teile werden auch benötigt, wenn es darum geht, möglichst originalgetreu ein Modell nachzubauen und beispielsweise eine funktionstüchtige Steuerung oder einen alternativen Getriebeblock für große Bodenfreiheit sowie Vierganggetriebe mit Motorsteuerung umzusetzen. Dann reichen die Standardbauteile im Karton meist nicht aus.

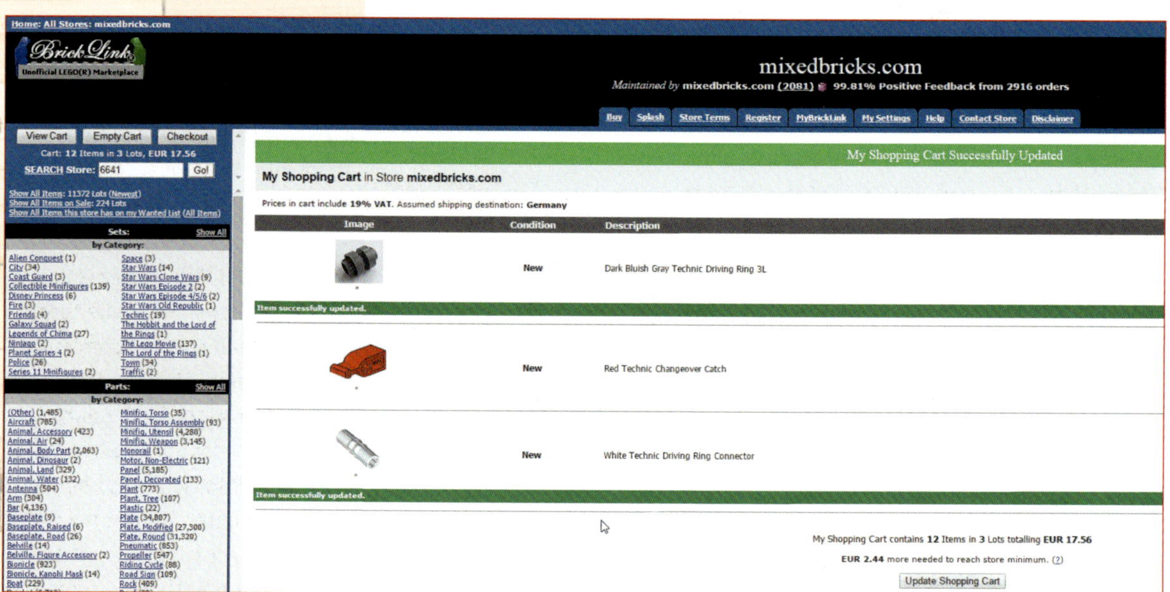

Ersatzteillager *www.bricklink.com*: Soll es einmal schnell gehen oder geht es um Bausteine, die offiziell nicht mehr erhältlich sind, ist das Internet eine wahre Fundgrube.

Um nun das Lego-Eigenbaumodell mit technisch anspruchsvollen elektronischen Funktionen auszurüsten, benötigen Sie neben den passenden Lego-Technic-Bausteinen auch ein paar elektronische Grundlagen, damit das Nachrüsten der Lego-Steine mit der Eigenbauelektronik auf Anhieb funktioniert.

1.2 Stromkreis, Spannung, Stromstärke

Um in einem Lego-Fahrzeug überhaupt Elektronik einsetzen zu können, braucht es etwas Hintergrundwissen. Die Basis der Elektronik beruht auf einem oder mehreren elektrischen Stromkreisen. Dieser besteht in der Regel aus einer Spannungsquelle bzw. Stromquelle, einem Leiter (beispielsweise einem Steckboard oder Draht) und einem Verbraucher (LED, Motor etc.) mit einem sogenannten Innenwiderstand, der dafür sorgt, dass im Inneren des Verbrauchers Spannung abfällt. Bevor Sie in die Tiefen der Schaltkreise und Steuerungen eintauchen, sollten Sie die Schulphysik nochmals in Erinnerung rufen: Die elektrische Spannung – U genannt – gibt den Unterschied der Ladungen zwischen zwei Polen an. Spannungsquellen besitzen immer auf der einen Seite den Pluspol mit einem Mangel an Elektronen und auf der anderen Seite den Minuspol mit einem Überschuss an Elektronen. Die Differenz der Elektronenmenge wird elektrische Spannung genannt. Werden Pluspol und Minuspol verbunden, kommt es zu einer Entladung der Elektronen, was für den Stromfluss sorgt.

1.2.1 Strom und Spannung – Schaltungen verstehen

Die elektrische Spannung wird in Volt (V) gemessen, hier lesen Sie auch manchmal die Kürzel AC und DC. Dies steht bekanntlich für eine australische Rockband, deren Gitarrist eine Schuluniform trägt – was den elektrischen Strom angeht, steht das AC für *Alternating Current* (wechselnder Strom, Wechselstrom), und DC ist die Abkürzung für *Direct Current*, was übersetzt Gleichstrom bedeutet. Strom wird in der Einheit Ampere (A) gemessen und in Formeln und Schaltbildern mit dem Symbol I gekennzeichnet. Der im Stromkreis fließende Strom hängt neben der Höhe der Spannung auch von der Größe des verwendeten Widerstands ab. Hier darf jeder Verbraucher, wie etwa Glühbirne, LED, Motor etc., bei einem Schaltkreis nur an die für ihn geeignete Spannung angeschlossen werden. Das Zusammenspiel aus Spannung, Strom und Widerstand berechnen Sie mit der aus der Schule bekannten URI-Formel:

```
Elektrische Spannung U = Widerstand R * Strom I
```

Die elektrische Leistung wird in Watt (W) angegeben und mit der Formel:

```
Leistung P = elektrische Spannung U * Strom I
```

berechnet. Komplett wird der Stromkreis neben der beschriebenen Spannungsquelle (Batterie, Akku, Steckdose etc.) erst mit einem oder mehreren angeschlossenen Verbrauchern wie beispielsweise einer Glühbirne oder einem Motor. Jeder angeschlossene Verbraucher besitzt einen eigenen elektrischen Widerstand, manche Verbraucher wie LEDs benötigen einen zusätzlichen Widerstand, falls die angelegte Spannung bzw. der Strom zu hoch ist. Die Maßeinheit für den Widerstand ist bekanntlich Ohm (Ω), dieser lässt sich leicht mit der URI-Formel berechnen – in Schaltbildern und Programmen werden Widerstände mit einem R-Symbol markiert.

Technische vs. physikalische Stromrichtung

Sind beispielsweise eine LED und ein Widerstand über die Steckplatine an der Spannungsquelle angeschlossen, fließt der elektrische Strom vom Minuspol über die LED zum Pluspol (physikalische Stromrichtung). Die traditionelle Stromrichtung (technische Stromrichtung) geht natürlich von Plus nach Minus, so auch in Schaltplänen: Der Richtungssinn von Strömen und Spannungen wird hier grundsätzlich in der technischen Stromrichtung durch Bezugspfeile vom höheren zum niederen Potenzial angegeben.

1.2.2 Steckplatine richtig nutzen

Der Weg zur fertigen Platine führt ja meist über ein einfaches Steckboard. Gerade beim Schaltungsaufbau mit den GPIO-Anschlüs-

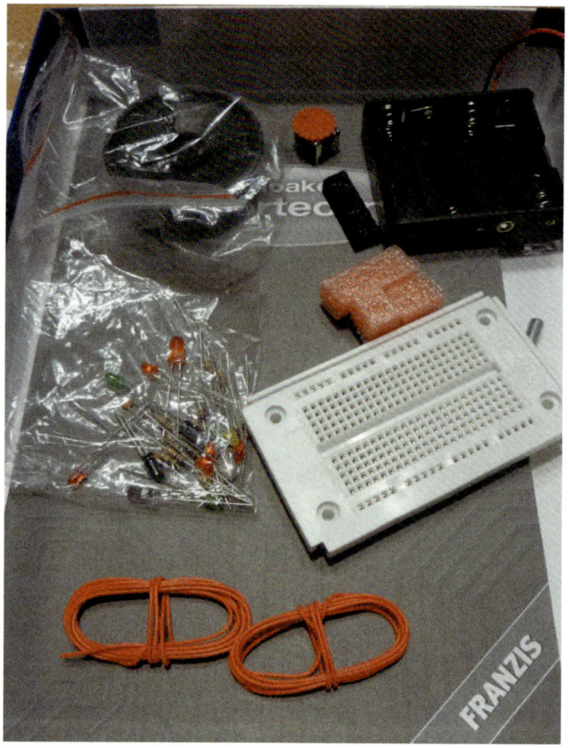

Ohne Lötkolben sicher experimentieren: Das Lernpaket LEDs bringt alles Notwendige für die Lego-Elektronik-experimente mit.

sen des Raspberry Pi oder dem Anschluss an einen Arduino ist das besonders praktisch, vor allem für jene, die ungern von Anfang an einen Lötkolben bzw. eine Lötstation nutzen möchten. Steckplatinen gibt es in nahezu allen Größen und Preiskategorien, ab 10 Euro bekommen Sie ein halbwegs taugliches Brett. Günstiger und praktischer sind hier Komplettsets, die neben der Steckplatine auch Steckzubehör wie Widerstände, LEDs etc. bereits mit im Lieferumfang haben. Das Wichtigste ist hier natürlich die Steckplatine. Die Menge an LEDs, die sich in dem Lernpaket befinden, werden Sie fürs Erste wahrscheinlich nicht benötigen, aber immerhin ist es besser, sie zu haben, als sich für jede einzelne LED und jedes Zubehör extra auf den Weg zum Elektronikhändler machen zu müssen.

Bei Franzis sind diese Lernpakete in die Bereiche Beleuchtung/LED, Sensoren, IC-Entwicklung und andere unterteilt, dazu ist jeweils ein Buch mit den passenden Elektronikprojekten mit im Karton. Für den Start mit dem Arduino, einem Raspberry Pi oder gar ganz ohne Mikrocontroller ist die Steckplatine im Franzis-Bausatz LED zunächst mehr als ausreichend.

Richten Sie die Steckplatine so vor sich aus, dass die darauf gedruckten Zahlen richtig zu lesen sind. Mittig sehen Sie zwei unterteilte Pin-Flächen, auf denen je Modell mindestens fünf Pins (a–e sowie f–j) in einer horizontalen Reihe angeordnet und miteinander verbunden sind.

Die Anschluss-Pins, die in der Abbildung miteinander verbunden sind, haben elektrischen Kontakt miteinander. Neben Widerständen, LEDs, ICs etc. brauchen Sie zusätzlich noch Kabelverbinder oder Kabelbrücken, die in die kleinen Pin-Öffnungen der Steckplatine passen.

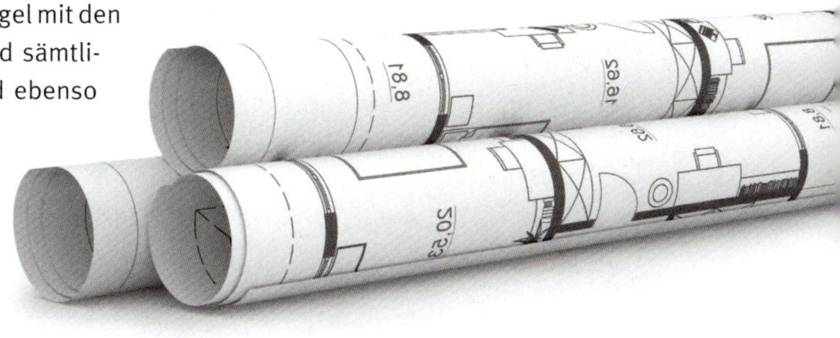

Links und rechts sind je zwei Pin-Reihen, die in der Regel mit den Bezeichnungen »+« und »–« markiert sind. Hier sind sämtliche Pins der Reihe »+« miteinander verbunden und ebenso die Masseleitung »–«. Wer Klingeldraht oder Telefonkabel greifbar hat, kann sich eigene Steckkabel in der gewünschten Länge selbst konfektionieren. Am Anfang und am Ende der Leitung ist lediglich ein Stückchen (3 bis 5 mm) Kabel abzuisolieren. Reicht der Platz einer Steckplatine nicht aus, lässt sie sich bequem erweitern – an der Seite sind Erweiterungshalterungen vorhanden.

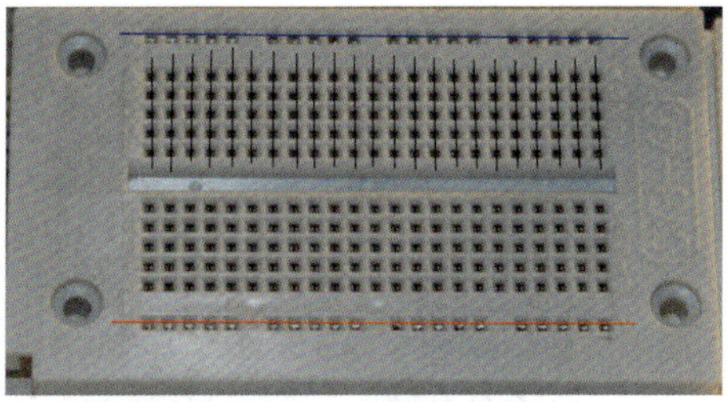

Steckplatinen-/Steckboard-Technik: Außen horizontal und innen vertikal sind die Leitungen verbunden.

1.3 Die erste Schaltung auf der Steckplatine

Schließen Sie zunächst die Stromversorgung an die Steckplatine an. In diesem Experiment ist es egal, welche Spannung Sie am Arduino, Raspberry Pi oder Batterieblock anzapfen (5 V oder 3,3 V), wichtig ist nur, dass auch eine dazu passende LED sowie ein Widerstand verfügbar sind.

Betrachten Sie eine LED-Diode genauer, fällt sofort auf, dass ein Beinchen der LED-Diode länger ist als das andere. Hier ist das längere Beinchen die Anode (Pluspol), das kürzere die Kathode. Sind beide Beinchen gleich lang, nehmen Sie die LED genauer in Augenschein: Sehen Sie bei der Leitung im Gehäuse eine abgeflachte, fahnenähnliche Kantenform, ist dieser Draht die Kathode und an die Minusleitung anzuschließen.

Für den Einsatz einer LED ist ein Vorwiderstand notwendig. Zuerst stecken Sie den Widerstand wie im Bild gezeigt ein, anschließend in der gleichen Reihe das erste Beinchen und zu guter Letzt das zweite Beinchen in den Außen-Pin der 5-V-Leitung des Steckboards.

Dioden und LEDs wirken ähnlich wie ein elektrisches Ventil und dienen in einfachen Schaltungen oftmals auch als »Sicherung«: Da bei Dioden der Strom nur in eine Richtung, in die sogenannte Durchlassrichtung, fließen kann, leuchtet die LED nur, wenn sie richtig herum angeschlossen ist. Wird die LED falsch herum in die Steckplatine in den Stromkreis gesteckt, fließt kein Strom. Für den korrekten Betrieb der LED auf der Steckplatine ist ein sogenannter Vorwiderstand notwendig, denn ab einer bestimmten Durchlassspannung von ca. 1,5 V bei roten LEDs, bis 3,5 V bei blauen LEDs, kommt der Strom, der durch die LED fließt, in einen unzulässigen Bereich. Meist leuchtet die LED aber auch und manchmal sehr hell, doch nicht lange, und irgendwann wird sie durchbrennen. Um den nötigen Vorwiderstand einer LED berechnen zu können, benötigen Sie drei Werte: die Spannung U und den Strom I (findet man im Katalog oder im Datenblatt der LED) sowie die anliegende Spannung, die beim Raspberry Pi je nach genutztem Pin entweder 3,3 V oder 5 V beträgt. In diesem Fall wurden Pin 1 (5 V) und Pin 6 (GND) an die »+«-Leitung bzw. an die »–«-Leitung der Steckplatine geführt. Hier herrscht an der »+«-Leitung sozusagen Dauerstrom.

Nutzen Sie beispielsweise eine grüne Standard-LED mit Spannung U = 2,2 V und Stromstärke I = 20 mA (= 0,02 A) am 5-V-Ausgang des Raspberry Pi, berechnen Sie zunächst die verbleibende Restspannung:

```
5 V - 2,2 V = 2,8 V
```

Hier muss der Vorwiderstand die Spannung um 2,8 V »herabsenken«, damit die LED auf Dauer keinen Schaden nimmt. Um nun den passenden Widerstand zu berechnen, nutzen Sie die bekannte Formel U = R * I:

```
R = U / I
```

bestückt mit den Beispielwerten:

```
R = 2,8 V / 0,02 A = 140 Ω
```

Stecken statt Löten: Mit einer Steckplatine bauen Sie kleinere Schaltungen im Handumdrehen auf, ohne dass dazu ein Lötkolben notwendig wäre.

In diesem Fall würden Sie einen 140-Ω-Widerstand benötigen, der erst mal so nicht verfügbar ist – vor allem nicht, wenn Sie am Samstagnachmittag beim Basteln sind und die Geschäfte gleich schließen. In diesem Fall nehmen Sie den nächsten verfügbaren der Widerstandsnormreihe oder nutzen zwei 100-Ω-Widerstände parallel sowie einen dritten 100-Ω-Widerstand in Reihe, um auf einen Gesamtwiderstand von 150 Ω zu kommen.

Das ist erstmal das nötige Rüstzeug, um eine oder mehrere LEDs mithilfe des Raspberry Pi oder eines Arduino zum Leuchten zu bekommen. Im nächsten Schritt verbinden Sie die Steckplatine entweder mit den Pins des Arduino oder mit den Raspberry-Pi-Anschlüssen. Der Arduino selbst bringt leicht zugängliche Steckbuchsen mit – die Kopplung von Raspberry Pi und Steckplatine lässt sich mit einer Eigenbaulösung in Form einer Kupplung lösen.

1.3.1 Steckplatine mit Arduino oder Raspberry Pi koppeln

Jumperkabel – auch Steckbrückenkabel genannt – stehen in unterschiedlichen Längen und Bauformen zur Verfügung. Am häufigsten wird hier die weibliche Variante (zwei Buchsen) verwendet, beim Einsatz des Raspberry Pi und der Steckplatine sind hingegen die Jumperkabel mit Buchse auf der einen und Stecker auf der anderen Seite sinnvoll. Im Gegensatz dazu besitzt die Original-Arduino-Platine Steckbuchsen, und damit sind für den Anschluss an die Steckplatine »männliche« Jumperkabel – mit beidseitig angebrachten Steckern – notwendig. Damit lassen sich sämtliche Anschlüsse, wie Digital- und Analog-Pins, aber auch Spannungsversorgung und Masse, bequem auf die Steckplatine übernehmen.

Alternativ lassen sich auch Soundkartenanschlusskabel von CD-/DVD-ROM-Laufwerken (rechts im Bild) nutzen, um die benötigten GPIO-Anschlüsse sowie die Spannungsversorgung des Raspberry Pi anzuzapfen. Das 26-polige Flachbandkabel mit Stecker und Wannenbuchse wurde eigens konfektioniert, um die Anschlüsse eins zu eins aus dem Raspberry Pi-Gehäuse zu führen. Für die Verbindung zur Steckplatine können auch einzeln konfektionierte Buchsen mit Stecker-Pin (links im Bild, blaues und gelbes Kabel) dienen.

In der Regel befindet sich der Raspberry Pi in seinem Gehäuse, und es gibt auch eigentlich keinen Grund, warum man das ändern sollte. Doch um an die GPIO-Schnittstelle heranzukommen, ist es notwendig, das Gehäuse zu öffnen – hat man das »richtige« Gehäuse, reicht es aus, einfach ein altes Floppy- oder IDE-Flachbandkabel (40 Pin) aus der PC-Bastelkiste zu verwenden, um die Anschlüsse nach außen zu legen und das Flachbandkabel durch den entsprechenden Ausgang am Gehäuse zu führen. Wer kein altes Flachbandkabel hat, der holt sich im Elektronikhandel einen 26-poligen Buchsenstecker samt 26-poliger Wannenbuchse und trennt hier beispielsweise ein 40-poliges IDE-Kabel auf. Wie auch immer – direkt auf der Raspberry-Platine zu hantieren, ist nicht nur lästig, sondern auch verpönt: Möchten Sie beispielsweise den Raspberry Pi für andere Zwecke als für ein Elektronikprojekt einsetzen, ist es natürlich bequemer, einfach »mal nur den Stecker« zu ziehen, als die einzelnen Kabel einzeln zu entfernen und später wieder zu konfektionieren.

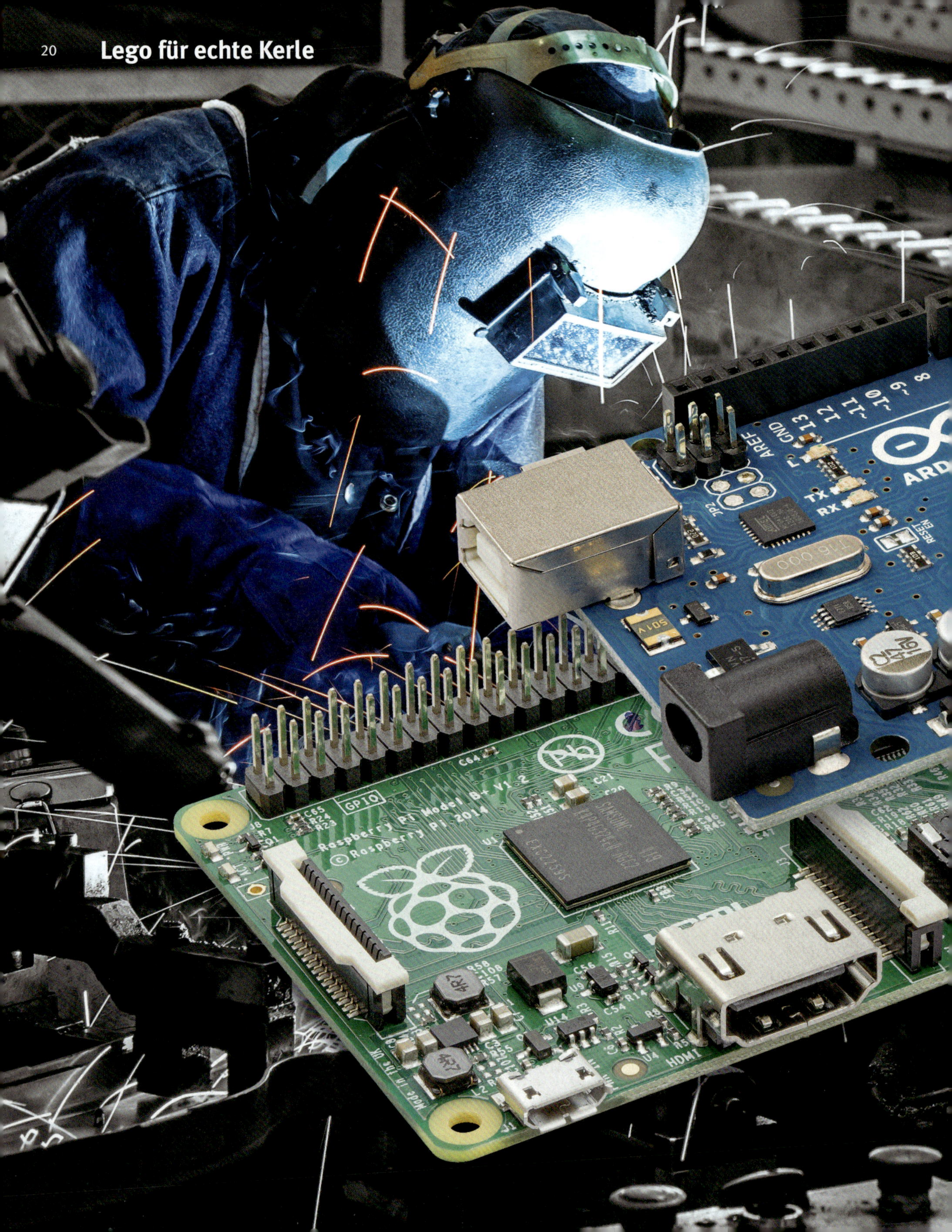
AREF
GND
13
12
~11
~10
~9
8
TX
RX
RESET
GPIO
Raspberry Pi Model B+ V1.2
© Raspberry Pi 2014
HDMI

2

GEHIRN EINSCHALTEN

Arduino und Raspberry Pi

Raspberry Pi 1 und 2 – vielfältige Möglichkeiten

Während Raspberry Pi 1 Modell A und A+ mit nur einem USB-Port und ohne Netzwerkanschlussbuchse ausgeliefert wurden, war das nächstgrößere Modell B bereits mit zwei USB-Ports und einer RJ45-10/100-MBit-Netzwerkschnittstelle ausgerüstet. Im Herbst 2012 wurde das Modell B von einem zweiten B-Modell (Revision v2) abgelöst, das im Vergleich zu seinem Vorgänger mit mehr Arbeitsspeicher ausgestattet ist. Während die ersten Modelle mit 256 MByte Kapazität bestückt sind, bietet der Raspberry Pi 1/B2 nunmehr 512 MByte. Mit dem im Februar 2015 vorgestellten Nachfolger Raspberry Pi 2 Modell B wurde die Speichergröße nochmals erhöht und auf 1 GByte angehoben – als Prozessor kommt ein A7-Cortex mit vier Kernen und 900 MHz Taktfrequenz zum Einsatz, was einer rund sechsfachen Leistungssteigerung gegenüber dem Raspberry Pi 1 entspricht. Im Juli 2014 wurde das Industriemodul Raspberry Pi Compute Module samt passendem IO-Board sowie der auf dem Raspberry Pi Modell B(2) basierende verbesserte Raspberry Pi B+ vorgestellt. Zwar setzen beide Modelle im Wesentlichen auf die gleiche Basis auf, differieren jedoch hinsichtlich der Anzahl der Schnittstellen und der damit verbundenen Möglichkeiten. Die GPIO-Schnittstelle besitzt bei den Raspberry Pi 1-Modellen A, B, B2 26 Pins, bei den verbesserten Modellen A+ und B+ sowie beim Raspberry Pi 2 Modell B 40 Pins und bei dem IO-Board des Compute-Moduls 120 Pins. Im Fall von Modell A, B, B2 verwendet der Prozessor insgesamt 54 Ein- und Ausgabeleitungen, von denen 17 als »echte« GPIO-Schnittstellen zur Verfügung stehen. Die eigentliche Anzahl der im Endeffekt frei nutzbaren GPIO-Anschlüsse wird nochmals reduziert, da einige Pins alternative Funktionen mitbringen wie beispielsweise eine I2C- oder SPI-Schnittstelle oder die serielle UART-Schnittstelle, die einen Rx- und Tx-Pin benötigt. Sollen sämtliche Schnittstellen verwendet werden, verbleiben bei den »alten« Raspberry-Pi-Platinen acht »echte« GPIO-Pins, die sich für Hardwareexperimente verwenden lassen. Mit der Einführung der A+- und B+-Modelle bzw. dem Raspberry Pi 2 und dem CMIO-Board wurde durch zusätzliche Pins, die Anzahl der zur Verfügung stehenden GPIO-Anschlüsse erhöht.

	A	A+	B

SoC[1]	BCM2835	BCM2835	BCM2835
CPU	700 MHz ARM1176JZF-S core (ARM11)	700 MHz ARM1176JZF-S	700 MHz ARM1176JZF-S core (ARM11)
GPU	Broadcom VideoCore IV, OpenGL ES 2.0, 1080p30 h.264/ MPEG-4 AVC-Decoder	Broadcom VideoCore IV, OpenGL ES 2.0, 1080p30 h.264/ MPEG-4 AVC-Decoder	Broadcom VideoCore IV, OpenGL ES 2.0, 1080p30 h.264/ MPEG-4 AVC-Decoder
Speicher	256 MByte (geteilt mit GPU)	256 MB (geteilt mit GPU)	256 MByte (geteilt mit GPU)
USB-2.0-Anschlüsse	1	1	2 (eingebauter USB-Hub)
Videoausgang	Composite RCA (PAL & NTSC), HDMI (rev 1.3 & 1.4), HDMI-Auflösung von 640 x 350 bis 1920 x 1200 (PAL & NTSC)	HDMI (rev 1.3 & 1.4), HDMI-Auflösung von 640 x 350 bis 1920 x 1200 (PAL & NTSC), Composite RCA-Signal über 3,5-mm-Klinke	Composite RCA (PAL & NTSC), HDMI (rev 1.3 & 1.4), HDMI-Auflösung von 640 x 350 bis 1920 x 1200 (PAL & NTSC)
Audioausgang	3,5-mm-Klinke, HDMI	3,5-mm-Klinke, HDMI	3,5-mm-Klinke, HDMI
Onboard-Steckplätze	SD/MMC/SDIO-Kartenslot	Micro SD/MMC/ SDIO-Kartenslot	SD/MMC/SDIO-Kartenslot
Onboard-eMMC-Speicher	-	-	-
Onboard-Netzwerkanschluss	-	-	10/100 Ethernet
Low-Level-Anschlüsse	18 GPIO, UART, I^2C-Bus, SPi-Bus, +3,3 V, +5 V, Masse	27 GPIO, UART, I^2C-Bus, SPi-Bus, +3,3 V, +5 V, Masse	18 GPIO, UART, I^2C-Bus, SPi-Bus, +3,3 V, +5 V, Masse
Stromaufnahme	500 mA (2,5 W)	400 mA (3 W)	700 mA (3,5 W)
Größe in mm	85,60 x 53,98	65 x 56	85,60 x 53,98
Pins	26	40	26

1) CPU + GPU + DSP + SDRAM

	B2	B+	Pi 2 Modell B	CMIO[1]

	BCM2835	BCM2835	BCM2836	BCM2835
CPU	700 MHz ARM1176JZF-S	700 MHz ARM1176JZF-S	900 MHz ARM Cortex-A7	700 MHz ARM1176JZF-S
GPU	Broadcom VideoCore IV, OpenGL ES 2.0, 1080p30 h.264/ MPEG-4 AVC-Decoder	Broadcom VideoCore IV, OpenGL ES 2.0, 1080p30 h.264/ MPEG-4 AVC-Decoder	Broadcom VideoCore IV, OpenGL ES 2.0, 1080p30 h.264/ MPEG-4 AVC-Decoder	Broadcom VideoCore IV, OpenGL ES 2.0, 1080p30 h.264/ MPEG-4 AVC-Decoder
Speicher	512 MByte (geteilt mit GPU)	512 MByte (geteilt mit GPU)	1024 MByte (geteilt mit GPU)	256 MByte (geteilt mit GPU)
USB-2.0-Anschlüsse	2 (eingebauter USB-Hub)	4 (eingebauter USB-Hub)	4 (eingebauter USB-Hub)	1
Videoausgang	Composite RCA (PAL & NTSC), HDMI (rev 1.3 & 1.4), HDMI-Auflösung von 640 x 350 bis 1920 x 1200 (PAL & NTSC)	HDMI (rev 1.3 & 1.4), HDMI-Auflösung von 640 x 350 bis 1920 x 1200 (PAL & NTSC), Composite RCA-Signal über 3,5-mm-Klinke	HDMI (rev 1.3 & 1.4), HDMI-Auflösung von 640 x 350 bis 1920 x 1200 (PAL & NTSC), Composite RCA-Signal über 3,5-mm-Klinke	HDMI (rev 1.3 & 1.4), HDMI-Auflösung von 640 x 350 bis 1920 x 1200 (PAL & NTSC)
Audioausgang	3,5-mm-Klinke, HDMI	3,5-mm-Klinke, HDMI	3,5-mm-Klinke, HDMI	HDMI
Onboard-Steckplätze	SD/MMC/SDIO-Kartenslot	Micro SD/MMC/ SDIO-Kartenslot	Micro SD/MMC/ SDIO-Kartenslot	-
Onboard-eMMC-Speicher	-	-		4 GByte
Onboard-Netzwerkanschluss	10/100 Ethernet	10/100 Ethernet	10/100 Ethernet	-
Low-Level-Anschlüsse	18 GPIO, UART, I²C-Bus, SPi-Bus, +3,3 V, +5 V, Masse	27 GPIO, UART, I²C-Bus, SPi-Bus, +3,3 V, +5 V, Masse	27 GPIO, UART, I²C-Bus, SPi-Bus, +3,3 V, +5 V, Masse	GPIO, UART, I²C-Bus, SPi-Bus, +3,3 V, +5 V, Masse
Stromaufnahme	700 mA (3,5 W)	600 mA (3 W)	600 mA (3 W)	500 mA (2,5 W)
Größe in mm	85,60 x 53,98	85 x 56	85 x 56	65 x 35 (So-DIMM-Platine)
Pins	26	40	40	120

1) Compute-Modul auf dem IO-Board

2.1 GPIO-Steuerung über die Konsole und Python

Grundsätzlich werden die GPIO-Ausgänge des Raspberry Pi über virtuelle Dateien bzw. über deren Dateimanipulation gesteuert. Vereinfacht bedeutet dies: Steht in einer solchen Steuerdatei der Wert 0, ist der Schalter geöffnet, und es fließt kein Strom, steht hingegen dort der Wert 1, ist der Stromkreis geschlossen und die angeschlossene Schaltung wird aktiviert.

```
pi@fhemraspian ~ $ ls /sys/class/gpio -latr
insgesamt 0
drwxr-xr-x 30 root root    0 Jan 28 17:17 ..
lrwxrwxrwx  1 root root    0 Jan 28 17:17 gpio18 -> ../../devices/virtual/gpio/gpio18
lrwxrwxrwx  1 root root    0 Jan 28 17:17 gpio17 -> ../../devices/virtual/gpio/gpio17
--w-------  1 root root 4096 Jan 28 17:17 export
drwxr-xr-x  2 root root    0 Jan 28 17:17 .
--w-------  1 root root 4096 Feb  9 02:39 unexport
lrwxrwxrwx  1 root root    0 Feb  9 02:39 gpiochip0 -> ../../devices/virtual/gpio/gpiochip0
pi@fhemraspian ~ $
```

Nach dem »Aktivieren« der GPIO-Pins steht im Verzeichnis */sys/class/gpio* anschließend die entsprechende »Steuerdatei« zur Verfügung.

Die virtuellen Dateien für den GPIO-Pfostenstecker finden Sie im Verzeichnis */sys/class/gpio*. Mit dem Kommando

```
ls /sys/class/gpio
```

stellen Sie fest, dass sich dort die Dateien *export* und *unexport* befinden. Der Trick besteht zunächst darin, den oder die gewünschten GPIO-Pins auf dem Raspberry Pi zu aktivieren, dies erledigen Sie mit dem Eintragen der entsprechenden GPIO-Nummer in die *export*-Datei. Mit den folgenden Kommandos wird beispielsweise GPIO24 und GPIO23 mitgeteilt, dass sie womöglich bald genutzt werden:

```
sudo echo "24" > /sys/class/gpio/export
sudo echo "23" > /sys/class/gpio/export
```

Nun verwenden wir eine Schaltung mit zwei LEDs an GPIO23 und GPIO24, die an Pin 16 und Pin 18 auf dem Raspberry Pi gekoppelt sind, ähnlich wie es in Kapitel 1.3 vorgestellt wurde.

Arduino oder Raspberry Pi?

Auf den ersten Blick scheinen beide Platinen kaum unterschiedlich, stehen doch jeweils Anschlüsse für den Betrieb und die Steuerung von elektronischen Schaltungen zur Verfügung. Doch während der Arduino als Mikrocontroller auch für sich allein funktions- und arbeitsfähig ist, benötigt ein Raspberry Pi als Mikrocomputer ein eigenes Betriebssystem als Basis. Einmal installiert, steht der Raspberry Pi als vollwertiger Computer zur Verfügung. Deshalb sind im Einsatz mit Lego bzw. Lego Technic beide Technologien recht praktisch, und geübte Bastler werden die Eingangsfrage einfach damit beantworten, dass sie das »oder« durch ein »und« ersetzen, da sowohl der Arduino als auch den Raspberry Pi zum Einsatz kommen sollen. Wem das nicht reicht, der kann notfalls beide dank der I²C-Schnittstelle auch zusammenschließen, um beide Welten zu verbinden. Dies darzustellen, würde jedoch den Rahmen dieses Buchs sprengen.

2.1.1 Schalten per Konsole

Grundsätzlich kann ein GPIO-Anschluss auf dem Raspberry als Ausgang, aber auch als Eingang genutzt werden, in diesem Fall ist der Raspberry der Aktor, denn wir wollen etwas einschalten: Um nun die Dioden dauerhaft einzuschalten, müssen Sie beide GPIO-Pins zunächst als Ausgang definieren:

```
sudo echo "out" > /sys/class/gpio/gpio23/direction
sudo echo "out" > /sys/class/gpio/gpio24/direction
```

Im umgekehrten Fall – beispielsweise wenn an dem GPIO-Anschluss ein Sensor angebracht wäre und Sie den Wert im Raspberry Pi weiterverarbeiten wollten, würden Sie den Anschluss als Eingang definieren und stattdessen:

```
sudo echo "in" > /sys/class/gpio/gpio23/direction
```

in die Konsole eingeben. Die oben definierten GPIO-Anschlüsse 23 und 24 liegen auf 0 V, der Stromkreis ist also noch nicht geschlossen, und die gekoppelten LEDs leuchten nicht. Um sie zu schalten, nutzen Sie diese Befehle:

```
sudo echo "1" > /sys/class/gpio/gpio23/value
sudo echo "1" > /sys/class/gpio/gpio24/value
```

Hier tragen Sie jeweils den Wert *1* in die Datei mit der Bezeichnung *value* ein. In diesem Fall werden sowohl Pin 16 als auch Pin 18 mit Strom versorgt, die beiden LEDs sollten nun dauerhaft leuchten. Um die LEDs wieder abzuschalten, setzen Sie den Pegel von *High* auf *Low*. Dies erledigen Sie, indem Sie einfach statt der *"1"* den Wert *"0"* in die *value*-Datei in das entsprechende GPIO-Verzeichnis schreiben.

```
sudo echo "0" > /sys/class/gpio/gpio23/value
sudo echo "0" > /sys/class/gpio/gpio24/value
```

Für das einmalige Experimentieren auf der Kommandozeile macht dies natürlich eine Zeit lang Spaß, auf Dauer jedoch sind lange Kommandozeilenbefehle lästig und fehleranfällig

Deshalb ist es hier sinnvoll, sämtliche bzw. zumindest die benötigten virtuellen Dateien der entsprechenden GPIOs bereits beim Systemstart des Raspberry Pi automatisch zu starten. Erstellen Sie einfach ein Shell-Skript mit der Bezeichnung *gpiostart.sh* mit folgendem Inhalt:

```
#!/bin/sh
echo "23" > /sys/class/gpio/export
```

```
echo "24" > /sys/class/gpio/export
echo "out" > /sys/class/gpio/gpio23/direction
echo "out" > /sys/class/gpio/gpio24/direction
chmod 666 /sys/class/gpio/gpio23/value
chmod 666 /sys/class/gpio/gpio24/value
chmod 666 /sys/class/gpio/gpio23/direction
chmod 666 /sys/class/gpio/gpio24/direction
```

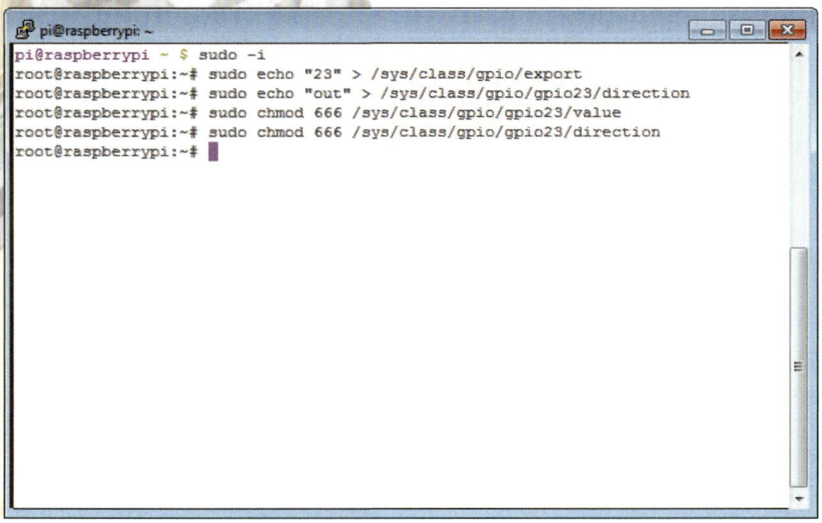

Vier Befehle pro genutztem GPIO-Anschluss sind notwendig, um diesen für die Schaltung ordnungsgemäß zu präparieren.

In diesem Fall wurde noch zusätzlich der Schreib- und Lesezugriff für Besitzer und Gruppe (*root*) sowie andere (*others*) modifiziert. Hier darf nun jeder Benutzer die virtuellen Dateien lesen und schreiben. Dies ist in Sachen *sudo*/*root* in unserem Fall eine kleine, aber feine Erleichterung, muss denn hier – auch beim Schreiben von Skripten auf der Shell oder in Python – nicht immer mit dem auf Dauer lästigen *sudo*-Kommando gearbeitet werden. Damit das Skript auch von der Kommandozeile vom User *pi* ausgeführt werden kann, setzen Sie per *chmod*-Kommando die Ausführen-Berechtigung auf die erstellte Datei *gpiostart.sh*.

```
sudo chmod +x gpiostart.sh
sudo ./gpiostart.sh
```

Beachten Sie, dass dieses Shell-Skript zunächst (noch) nicht automatisch aufgerufen wird. Bei einem Neustart des Raspberry Pi müssen die entsprechenden Dateien sowie die gewünschten Berechtigungen wieder neu gesetzt werden. In diesem Fall starten Sie das erstellte Shell-Skript einfach manuell.

2.1.2 Python für den GPIO-Zugriff

Für den schnellen und unkomplizierten Einsatz auf dem Raspberry Pi ist neben der Shell und der Programmiersprache C die Skriptsprache Python (Name von Monty Python's Flying Circus) mehr als nur eine Alternative. Python ist in C geschrieben, stammt aus der Modula-Familie und pflückt sich die besten Rosinen aus anderen Programmiersprachen wie Lisp, Smalltalk, C und der UNIX-Shell heraus – also nichts wirklich Neues,

aber unheimlich interessant und praktisch. Python ist standardmäßig bei jedem Raspberry-Pi-Image sozusagen mit an Bord, und Sie benötigen nur noch die Raspberry-Pi-GPIO-Bibliothek, die in der aktuellsten Version kostenlos auf *http://pypi.python.org/pypi/RPi.GPIO* zum Download bereitsteht. In diesem Beispiel wird die Version 0.5.7 installiert, und möglicherweise steht im Internet bereits wieder eine neuere Version zur Verfügung. Passen Sie dann die nachfolgenden Kommandos einfach auf die Versionsnummer an. Erscheint eine Zertifikatsfehlermeldung, nutzen Sie zusätzlich die Option *--no-check-certificate*, um die *tar.gz* dennoch auf den Raspberry Pi zu laden.

```
cd ~
mkdir RPi.GPIO
cd RPi.GPIO
wget --no-check-certificate https://pypi.python.org/packages/
                              source/R/RPi.GPIO/RPi.GPIO-0.5.7.tar.gz
tar xfz RPi.GPIO-0.5.7.tar.gz
cd RPi.GPIO-0.5.7
```

Nach dem Download entpacken Sie die *gz-tarball*-Datei in das */home/pi*-Verzeichnis und navigieren per *cd*-Kommando in das »entpackte« Verzeichnis. Anschließend starten Sie mit dem Kommando:

```
sudo python setup.py install
```

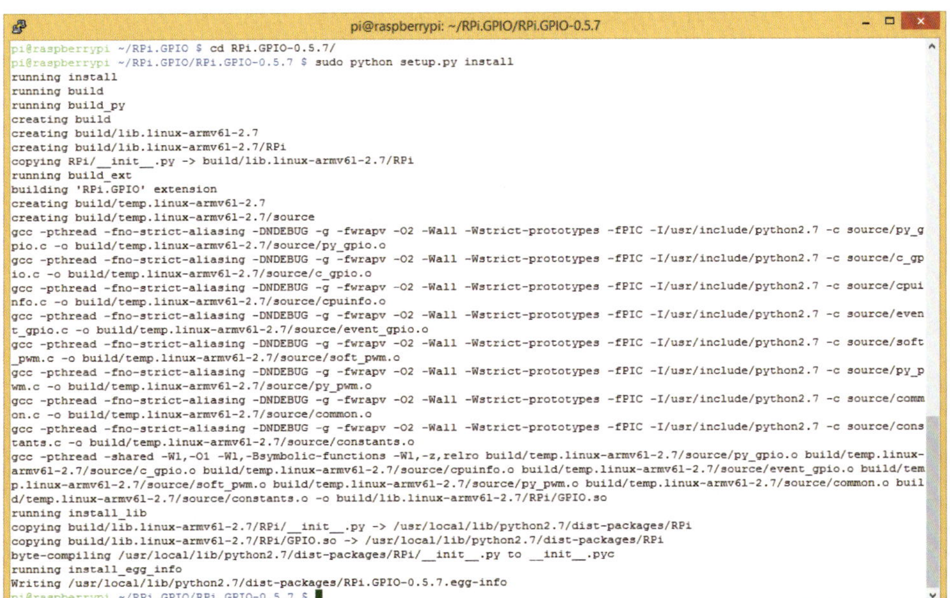

```
pi@raspberrypi: ~/RPi.GPIO/RPi.GPIO-0.5.7
pi@raspberrypi ~/RPi.GPIO $ cd RPi.GPIO-0.5.7/
pi@raspberrypi ~/RPi.GPIO/RPi.GPIO-0.5.7 $ sudo python setup.py install
running install
running build
running build_py
creating build
creating build/lib.linux-armv6l-2.7
creating build/lib.linux-armv6l-2.7/RPi
copying RPi/__init__.py -> build/lib.linux-armv6l-2.7/RPi
running build_ext
building 'RPi.GPIO' extension
creating build/temp.linux-armv6l-2.7
creating build/temp.linux-armv6l-2.7/source
gcc -pthread -fno-strict-aliasing -DNDEBUG -g -fwrapv -O2 -Wall -Wstrict-prototypes -fPIC -I/usr/include/python2.7 -c source/py_g
pio.c -o build/temp.linux-armv6l-2.7/source/py_gpio.o
gcc -pthread -fno-strict-aliasing -DNDEBUG -g -fwrapv -O2 -Wall -Wstrict-prototypes -fPIC -I/usr/include/python2.7 -c source/c_gp
io.c -o build/temp.linux-armv6l-2.7/source/c_gpio.o
gcc -pthread -fno-strict-aliasing -DNDEBUG -g -fwrapv -O2 -Wall -Wstrict-prototypes -fPIC -I/usr/include/python2.7 -c source/cpui
nfo.c -o build/temp.linux-armv6l-2.7/source/cpuinfo.o
gcc -pthread -fno-strict-aliasing -DNDEBUG -g -fwrapv -O2 -Wall -Wstrict-prototypes -fPIC -I/usr/include/python2.7 -c source/even
t_gpio.c -o build/temp.linux-armv6l-2.7/source/event_gpio.o
gcc -pthread -fno-strict-aliasing -DNDEBUG -g -fwrapv -O2 -Wall -Wstrict-prototypes -fPIC -I/usr/include/python2.7 -c source/soft
_pwm.c -o build/temp.linux-armv6l-2.7/source/soft_pwm.o
gcc -pthread -fno-strict-aliasing -DNDEBUG -g -fwrapv -O2 -Wall -Wstrict-prototypes -fPIC -I/usr/include/python2.7 -c source/py_p
wm.c -o build/temp.linux-armv6l-2.7/source/py_pwm.o
gcc -pthread -fno-strict-aliasing -DNDEBUG -g -fwrapv -O2 -Wall -Wstrict-prototypes -fPIC -I/usr/include/python2.7 -c source/comm
on.c -o build/temp.linux-armv6l-2.7/source/common.o
gcc -pthread -fno-strict-aliasing -DNDEBUG -g -fwrapv -O2 -Wall -Wstrict-prototypes -fPIC -I/usr/include/python2.7 -c source/cons
tants.c -o build/temp.linux-armv6l-2.7/source/constants.o
gcc -pthread -shared -Wl,-O1 -Wl,-Bsymbolic-functions -Wl,-z,relro build/temp.linux-armv6l-2.7/source/py_gpio.o build/temp.linux-
armv6l-2.7/source/c_gpio.o build/temp.linux-armv6l-2.7/source/cpuinfo.o build/temp.linux-armv6l-2.7/source/event_gpio.o build/tem
p.linux-armv6l-2.7/source/soft_pwm.o build/temp.linux-armv6l-2.7/source/py_pwm.o build/temp.linux-armv6l-2.7/source/common.o buil
d/temp.linux-armv6l-2.7/source/constants.o -o build/lib.linux-armv6l-2.7/RPi/GPIO.so
running install_lib
copying build/lib.linux-armv6l-2.7/RPi/__init__.py -> /usr/local/lib/python2.7/dist-packages/RPi
copying build/lib.linux-armv6l-2.7/RPi/GPIO.so -> /usr/local/lib/python2.7/dist-packages/RPi
byte-compiling /usr/local/lib/python2.7/dist-packages/RPi/__init__.py to __init__.pyc
running install_egg_info
Writing /usr/local/lib/python2.7/dist-packages/RPi.GPIO-0.5.7.egg-info
pi@raspberrypi ~/RPi.GPIO/RPi.GPIO-0.5.7 $
```

Installation erfolgreich: Das Nachziehen des Python-Grundpakets *python-dev* brachte auf dem Raspberry Pi letztendlich die Installation der RPi-Bibliothek zustande.

die Installation der Python-Bibliothek. Das Installationsskript *setup.py* sorgt für sämtliche Installationsarbeiten. Hier ist allerdings ein installiertes *python-dev*-Kernpaket Voraussetzung. Erscheint beispielsweise eine Fehlermeldung mit dem Text *fatal error: Python.h: No such file or directory*, sorgt das Kommando:

```
sudo apt-get install python-dev
```

für die vorige Grundinstallation von Python auf dem Raspberry Pi.

Im nächsten Schritt können Sie nun die installierte Bibliothek verwenden, hier nutzen wir einfach die gerade vorgestellte Schaltung mit den beiden LEDs auf dem Steckboard. Grundsätzlich benötigen Python-Skripte zunächst eine *root/sudo*-Berechtigung, sofern Sie die GPIO-Pins ansteuern möchten.

2.1.3 LED mit Python schalten

Um nun die installierte Python-Bibliothek auf ihre Funktion zu testen, erstellen Sie mit dem *nano*-Editor auf der Kommandozeile ein einfaches Skript mit dem Namen *ledblinken.py*, um die beiden LEDs der Beispielschaltung zu steuern.

```
sudo nano ledblinken.py
```

Hier lassen wir zunächst die erste LED (angeschlossen an Pin 16, GPIO23) in einem Abstand von 2 Sekunden 20 Mal blinken und anschließend die zweite LED (angeschlossen an Pin 18, GPIO24) in einem Abstand von 1 Sekunde 30 Mal. Achten Sie beim Python-Einsatz per *setmode* immer auf eine durchgängige Definition der Zählung bzw. der Zuordnung der Pins: Im Beispiel wird durch die Anweisung

```
GPIO.setmode(GPIO.BOARD)
```

Python angewiesen, im Skript die auf dem Raspberry Pi vorhandene Pin-Nummerierung zu verwenden. Möchten Sie stattdessen hier die GPIO-Nummern verwenden, muss dies per:

```
GPIO.setmode(GPIO.BCM)
```

angekündigt werden. In diesem Fall wären im Beispielskript die Zeilen von

```
GPIO.setup(16, GPIO.OUT)
GPIO.setup(18, GPIO.OUT)
```

und

```
        ledblinken(16, 2)
        ledblinken(18, 1)
```

in

```
GPIO.setup(23, GPIO.OUT)
GPIO.setup(24, GPIO.OUT)
```

bzw.

```
        ledblinken(23, 2)
        ledblinken(24, 2)
```

zu ändern.

```
import RPi.GPIO as GPIO
import time
def ledblinken(raspipin, sec):
        GPIO.output(raspipin,GPIO.HIGH)
        time.sleep(sec)
        GPIO.output(raspipin,GPIO.LOW)
        time.sleep(sec)
        return
#
GPIO.setmode(GPIO.BOARD)
GPIO.setup(16, GPIO.OUT)
GPIO.setup(18, GPIO.OUT)
for i in range(0,20):
        ledblinken(16, 2)
for i in range(0,30):
        ledblinken(18, 1)
GPIO.cleanup()
```

Funktion ledblinken Einschalten / 2 Sekunden / Ausschalten / 2 Sekunden

Hier wird die PIN-Nummerierung des Raspberry Pi verwendet und NICHT die GPIO-Nummerierung

Definition der Pins im Boardmode – hier Pin 16 = GPIO23 Pin 18 = GPIO24

Anzahl Blinkintervall fuer Pin 16 und Pin 18 dann Aufruf der Funktion mit Pin-Nummer des Raspi

Nach dem Speichern und Beenden des *nano*-Editors starten Sie das Python-Skript erstmals auf der Shell. Da der direkte Zugriff auf die GPIO-Pins *root*-Berechtigungen benötigt, ist zusätzlich das vorangestellte *sudo*-Kommando notwendig:

```
sudo python ledblinken.py
```

Ist die Schaltung ordnungsgemäß bestückt, leuchten die gesteckten LEDs entsprechend der Befehlsfolge im Python-Skript. Abhängig von der Anzahl der verbauten LEDs in der Schaltung, können Sie nun beispielsweise eine kleine Lichtorgel oder eine Ampelschaltung mit verschiedenfarbigen LEDs basteln und anschließend per Python-Skript ansteuern. In Sachen C-Programmierung und Shell-Zugriff lohnt es sich, die kostenlose WiringPi-API näher zu betrachten – ähnlich wie die oben genannte Python-Bibliothek bietet sie einen einfacheren Zugriff auf die GPIO-Pins des Raspberry Pi.

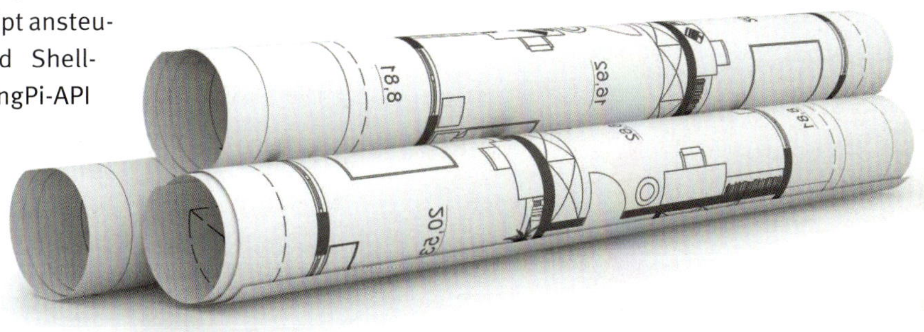

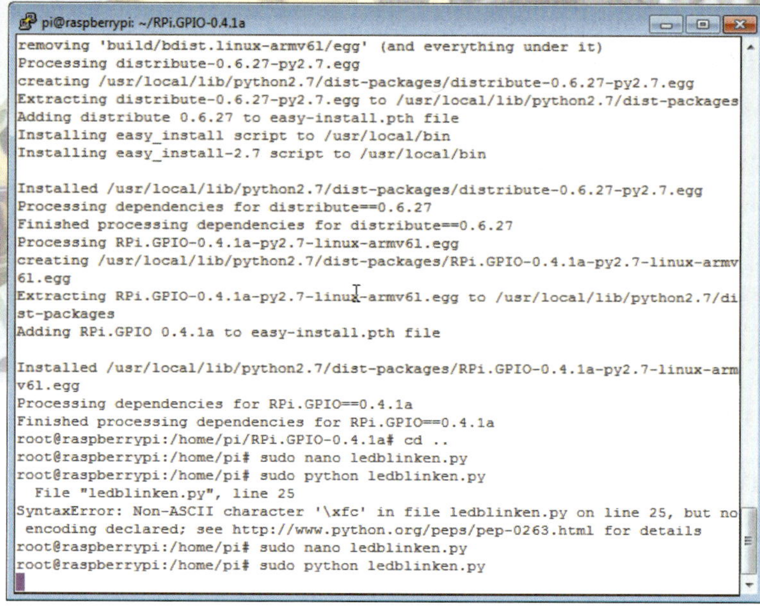

Während das Python-Skript abgearbeitet wird und die LEDs blinken, ist die geöffnete Konsole nicht bedienbar, es sei denn, Sie brechen mit dem [STRG]+[C]-Befehl die laufende Skriptverarbeitung ab.

2.1.4 Unkomplizierter GPIO-Zugriff mit WiringPi

Warum das Rad neu erfinden, wenn es an nahezu jeder Ecke einen Reifenhändler gibt? Gerade beim Erstellen von Shell-Skripten in C oder Python ist der Umgang mit den GPIO-Anschlüssen zwar einfach, aber auch relativ umständlich gelöst. Für mehr Möglichkeiten beim Programmieren und vor allem mehr Übersicht sorgt die Auslagerung von Funktionen in eine API-Schnittstelle (*Advanced Programming Interface*). Im Rahmen dieses Buchs greifen Sie auf die äußerst praktische WiringPi-API des Autors Gordon Drogon (*https://projects.drogon.net/raspberry-pi/wiringpi/download-and-install/*) zurück. Bevor Sie diese API installieren, bringen Sie den Raspberry Pi erst mal auf den aktuellen Stand. Wie gewohnt, nutzen Sie dafür das entsprechende *update*- bzw. *upgrade*-Programm:

```
sudo apt-get update
sudo apt-get upgrade
```

Ist die GIT-Versionsverwaltung auf dem Raspberry Pi installiert, klonen Sie im nächsten Schritt das WiringPi-Paket auf Ihren Computer. Dies erledigen Sie mit dem Kommando:

```
git clone git://git.drogon.net/wiringPi
```

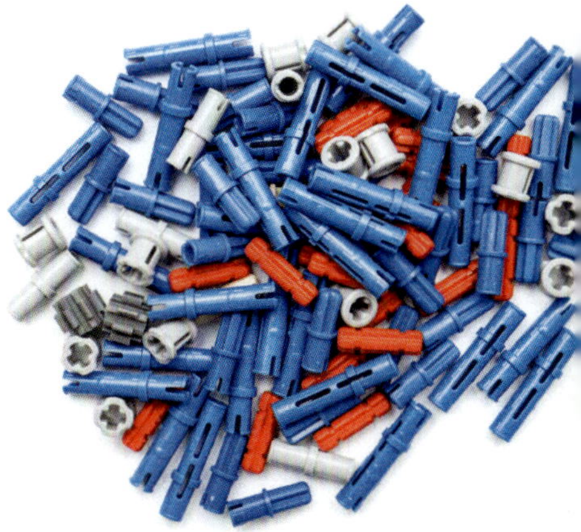

Falls die GIT-Versionsverwaltung noch nicht installiert ist, ziehen Sie dies entweder per Kommando:

```
sudo apt-get install git-core
```

nach oder laden WiringPi traditionell per *wget*-Befehl auf den Raspberry Pi:

```
wget http://project-downloads.drogon.net/files/wiringPi.tgz
tar xfz wiringPi.tgz
cd wiringPi/wiringPi
make
sudo make install
cd ../gpio
make
sudo make install
```

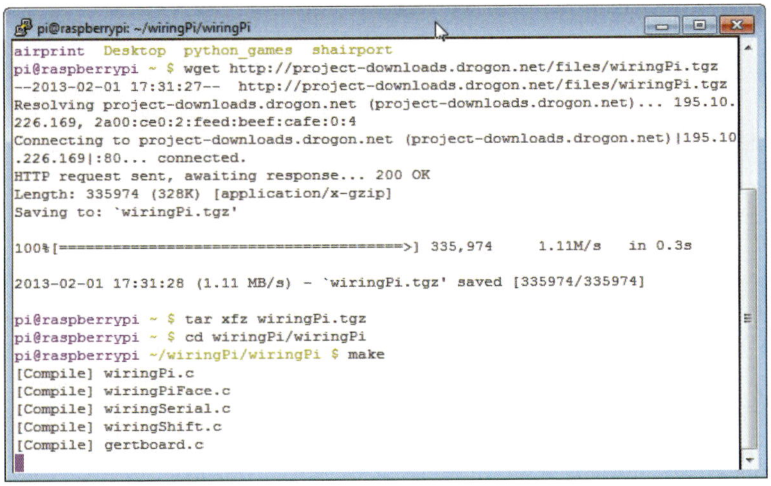

Traditionell: WiringPi ist auch im *tgz*-Paket erhältlich, das allerdings noch per *tar*-Befehl entpackt und per *make*-Befehl kompiliert werden muss.

Im Fall der GIT-Versionsverwaltung ist der Quellcode bereits per Klon in das aktuelle Verzeichnis kopiert worden. Deshalb wechseln Sie mittels des *cd*-Kommandos dorthin:

```
cd wiringPi
git pull origin
```

Mit *git pull* stellen Sie sicher, dass auch die aktuellste Version für die Installation auf dem Raspberry Pi verwendet wird. Zur Installation dient das beigefügte Skript *build*, das mit dem Kommando

```
./build
```

gestartet wird. Im aktuellen Fall richtet das *build*-Skript die WiringPi-API komplett ein, sodass sich die bereitgestellten Funktionen umgehend nutzen lassen.

2.1.5 Pi 1/Modell A, A+, B, B+ und Pi 2/Modell B – GPIO-Pins aufgeklärt

Etwas sperrig ist beim Umgang mit der WiringPi-Bibliothek die eigene Nummerierung der GPIO-Pin-Bezeichnungen für den direkten WiringPi-Einsatz. Dies sorgt auf den ersten Blick für Verwirrung, doch in der Konsolenpraxis und beim Programmieren müssen Sie sich zunächst nicht mehr um die unterschiedlichen Raspberry-Pi-Revisionen kümmern, falls Sie einen GPIO direkt ansprechen möchten. So reicht es beispielsweise aus, mit dem Befehl

```
gpio mode 8 out
gpio write 8 1
```

den Pin Nr. 3 auf der Raspberry-Pi-Platine anzusprechen, welcher sonst mit GPIO0 bei Revision 1, bzw. bei Revision 2 des Modells B mit GPIO2 anzusprechen wäre.

Für die Nutzung auf der Kommandozeile sind die WiringPi-Pin-Bezeichnungen sehr praktisch. In Sachen Programmierung und Entwicklung können sie jedoch auch ihre Tücken haben – wird die Bibliothek nicht aktualisiert,

Alt-Function	WiringPi-Pin	Raspberry Pi 1 Modell A+/B+ Raspberry Pi 2 Modell B	Raspberry Pi 1 A/B Rev. 2	Raspberry Pi 1 Modell B Rev. 1	P		GP Soc
-	-	3,3 V	3,3 V	3,3 V	1		•
I2C0_SDA	8	GPIO2	GPIO2	GPIO0	3		•
I2C0_SCL	9	GPIO3	GPIO3	GPIO1	5		•
	7	GPIO4	GPIO4	GPIO4	7		•
GND	-	NOTUSE	NOTUSE	NOTUSE	9		•
UART-RTS	0	GPIO17	GPIO17	GPIO17	11		•
PCM_DIN	2	GPIO27	GPIO27	GPIO21	13		•
	3	GPIO22	GPIO22	GPIO22	15		•
3,3 V	-	3,3 V	3,3 V	NOTUSE	17		•
SPI0_MOSI	12	GPIO10	GPIO10	GPIO10	19		•
SPI0_MISO	13	GPIO9	GPIO9	GPIO9	21		•
SPI0_SCLK	14	GPIO11	GPIO11	GPIO11	23		•
GND		NOTUSE	NOTUSE	NOTUSE	25		•
SDA_0	30	ID_SD	-	-	27		•
	21	GPIO5	-	-	29		•
	22	GPIO6	-	-	31		•
	23	GPIO13	-	-	33		•
	24	GPIO19	-	-	35		•
	25	GPIO26	-	-	37		•
GND		GND	-	-	39		•

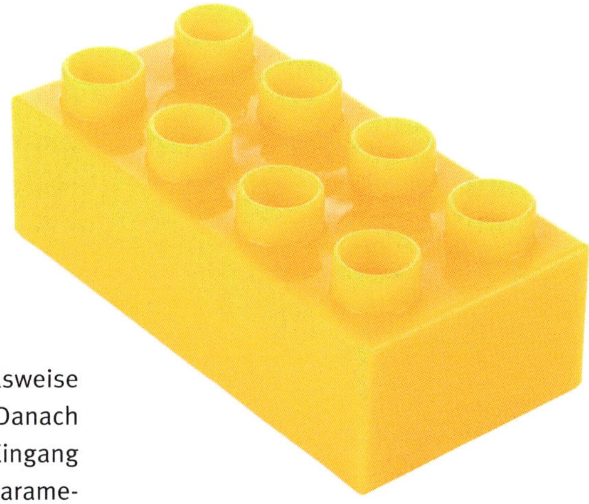

wird im dümmsten Fall unter Umständen der falsche Anschluss angesprochen. Sicherheitsbewusste prüfen deswegen beim Start des Programms oder des Python-Skripts die eingesetzte Raspberry-Pi-Revision und sehen gegebenenfalls unterschiedliche Zuordnungen für die GPIO-Anschluss-Pins vor.

2.1.6 WiringPi in der Praxis

Laut der untenstehenden tabellarischen Übersicht ist beispielsweise der Anschluss GPIO24 der WiringPi-Pin-Nummer 5 zugeordnet. Danach definieren Sie, ob der zu nutzende Pin entweder als Aus- oder als Eingang genutzt werden soll. Anschließend lässt sich dieser Pin per *write*-Parameter schalten:

```
gpio mode 5 out
gpio write 5 1
gpio write 5 0
```

Zunächst wird mit *out* der Ausgangsmodus aktiviert, dann wird der Stromkreis mit dem entsprechenden GPIO-Pin geschlossen, und schließlich wird er mit dem Setzen des Werts 0 wieder geöffnet. Sollen mehrere WiringPi-

P	Raspberry Pi 1 Modell B Rev. 1	Raspberry Pi 1 Modell A/B Rev. 2	Raspberry Pi 1 Modell A+/B+/ Raspberry Pi 2 Modell B	WiringPi-Pin	Alt-Function
2	5 V	5 V	5 V	-	5 V
4	NOTUSE	5 V	5 V	-	5 V
6	GND	GND	GND	-	-
8	GPIO14	GPIO14	GPIO14	15	UART0_TXD
10	GPIO15	GPIO15	GPIO15	16	UART0_RXD
12	GPIO18	GPIO18	GPIO18	1	PWM
14	NOTUSE	NOTUSE	NOTUSE	-	GND
16	GPIO23	GPIO23	GPIO23	4	
18	GPIO24	GPIO24	GPIO24	5	
20	NOTUSE	NOTUSE	NOTUSE	-	GND
22	GPIO25	GPIO25	GPIO25	6	
24	GPIO8	GPIO8	GPIO8	10	SPI0_CE0_N
26	GPIO7	GPIO7	GPIO7	11	SPI0_CE1_N
28	-	-	ID_SC	31	SCL0
30	-	-	GND		GND
32	-	-	GPIO12	26	
34	-	-	GND	-	GND
36	-	-	GPIO16	27	
38	-	-	GPIO20	28	
40	-	-	GPIO21	29	

Pins auf einmal geschaltet werden – beispielsweise bei einer LED-Reihenschaltung –, wechseln Sie einfach die WiringPi-Pin-Nummer:

```
gpio mode 4 out
gpio write 4 1
gpio write 4 0
```

Der Aufruf funktioniert, die an GPIO23 angeschlossene LED leuchtet kurz, und dennoch gibt es etwas zu bemäkeln: Diese Lösung taugt nur für einen schnellen Test – doch bei mehr als zwei Pins ist es sinnvoller, in einem Terminal mit einer *for*-Schleife zu arbeiten. Das ist nicht nur schneller und spart Tipparbeit, sondern ist auch deutlich übersichtlicher.

```
for i in 0 4 5 ; do gpio mode $i out; done
for i in 0 4 5 ; do gpio write $i 1; done
for i in 0 4 5 ; do gpio write $i 0; done
```

Für die bestimmte Abfolge und Steuerung der Anschlüsse lagern Sie die Logik in ein Shell-Skript aus. Hier haben Sie nicht nur die volle Kontrolle und Übersicht, sondern sparen sich auch viel Tipparbeit, gerade wenn Sie mit vielen GPIO-Anschlüssen auf dem Raspberry Pi experimentieren. Doch grundsätzlich zeigt der Umgang mit den Steuerbefehlen auf der Konsole, dass die Schaltung erfolgreich bestückt wurde und funktioniert: In diesem Fall sind nun beide LEDs einfach per Kommandozeile mit der WiringPi-API steuerbar.

2.2 Arduino auf dem Computer

Der Arduino wird in der Regel mit dem Computer per USB-Kabel verbunden. In dieser Zeit wird er auch über die USB-Schnittstelle mit Strom versorgt. Dafür steht auf dem Arduino-Board die passende Buchse für den Steckertyp B zur Verfügung, die auch beispielsweise bei Druckern zum Einsatz kommt. Zum Ausschalten ziehen Sie nur den USB-Stecker wieder ab, um die Stromversorgung zu kappen. Beim erneuten Einschalten oder nach dem Drücken der Reset-Taste startet automatisch der zuletzt kompilierte und im Arduino gespeicherte Sketch. Für die Kommunikation mit dem Mikrocontroller wird über einen passenden Treiber eine virtuelle Schnittstelle zur Verfügung gestellt, die Sie später in der Arduino-Software einrichten.

Erst später, sobald ein fertiges Programm auf dem Speicher des Arduino gespeichert wurde, kann dieser eigenständig – ohne einen angeschlossenen Computer – in Betrieb gehen. Dafür benötigen Sie eine eigene Stromversorgung für den Arduino – entweder ein USB-Steckernetzteil oder ein einfaches Netzteil, das mit einem runden sogenannten Japan-Stecker sowie einer Spannung zwischen 7 und 12 V ausgestattet ist.

http://arduino.cc/en/main/software: Dort erhalten Sie für Linux, Mac OS und Windows die passende Arduino-Software.

Um eine etwaige Fehlermeldung im Windows-Geräte-Manager zu beseitigen, laden Sie die Arduino-Software auf den Computer und entpacken die geladene Archivdatei in ein eigenes Verzeichnis. Geben Sie den passenden Pfad für die Treiber-

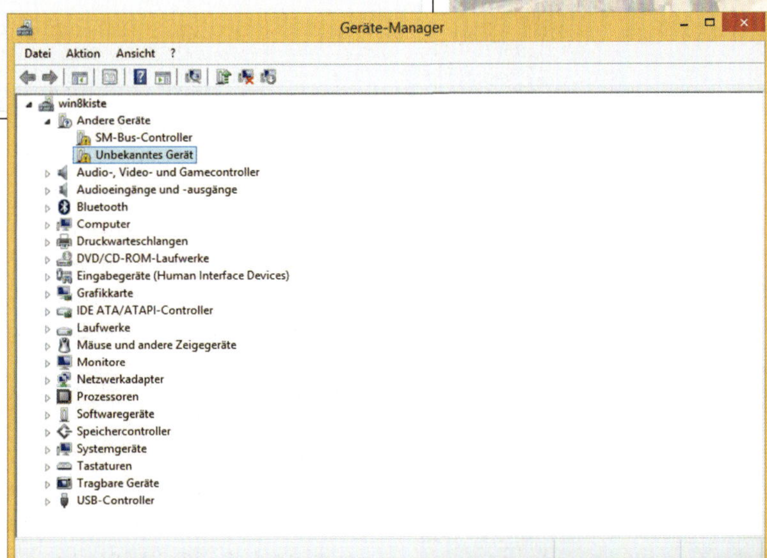

Wird der Arduino am Windows-PC eingesteckt, bevor die Arduino-IDE installiert ist, wird der Arduino als unbekanntes Gerät erkannt.

installation über die Option *Treibersoftware aktualisieren* an und legen Sie gegebenenfalls mit der *Durchsuchen*-Schaltfläche den Pfad in das *drivers*-Verzeichnis fest.

Da der zu installierende Treiber ohne gültige Signatur kommt, schlägt die Windows-Sicherheit Alarm und fordert eine erneute Bestätigung des Vorgangs für die Installation des unsignierten Treibers an.

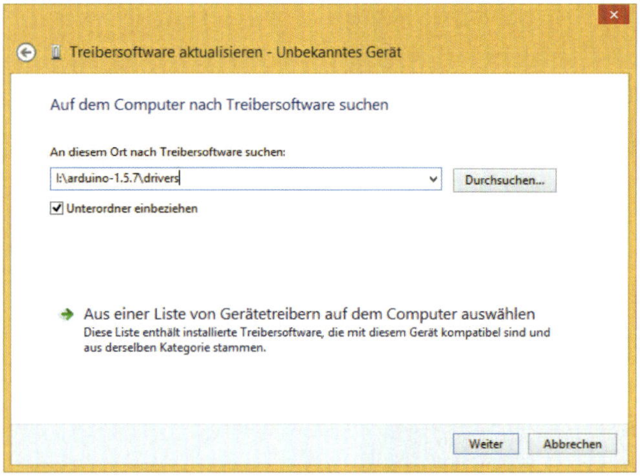

Per Klick auf die *Weiter*-Schaltfläche werden die notwendigen Treiber automatisch installiert, und der angeschlossene Arduino wird später automatisch auch als solcher erkannt.

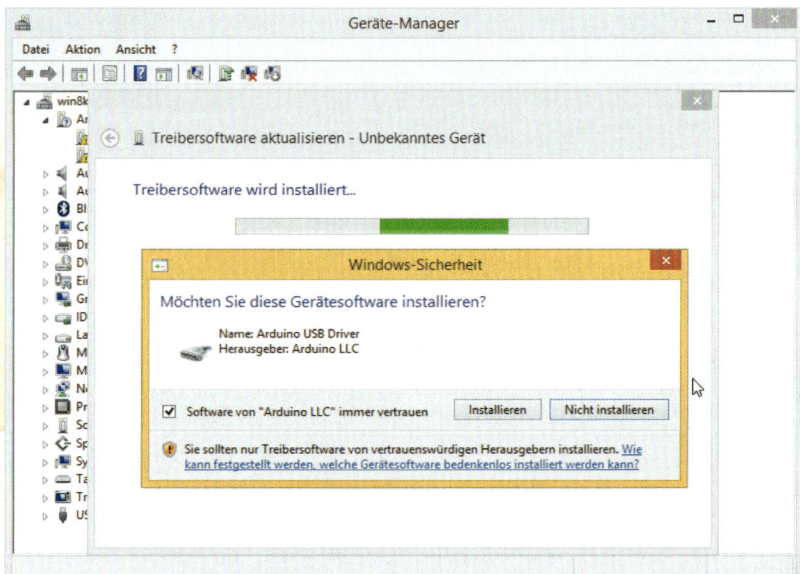

Nachfrage: Die Windows-Sicherheit wünscht hier noch eine Extrabestätigung für die Installation, da der zu installierende Treiber als unsignierter Treiber kommt.

Nach der erfolgreichen Installation richtet Windows den angeschlossenen Arduino an einem virtuellen seriellen Anschluss ein. Merken Sie sich in diesem Fall die Anschlussnummer, die später bei der Konfiguration der eigentlichen Arduino-Software benötigt wird. Der benutzte serielle Anschluss (COM-Port) bzw. dessen Nummer wird in der Statusleiste der Arduino-Software angezeigt.

Zur Kontrolle prüfen Sie den Eintrag im Windows-Geräte-Manager – in diesem Beispiel ist der angeschlossene Arduino am virtuellen seriellen Anschluss *COM4* eingereiht.

Danach nehmen Sie den ATmega328P-Atmel-AVR-Mikrocontroller auf dem Arduino in Betrieb und nutzen dafür am besten die vom Arduino-Projekt bekannte Entwicklungsumgebung – die Arduino-IDE –, die für Mac OS, für Debian auf dem Raspberry Pi und auch für Windows-PCs zur Verfügung steht.

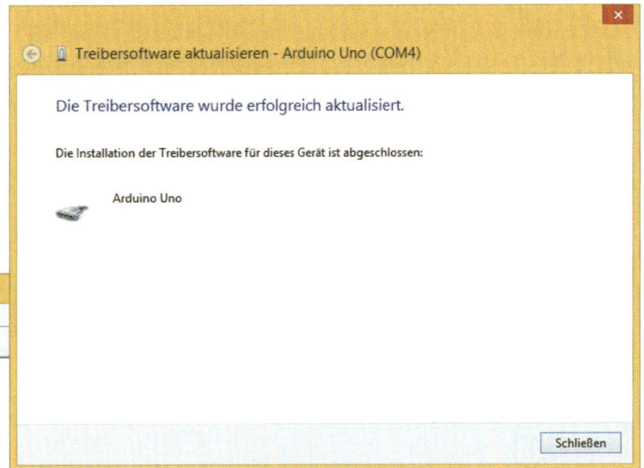

Treiberinstallation erfolgreich: Der Treiber für den Arduino ist installiert, und der Anschluss steht im Geräte-Manager zur Verfügung.

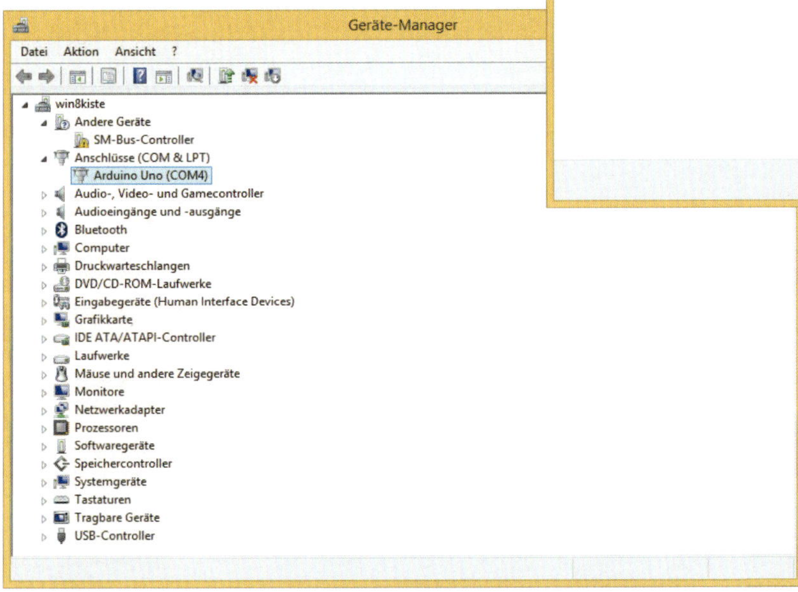

Kein Fragezeichen oder Ausrufezeichen beim Arduino: Durch die »normale« Geräteanzeige weist Windows auf die erfolgreiche Treiberinstallation hin.

2.2.1 Computer macht Sketche: Arduino-IDE im Einsatz

Nach dem Klick auf das Arduino-Programmsymbol dauert das Laden einen kurzen Moment, danach erhalten Sie eine grafische Darstellung der IDE (*Integrated Development Environment*, integrierte Entwicklungsumgebung). Abhängig davon, wie die Systemsprache des Computers eingestellt ist, werden die Spracheinstellungen der Arduino-Software konfiguriert. Wer beispielsweise auf dem Betriebssystem Englisch als Systemsprache voreingestellt hat, mit der deutschen Sprache auf dem Arduino aber besser klarkommt, kann über das *Einstellungen/Settings*-Menü über STRG + , (Komma) die Sprache von *System Default* auf *Deutsch* umstellen. Die installierte Arduino-IDE muss im nächsten Schritt gegebenenfalls noch für die Verwendung mit der angeschlossenen Arduino-Platine konfi-

guriert werden. Hier richten Sie neben dem Board auch den sogenannten Programmer ein, mit dem Sie den Atmel-Chip programmieren.

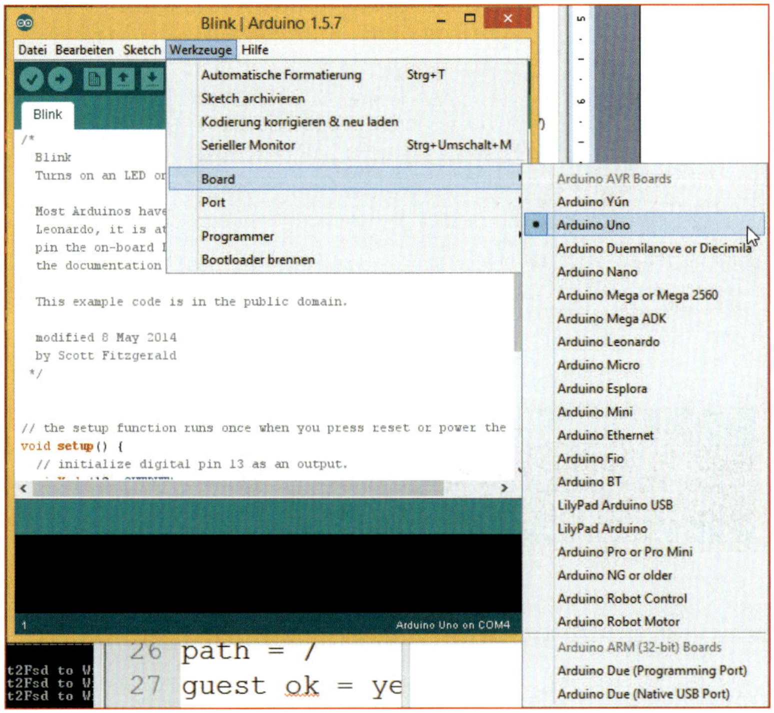

Ist die Arduino-IDE gestartet, navigieren Sie mit der Maus in der Menüleiste zu *Werkzeuge/Board* und wählen den Eintrag aus, der dem eingesetzten Modell am nächsten kommt.

In diesem Beispiel ist der traditionelle Arduino Uno die richtige Wahl. Anschließend richten Sie den Programmer ein, mit dem der fertige Sketch in den Atmel-Mikroprozessor des Arduino »geflasht« – also übertragen und ausgeführt – wird. Diesen erreichen Sie ebenfalls über die Menüleiste über *Werkzeuge* bzw. *Tools/Programmer* und wählen dafür ziemlich weit oben in der Liste der Einträge die Option *Arduino Uno* aus. In der Grundinstallation liefert das Arduino-Projekt sehr viel Beispielcode mit, mit dem Sie eigentlich umgehend loslegen können. Die genutzte Programmiersprache auf dem Arduino ist ähnlich wie C aufgebaut und heißt *Processing*; das Ergebnis, die Sketche, haben die Dateiendung *.ino*. Für den ersten Funktionstest nutzen Sie die auf dem Arduino-Uno-Board befindliche LED, was fürs Erste den Aufbau einer elektronischen Schaltung erspart.

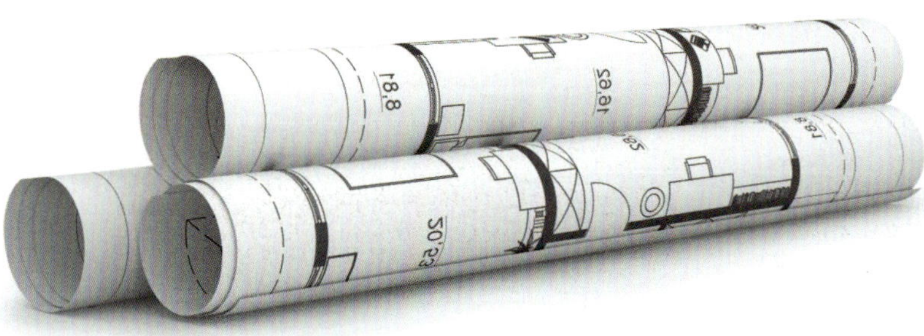

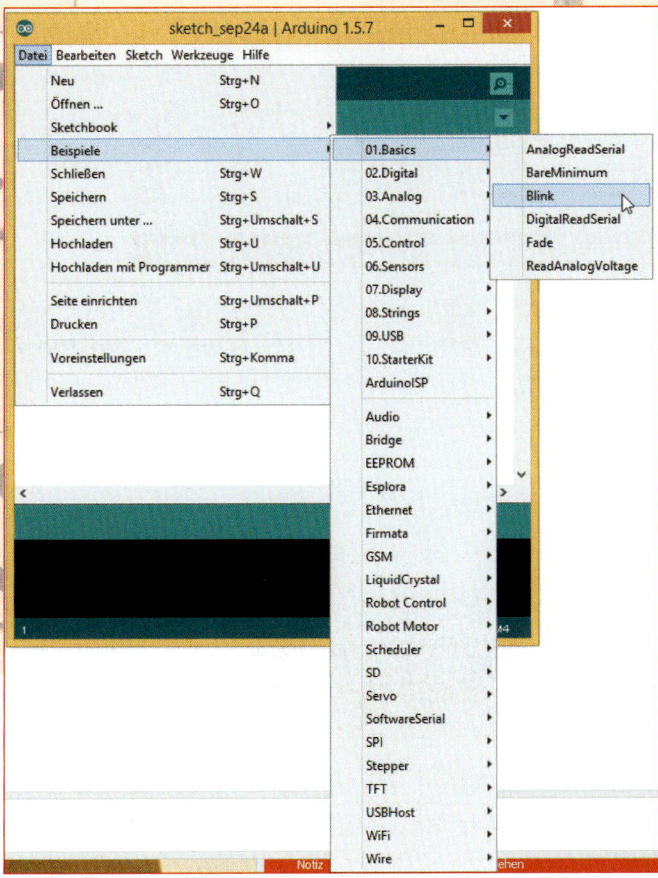

Als erstes Beispiel laden Sie über *Beispiele* bzw. *Beispiele/01.Basics/Blink* den Beispielsketch in das Programmfenster.

Nach Prüfung der Beispieldatei bringen Sie diese zur Ausführung, indem Sie per `Strg`+`Umschalt`+`U`-Kommando den Binärcode per Upload über den Programmer in den Atmel-IC bringen. Alternativ laden Sie den Sketch über *Datei/Hochladen mit Programmer* hoch, um den Sketch auf dem Arduino-Board auszuführen, wenn sich der Code im Programmfenster befindet. Die Arduino-IDE bietet eine automatische Hervorhe-

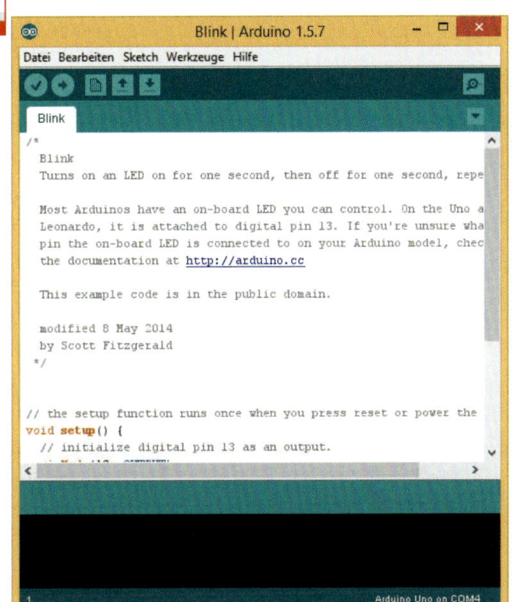

Nach dem Laden der Beispieldatei klicken Sie zunächst auf die *Überprüfen*-Schaltfläche, um den Beispielcode auf etwaige Syntax- oder Tippfehler zu testen. Treten Fehler auf, wird darüber im Konsolenstatusfenster informiert. Anschließend kann der Upload mit dem Programmer auf den Atmel-Chip per Kommando `Strg`+`Umschalt`+`U` erfolgen.

bung der Syntax, die Variablen, Funktionsnamen und Parameter in unterschiedlichen Farben darstellt.

Nach dem Kompilieren folgt der Upload, unmittelbar danach sollte die gewünschte LED blinken – die Arduino-Lösung über den Computer ist nun vollständig betriebsbereit. Viel Erfolg!

2.2.2 Arduino-Programmierung – die Grundlagen

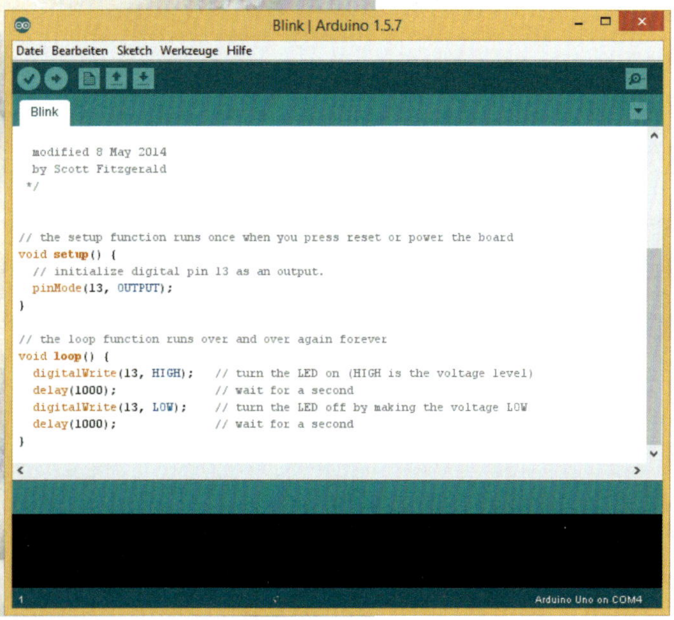

Digitale Ausgänge liefern mit dem Kommando *digitalWrite* mit dem gesetzten Wert *HIGH* eine Spannung von +5 V, während bei einem *LOW*-Wert 0 V am Pin ankommt.

Betrachten Sie die mitgelieferte Beispieldatei *Blink*, fällt auf, dass sie aus zwei voneinander getrennten Prozeduren besteht. Grundsätzlich kann ein Arduino-Sketch noch weitere beinhalten, doch sowohl die Prozedur *void setup()*, die beim Start des Sketchs genau einmal durchlaufen wird, als auch die Prozedur *void loop()*, die sozusagen als Dauerschleife fungiert, sind Pflichtbestandteile des Codes. Die Bezeichnung *void* bezeichnet eine Prozedur, die ausschließlich zum Starten benötigt wird und selbst keinen Rückgabeparameter liefert. In der Startprozedur *void setup()* werden meist globale Variablen definiert – beispielsweise die im Sketch verwendeten Anschluss-Pins des Arduino, die sich zur Laufzeit nicht ändern. Die Prozedur *void setup()* aus dem mitgelieferten *Blink*-Beispiel lässt sich alternativ wie zum Einsatz der Ganzzahlvariablen *ledpin*, die anschließend als Pin-Ausgang konfiguriert wird, befüllen.

```
void setup()
{
int ledpin =  13;
pinMode(ledpin, OUTPUT);
}
```

Das kleine Beispiel zeigt auch, dass eine Prozedur grundsätzlich immer in geschweiften Klammern zusammenzufassen ist. Nach dem einmaligen Durchlauf der *void setup()*-Prozedur wird umgehend *void loop()* gestartet und dann so lange durchlaufen, bis die Stromversorgung des Arduino getrennt oder durch den Programmer ein alternativer Code hochgeladen wird. In dem *void loop()*-Bereich bringen Sie dann die gewünschte auszuführende Logik unter, hier haben Sie freie Wahl und können andere Funktionen und Prozeduren aufrufen und tiefer verschachteln.

```
void loop()
{
digitalWrite(13, HIGH);
delay(1000);
digitalWrite(13, LOW);
delay(1000);
}
```

In diesem *Blink*-Beispiel sorgt die Funktion *digitalWrite()* für das Setzen des *HIGH*-Pegels an Pin 13, der in der *void setup()*-Prozedur mittels *pinMode* als Ausgang festgelegt wurde.

Nach einer Wartezeit von 1000 ms schreibt *digitalWrite()* den *LOW*-Pegel und schiebt abermals eine weitere Wartezeit von 1000 ms mit der Anweisung *delay(1000)* hinterher, bis die *loop*-Funktion wieder vom Start weg erneut ausgeführt wird und dies eine blinkende LED auf dem Arduino-Board zur Folge hat.

2.2.3 Arduino-Pin-Belegung aufgeklärt

Für das Setzen der Pins auf dem Arduino haben Sie je nach Arduino-Modell verschiedene Möglichkeiten. Beschäftigen Sie sich jedoch nicht viel mit Arduino-Code und Beispielen in den einschlägigen Arduino-Foren, kommen Sie vielleicht schnell ins Schleudern, wenn die Bezeichnungen der verwendeten Pins nicht sauber definiert bzw. missverständlich dokumentiert sind. Oftmals ist es praktisch, zu wissen, welcher Arduino-Pin nun zu welchem ATmega-Pin-Anschluss gehört.

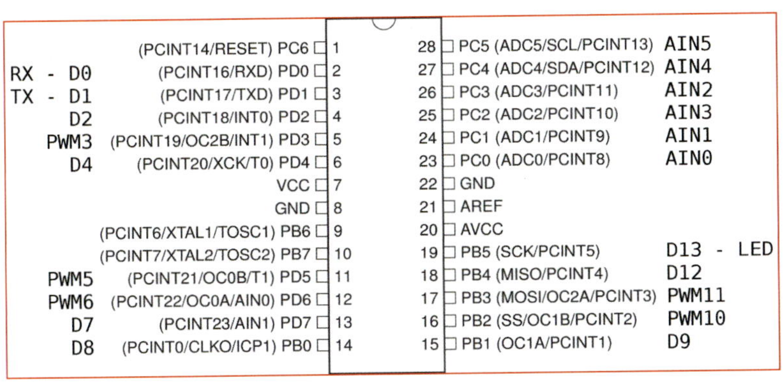

Pin-Belegung des Atmel-IC vs. Arduino: Die Arduino-Bezeichnungen sind jeweils außen zu finden, sodass die Zuordnung zu den dazugehörigen Pin-Bezeichnungen des ATmega168-Chips kein Problem mehr darstellen sollte.

Die Zuordnung der ATmega-Pins zu den Arduino-Pins ist relativ einfach, für mehr Übersicht sorgt gerade beim Verstehen von bestehenden »reinen« Arduino-Sketchen die nachstehende Tabelle, die die Zuordnung der Pins übersichtlich darstellt.

ATmega-Pin	Arduino-Pin	Bemerkung
19	13	D13 – LED
18	12	D12
17	11	PWM11
16	10	PWM10
15	9	D9
14	8	D8
13	7	D7
12	6	PWM6
11	5	PWM5
6	4	D4
5	3	PWM3
4	2	D2
3	1	TxD – D1
2	0	RxD -D0
28	AIN5	ADC5/SCL
27	AIN4	ADC4/SDA
26	AIN3	ADC3
25	AIN2	ADC2
24	AIN1	ADC1
23	AIN0	ADC0
7 (VCC)	-	-
8 (GND)	-	-
22 (GND)	-	-
21 (AREF)	-	-
20 (AVCC)	-	-
1 (PC6)	-	-
9 (PB6)	-	-
10 (PB7)	-	-

Der Arduino Uno verfügt über sechs analoge Eingänge (A0 bis A5). Der ADC/ADU (*Analog (to) Digital Converter*) ist ein Analog-zu-Digital-Signal-Konverter und wandelt die anliegende Spannung in digitale Signale um. Die an dem jeweiligen Kanal anliegende Spannung wird mit einer Referenzspannung verglichen, die in diesem Fall nicht größer als 5 V sein darf.

2.3 Sensoren im Elektronikeinsatz

Egal ob Klone oder Originale: Sowohl die unterschiedlichen Arduino-Modelle am Markt als auch der Raspberry Pi unterstützen neben dem Einsatz von Aktoren und Sensoren aus dem Arduino-Lager auch Sensoren aus dem Fachhandel für Kommunikations- und Steuerungssysteme. Die meisten Sensormodule und Aktoren für den Arduino lassen sich normalerweise auch unkompliziert für den Raspberry Pi einsetzen und sind für kleines Geld auf den einschlägigen Auktions- und Kaufhausseiten im Netz erhältlich. Meist sitzen die Lieferanten solcher Arduino- und Raspberry Pi-tauglichen Billigmodule in China oder Hongkong, was eine Lieferzeit bis zu drei Wochen und manchmal länger bedeuten kann. Als Dankeschön für die Wartezeit winken günstige Preise – soll es schneller gehen, bieten hiesige Anbieter die gleichen Module mit einem Aufschlag an und sind damit im Vergleich deutlich teurer.

Sensor	Bemerkung/Modellbezeichnung	Bezugsquelle(n)
Abstandssensor	Abstandsmessung mit HC-SR04 (Ultraschallsensor) oder QTR-1A (Pololu-Abstandssensor)	diverse China-/Hongkong-Händler
Bewegungssensor	PIR	diverse China-/Hongkong-Händler
Infrarotsensor	QTR-8RC Reflektorsensor von Pololu	*www.pololu.com/product/961*
Lichtsensor	LDR	*www.farnell.com, Fachhandel*
Tilt-/Neigungssensor	SW-520D	diverse China-/Hongkong-Händler

Grundsätzlich ist auch in den Datenblättern oftmals von analogen und digitalen Sensoren die Rede – hier ist weniger der Sensor selbst, sondern vielmehr die Ausgabe gemeint, die entweder als Analog- oder als Digitalwert übermittelt werden kann. Analogwerte sind typischerweise Spannungen bzw. Spannungsunterschiede, mit denen die Zustandsänderung an einem Sensor gemessen wird. Digitalsensoren liefern hingegen Nullen oder Einsen – stellt beispielsweise ein Abstandssensor oder der Bewegungsmelder ein Signal fest, wird der Wert *1* gemeldet, ansonsten bleibt er auf *0*. Bei vielen Sensoren kommt das LM393-IC-Modul zum Einsatz. Der LM393 ist eine Komparatorschaltung, um das analoge Messsignal – beispielsweise von einem Sensor – zu digitalisieren, also in einen Wert *0* oder *1* zu überführen. Paart man dies mit einer Bedingung – beispielsweise wird nur dann der Wert *1* geschrieben, wenn der Sensor auch eine Bewegung erkannt hat oder die Temperatur über dem festgelegten Schwellenwert liegt –, haben Sie einen digitalen Sensor im Einsatz. Analoge Sensoren auf Basis des LM393-IC sind im Heimelektronikbereich häufig anzutreffen: Eine typische Anwendung ist ein Akustiksensor, der auf seiner Platine mit einem Mikrofon zusammenarbeitet. Ist dieses aktiviert, informiert das digitale »Messergebnis« anhand des Werts *0* oder *1*, ob ein Geräusch erkannt wurde oder nicht. In der Regel ist in Kombination mit dem LM393-IC auch ein Potenziometer verbaut, um die Empfindlichkeit des angeschlossenen Sensors – also die Eingangsspannung in das LM393 – zu regeln. Egal ob Sie nun einen Wasserstandssensor, einen Bewegungsmelder und Farb-/Fototransistor oder ähnliche Sensoren verwenden, das grundsätzliche Prinzip ist immer dasselbe. Zudem wird in der Literatur manchmal zwischen aktiven und passiven Sensoren unterschieden: Verallgemeinernd ausgedrückt, sind Sensoren immer genau dann »aktiv«, wenn sie durch Anlegen einer Versorgungsspannung eingeschaltet werden, interne verstärkende oder signalformende Bauelemente (beispielsweise Potenziometer etc.) verwenden und erst dann auch ein analoger oder digitaler Messwert am Ausgang generiert wird. Ein Sensor ist hingegen »passiv«, wenn er ohne zusätzliche Versorgungsspannung eine Zustandsänderung feststellen kann. Zum Auslesen des Messwerts eines passiven Sensors ist wieder eine Versorgungsspannung notwendig. Im weiteren Verlauf in diesem Buch wird nicht mehr explizit auf den Unterschied aktiv/passiv eingegangen, da ohnehin für die Verarbeitung der Messwerte eine Versorgungsspannung anliegen muss. Für Sie ist es wichtig, zu wissen, wie ein Sensor – egal welcher – am Raspberry Pi oder Arduino angeschlossen und genutzt werden kann. Jenseits des Datenblatts des Sensors zählt Folgendes: Die notwendigen Anschlüsse dafür stellen die beiden Platinen bereit: In der Regel geschehen Spannungsversorgung und Masseanschluss über den Raspberry Pi oder Arduino, die Übermittlung der Messwerte bzw. der Sensordaten erfolgen über einen oder mehrere Daten-Pins, die vom Mikrocontroller ausgewertet und von Ihrem Programm in eine verständliche, lesbare Form gebracht werden. Dieses grundsätzliche Vorgehen ist bei jedem Sensor in etwa gleich und wird in diesem Buch in Form eines Ultraschallsensors in einem Praxisprojekt anschaulich demonstriert.

2.3.1 Besser fahren mit dem Ultraschallsensor

Wer anfangs mit einem Eigenbauroboter oder einem Lego-Technic-Fahrzeug experimentiert, hat früher oder später möglicherweise die Situation, dass die Eigenbaukonstruktion an Möbelstücke anstößt und gegebenenfalls dort Spuren hinterlässt oder sich verkeilt. Nicht nur um solche Dinge zu vermeiden, ist der Einsatz eines Abstandssensors sinnvoll – auch jenseits der Lego-Robotik lassen sich verschiedene Anwendungsbereiche für Abstandssensoren finden. So lässt sich das Modul als Schaltsensor nutzen: Beispielsweise wird eine Schaltung nur geöffnet oder geschlossen, wenn das Modul eine Bewegung in einem bestimmten Abstand misst.

Die Baugröße des HC-SR04-Moduls ist nahezu ideal: Mit 45 mm x 20 mm x 15 mm lässt es sich bequem sowohl in der Sensorik als auch in der Lego-Robotik für viele Projekte mit dem Arduino oder dem Raspberry Pi verwenden.

Für die Suche nach einem günstigen und elektroniktauglichen Abstandssensor begeben Sie sich am besten in ein Internetkaufhaus oder auf eine Auktionsplattform – dort erhalten Sie ihn binnen weniger Wochen für

wenig Geld aus China oder Hongkong. Soll es etwas schneller gehen, greifen Sie bei den etwas teureren Angeboten verschiedener Einzelhändler zu, um den Abstandssensor – genauer gesagt, einen Ultraschalldistanzsensor – mit der Typenbezeichnung HC-SR04 für das folgende Projekt zu erwerben. Laut Datenblatt des HC-SR04-Abstandssensors beträgt der Öffnungswinkel des Ultraschallsensors 15 Grad und bietet damit einen Messbereich von 2 bis 400 cm bei einer maximalen Genauigkeit von 3 mm. In Sachen Spannungsversorgung benötigt das Modul 5 V und hat im Betrieb eine Stromaufnahme von 15 mA bzw. im Ruhezustand von weniger als 2 mA.

2.3.2 Raspberry Pi – Schaltungsaufbau

Damit Sie später mit einem Programm die Entfernung zwischen dem Sensor und einem Gegenstand messen können, verbinden Sie den Raspberry Pi mit dem HC-SR04-Modul, das dafür vier Anschlüsse bereitstellt. Für die 5-V-Versorgungsspannung nutzen Sie den mit VCC beschrifteten Pin, für die gemeinsame Masse ist der gewohnte GND-Pin zuständig.

HC-SR04-Abstandssensor-Pin	Raspberry-Pi-Bezeichnung	Raspberry-Pi-Pin	WiringPi
VCC	5 V	2	-
TRIG(GER)	GPIO23 (Ausgang)	16	4
ECHO	GPIO24 (Eingang)	18	5
GND	Masse	6	-

Was für den Raspberry Pi ein Ausgang, ist bei dem Sensor der dazugehörige Eingangs-Pin: Am Anschluss TRIG sendet die Logik einen 10-µs-Impuls, damit die Messung gestartet wird. In diesem Fall sendet das HC-SR04-Modul die Impulse aus und wartet auf das Echo. Das Ergebnis der Entfernungsmessung wird über den Ausgang ECHO dem Raspberry Pi zur Verfügung gestellt. Beachten Sie, dass der zugeordnete Raspberry-Pi-GPIO-Eingang nur eine maximale Eingangsspannung von 3,3 V verträgt. Da der Abstandssensor jedoch mit 5-V-Spannung versorgt wird, sollten Sie im Praxiseinsatz hierfür sicherheitshalber einen Spannungsteiler verwenden. Hier sorgen dann zwei Widerstände dafür, dass der Strom, der dabei zum GPIO-Eingang fließt, begrenzt wird.

Wie groß Sie die Widerstände dimensionieren, hängt in erster Linie von der Bastelkiste ab: Wichtig zu wissen ist, dass die Stromstärke in einer Reihenschaltung bekanntlich gleich bleibt. Um nun die Spannung von 5 V auf die gewünschten 3 bis 3,3 V zu reduzieren, benötigen Sie also dasselbe Widerstandsverhältnis. Setzen Sie für beide Widerstände die gleichen Werte ein, wird die Spannung genau halbiert (2,5 V). Ziel ist es also, hier ein Widerstandspaar zu finden, das dafür sorgt, dass am Ende der Lei-

Schematische Anschlussdarstellung via Fritzing: Hier benötigen Sie bei der GPIO-Leiste des Raspberry Pi neben dem 5-V- und dem Masseanschluss zwei GPIO-Pins.

tung genau 3 bis 3,3 V herauskommen. Das Verhältnis der Spannung von 3,3 V/5 V mit dem Wert 0,66 entspricht nahezu dem Verhältnis der beiden Widerstände 330 Ω/470 Ω mit dem Wert 0,7. In diesem Schaltungsbeispiel sind die Widerstände 330 Ω (R1) und 470 Ω (R2) groß – Sie können stattdessen auch andere Widerstandspaare verwenden, sofern das Verhältnis der Widerstände zueinander nahezu gleich bleibt.

2.3.3 Arduino – Schaltungsaufbau

Die gleiche Schaltung lässt sich auch mit einem Arduino verwenden, und dafür legen Sie den 5-V- und den Masse-(GND-)Anschluss des Sensors an die entsprechenden Anschlüsse auf dem Arduino an. Der Trigger-Anschluss des Sensors kommt in diesem Beispiel an Digital-Pin 8, die Echo-Rückmeldung an Digital-Pin 9, und die für den Raspberry Pi notwendigen Widerstände werden bei der Arduino-Schaltung eingespart.

HC-SR04-Abstandssensor-Pin	Arduino-Pin-Bezeichnung	Arduino-Pin
VCC	5 V	5 V
TRIG(GER)	Digital-Pin 8 (Ausgang)	Digital 8
ECHO	Digital-Pin 9 PWM (Eingang)	Digital 9
GND	Masse	GND

Im Schaltungsdesignerprogramm Fritzing umgesetzt, stellt sich die einfache Schaltung wie folgt dar:

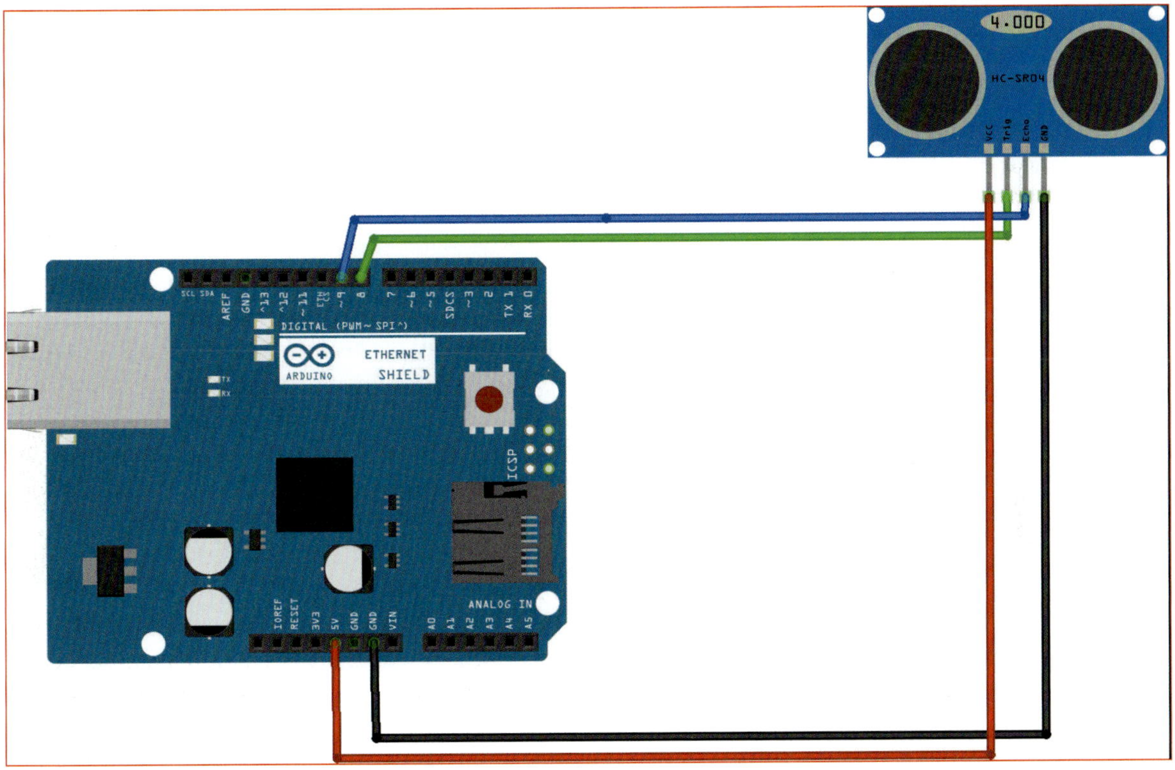

5 V, Masse (GND) und Trigger an Digital-Pin 8, Echo an Digital-Pin 9 – anschließend lässt sich der HC-SR04 mit dem Arduino in Betrieb nehmen.

Im nächsten Schritt lässt sich der HC-SR04-Abstandssensor sowohl mit dem Arduino als auch mit dem Raspberry Pi in Betrieb nehmen. Falls noch nicht geschehen, machen Sie sich zuvor mit den Parametern und Hintergründen des Sensors vertraut, und hier liefert das Datenblatt zu dem Sensor, das Sie im Internet unter der Bezeichnung *HC-SR04Users_Manual.pdf* über eine beliebige Suchmaschine finden, wertvolle Informationen.

2.3.4 Abstandssensor – vom Datenblatt zum Programm

Grundsätzlich ist die Abstandsmessung kein Hexenwerk: Dafür wird am Trigger-Ausgang des HC-SR04-Moduls ein Impuls erzeugt und mit dem

Echo wieder eingefangen, dessen Impulsdauer proportional zur zurückgelegten Entfernung des Ultraschallimpulses ist. Im Datenblatt wird eine Umrechnungsformel für die Impulsdauer des Abstandssensors angegeben, mit der sich der Abstand in Zentimetern bzw. in angelsächsischen Inches berechnen lässt. Hier wird die Impulsdauer (Time) in µs (Mikrosekunden) angegeben. Um nun die Distanz in Zentimetern zu berechnen, ist diese Impulsdauer durch den Wert 58 zu dividieren, im Fall der Maßeinheit Inch durch den Wert 148. Beachten Sie hier, dass es sich um die doppelte Entfernung handelt (Hin- und Rückweg des Impulssignals) – um den tatsächlichen Abstand zu errechnen, ist der Umrechnungsfaktor 29,15 µs/cm der richtige.

- Distanz in Zentimeter = Impulsdauer / 58
- Distanz in Inches = Impulsdauer / 148

Hier wird also die Zeitspanne zwischen Aussendung und Empfang des Schalls bereits durch das Sensormodul in eine Entfernung umgerechnet. Alternativ lässt sich der Abstand auch über die Schallgeschwindigkeit (340 m/s) berechnen, über die Sie ebenfalls auf den Umrechnungsfaktor von 29,15 µs/cm für die Impulsdauer kommen. Auch hier gibt diese die doppelte Entfernung zwischen Sensor und Gegenstand in Zentimetern an, die Sie noch halbieren müssen, um die tatsächliche Entfernung zwischen Sensor und Gegenstand/Wand zu errechnen. Da die Schallgeschwindigkeit auch von der Raumtemperatur abhängt, ist diese in die Betrachtung mit einzubeziehen:

- Schallgeschwindigkeit = 331,5 m/s * Wurzel aus (1 + Temperatur / 273,15 Grad Celsius)

Bei einer angenommenen Raumtemperatur von 21 Grad Celsius entspricht dies:

- Schallgeschwindigkeit = 331,5 m/s * 1,037728690316599747067894O 342939
- Schallgeschwindigkeit = 344,0070608399528161530068723681 3 m/s

Dadurch ergibt sich die Formel für die Entfernung zwischen Sensor und Gegenstand/Wand:

- Abstand = ½ * Schallgeschwindigkeit * Zeit in µs
- Abstand = ½ * 344,007 * Zeit in µs

Damit können Sie die Impulsdauer in Sekunden mit 344 m/s bzw. 34400,7 cm/s multiplizieren und anschließend halbieren, damit man die Entfernung zwischen Sensor und Gegenstand erhält.

2.3.5 Python-Messungen mit dem Raspberry Pi

Bei einem Sensor zu einem Preis von wenigen Euro bleibt die Messgenauigkeit auf der Strecke: Die Versuche zeigten, dass in der Praxis die Messwerte des Ultraschallsensors zum Teil deutlich um mehr als einen Zentimeter von der tatsächlichen gemessenen Distanz abwichen. Messwertunterschiede treten bei der Messung sowohl bei den direkt ausgelesenen Werten als auch bei den aus der Schalllaufzeit berechneten Werten auf. Leider gibt es keine Empfehlung dazu, ob der direkt vom Sensor gelieferte Wert oder der aus der obigen Schalllaufzeitenformel nachträglich berechnete Wert der bessere und somit genauere ist. Um die Abweichungen besser in den Griff zu bekommen, wurde im Python-Beispiel dieses mit einer Mittelwertfunktion ergänzt. In diesem Fall nimmt der Sensor in kurzen Abständen drei Messungen vor, bildet daraus einen Mittelwert und übermittelt diesen an die aufzurufende Funktion zurück. Um den Abstandssensor am Raspberry Pi in Betrieb zu nehmen, reicht ein einfaches Python-Skript aus. Erstellen Sie im ersten Schritt aus Übersichtlichkeitsgründen ein eigenes Projektverzeichnis – in diesem Beispiel wird es schlicht *distance* genannt.

```
sudo -i
mkdir distance
cd distance
nano distance.py
```

In diesem Verzeichnis wird die Datei *distance.py* mit dem *nano*-Editor erzeugt, die mit nachstehendem Code befüllt wird.

Download-Link:
distance/distance.py

Dateiname: distance.py

```
# -*- coding: utf-8 -*-
#!/usr/bin/python
import time
import RPi.GPIO as GPIO
GPIO.setmode(GPIO.BCM)
GPIO_TRIG = 23
GPIO_ECHO = 24
GPIO.setup(GPIO_TRIG,GPIO.OUT)
GPIO.setup(GPIO_ECHO,GPIO.IN)
def distanzmessung():
  GPIO.output(GPIO_TRIG, True)
  time.sleep(0.00001) # nach 10 Nanosekunden auf Low
  GPIO.output(GPIO_TRIG, False)
  start = time.time()
  while GPIO.input(GPIO_ECHO)==0:
    start = time.time()
  while GPIO.input(GPIO_ECHO)==1:
    stop = time.time()
```

Definition der Pins . hier Pin 16 = GPIO23
Pin 18 = GPIO24

Ausgang und Eingang einstellen
Trigger

Echo

Schallgeschwindigkeit = 344,0070608 m/s = 34400 in cm/s

Drei hintereinanderfolgende Messungen werden gemittelt (anz)

Start Python-Skript

GPIO-Trigger setzen auf Low

CTRL-C gedrueckt
Reset GPIO

```
  elapsed = stop-start
  distance = (elapsed * 34400)/2
  return distance
def distanzmessung_mittel():
  anz=3
  dis=0
  sum=0
  for i in range(anz):
        dis=distanzmessung()
        time.sleep(0.15)
        sum=sum+dis
  dis = sum / anz
  return dis
print "[ultrasonic] Abstandsmessung"
GPIO.output(GPIO_TRIG, False)
try:
  while True:
    distance = distanzmessung_mittel()
    print "[ultrasonic] Abstand : %.1f cm (Mittelwert)" %
                                                  distance
    time.sleep(2) # Sekunden warten
except KeyboardInterrupt:
  print "[ultrasonic] Messung abgebrochen."
  GPIO.cleanup() # Aufraeumen !
```

Das Skript läuft in einer *while*-Schleife so lange, bis der Anwender die Verarbeitung mit der Tastenkombination `Strg` + `C` unterbricht.

2.3.6 Abstandssensorpraxis mit dem Arduino

Kommt der Abstandssensor mit einem Arduino zum Einsatz, ist der dazugehörige Quellcode ähnlich kompakt und lässt sich ebenfalls gut in ein passendes Projekt zum Steuern des Lego-Modells integrieren. Im Sketch *distance.ino* (Verzeichnis *\distance*) werden zunächst die beiden Pins für die Daten (Trigger/Echo) definiert und in der *setup*-Funktion als Ein- bzw. Ausgang festgelegt:

Download-Link:
distance/distance.ino

Abstandsmessung mit Arduino, HC-SR04 / Trigger Pin

Echo Pin

Trigger – Ausgang

Echo – Eingang

Ausgabe auf serielle Konsole

Dateiname: distance.ino

```
const int TriggerPin = 8;
const int EchoPin = 9;
long Dauer_ms = 0;

void setup(){
  pinMode(TriggerPin,OUTPUT);
  pinMode(EchoPin,INPUT);
  Serial.begin(9600);
}

void loop(){
```

```
  digitalWrite(TriggerPin, LOW);
  delayMicroseconds(2);
  digitalWrite(TriggerPin, HIGH);
  delayMicroseconds(10);
  digitalWrite(TriggerPin, LOW);
  Dauer_ms = pulseIn(EchoPin,HIGH);
  long Abstand_mm = Abstand(Dauer_ms);
  Serial.print("Abstand:  ");
  Serial.print(Abstand_mm);
  Serial.println(" mm");
  delay(1000);
}

long Abstand(long time)
{
   long DistCalc;
   DistCalc = ((time /2.9) / 2);
   return DistCalc;
}
```

Trigger Pin – LOW

Trigger Pin – HIGH

Warten auf Echo Pin – High-Signal in Mikrosekunden

Abstand berechnen

Ausgabe auf serielle Konsole

Warten Messung

Berechnet den Abstand in mm ((Zeit)*(Schallgeschwindigkeit))/ Hin- und Zurück zum Objekt) * 10

Variablen-Definition

Aktueller Wert in mm

Rückgabe

Die eigentliche Messung findet statt durch die *loop*-Funktion, in der zunächst der Trigger-Pin angesteuert (LOW, warten, HIGH) und auf das am Echo-Pin ankommende Signal gewartet wird. Über die Variable *Dauer_ms* wird die Wartezeit in Millisekunden bestimmt, anhand derer schließlich über die Funktion *Abstand* der Abstand des Objekts vom Sensor in Millimetern berechnet werden kann. Die Ausgabe des Messwerts erfolgt in diesem Codebeispiel über die Variable *Abstand_mm* im seriellen Monitor der Arduino-Software (Menü *Werkzeuge/Serieller Monitor* oder Tastenkombination `Strg` + `Umschalt` + `M`).

2.3.7 Infrarotabstandssensor im Einsatz

Alternativ oder zusätzlich zu einem Ultraschallabstandssensor lassen sich beim Bau von Lego-Fahrzeugen und Robotern auch Abstandssensoren mit Infrarottechnik bequem verwenden. Der nachstehend genutzte Infrarotabstandssensor basiert auf dem LM393-Chip, der auch in vergleichbaren Sensoren wie beispielsweise in einem Akustiksensor zum Einsatz kommt. Dieser IR-Sensor bringt einen integrierten Infrarotsender und -empfänger mit, der den Abstand des Signals als Analogwert empfängt und anschließend per Digitalsignal darüber informiert, ob der Sensor angeschlagen hat oder nicht. Der Anschluss des Sensors an den Raspberry Pi gestaltet sich demnach recht einfach – wie auch beim Arduino, bei dem nur ein einziger digitaler Pin benötigt und grundsätzlich ähnlich wie im obigen Beispiel genutzt und angesteuert wird.

Bei einem Raspberry Pi nehmen Sie folgendes Anschlussschema:

LM393-IR-Abstandssensor-Pin	Raspberry-Pi-Bezeichnung	Raspberry-Pi-Pin	WiringPi
VCC	3,3 V	1	-
ECHO	GPIO18 (Eingang)	12	1
GND	Masse	6	-

In diesem Beispiel wurde auf eine Pull-up-Schaltung für den Digitaleingang verzichtet. Neben der Spannungsversorgung von 3,3 V und Masse ist lediglich ein GPIO-Pin notwendig, der später als Eingang definiert werden muss, damit das Messergebnis dargestellt oder weiterverarbeitet werden kann.

2.3.8 Abstandsmessungen mit Python

Das Skript für den Infrarotabstandssensor ist selbst für Einsteiger eine leichte Übung. Legen Sie zunächst ein Projektverzeichnis (hier *lm393-ir*) an und erzeugen Sie dort eine Datei mit der *py*-Dateierweiterung.

```
mkdir lm393-ir
cd lm393-ir
nano lm393-step1.py
```

Download-Link:
lm393-ir/lm393-step1.py

In der Datei *lm393-step1.py* wird zunächst die RPi.GPIO-Bibliothek eingebunden und mit dem Eintrag *GPIO_IR* die Variable für Pin 12/GPIO18 festgelegt sowie als Eingang definiert.

GPIO18 (Eingang) / Pin 12 / wiring Pi: 1

Dateiname: lm393-step1.py (Ausschnitt)

```
# -*- coding: utf-8 -*-
#!/usr/bin/python
# ...
import RPi.GPIO as GPIO
GPIO.setmode(GPIO.BCM) #  GPIO Mode
GPIO_IR = 18
GPIO.setup(GPIO_IR, GPIO.IN)
try:
    while True:
        if(GPIO.input(GPIO_IR)):
            print "OK!"
        else:
            print "SENSOR AUSGELÖST!"
        time.sleep(delay)
```

Mittels der *while* -Schleife wird dauerhaft zur Laufzeit der aktuelle Status abgefragt – erkennt der Sensor ein Signal bzw. eine Unterbrechung des ausgesendeten IR-Signals, schlägt das Python-Skript Alarm.

Im nächsten Projekt gehen Sie einen Schritt weiter – hier koppeln Sie den vorliegenden IR-Abstandssensor mit einem Ultraschallsensor auf der Steckplatinenschaltung. Anschließend erweitern Sie den Python-Code und bauen die notwendige Logik für den Ultraschallsensor ein.

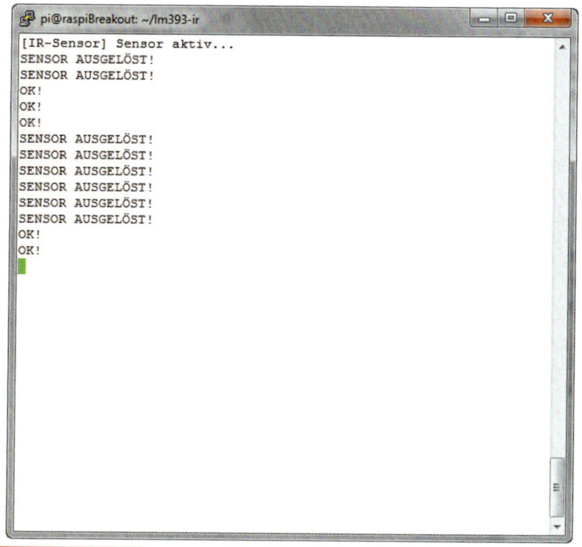

Steht der Sensor bereit, wird dies über *OK!*-Meldungen dargestellt. Bei einem gewissen Abstand zu einem Objekt wird jedoch der IR-Sensor aktiv und weist mit dem Hinweis *SENSOR AUSGELÖST!* darauf hin.

2.3.9 Ultraschall- und IR-Abstandssensoren kombinieren

Um nun herauszufinden, ab welchem Abstand genau der IR-Abstandssensor Alarm schlägt, lässt sich der Ultrasonic-Sensor HC-SR04 verwenden, der laut Datenblatt den Abstand in einem Bereich von 2 bis 400 cm messen kann. Da es in diesem Beispielprojekt nicht darauf ankommt, permanent Alarm zu schlagen und den Abstandswert zu melden, sondern nur dann, wenn auch der IR-Abstandssensor aktiviert ist, wird die Logik der vorherigen Projektdatei *lm393-step1.py* dahingehend verändert, dass die beiden notwendigen Funktionen für die Abstandsmessung *distanzmessung()* und *distanzmessung_mittel()* nur aktiviert werden, wenn die *if not(GPIO.input(GPIO_IR))*-Bedingung erfüllt wird.

Download-Link:
lm393-ir/lm393-step2.py

Die für den Betrieb des Ultraschallsensors HC-SR04 ergänzte Datei ist im Projektverzeichnis unter der Bezeichnung *lm393-step2.py* zu finden.

Dateiname: lm393-step2.py (Ausschnitt)

```
# -*- coding: utf-8 -*-
#!/usr/bin/python
GPIO_TRIG = 23
GPIO_ECHO = 24
GPIO.setup(GPIO_TRIG,GPIO.OUT)
GPIO.setup(GPIO_ECHO,GPIO.IN)
try:
    while True:
        if not(GPIO.input(GPIO_IR)):
            print "SENSOR AUSGELÖST!"
            distance = distanzmessung_mittel()
            print "[ultrasonic] Abstand : %.1f cm (Mittelwert)"
                                                   % distance
```

Ultrasonic- und IR-Sensor im Einsatz

Ultrasonic-Sensor GPIO23 (Ausgang) / Pin 16 / WiringPi: 4

GPIO24 (Eingang) / Pin 18 / WiringPi: 5

Ausgang und Eingang einstellen

Trigger

Echo

Sensor ausgelöst

Da der Infrarotsensor *LOW*-aktiv ist, also bei einer fallenden Flanke anschlägt, erscheint in diesem Fall die genaue (gemittelte) Abstandsmes-

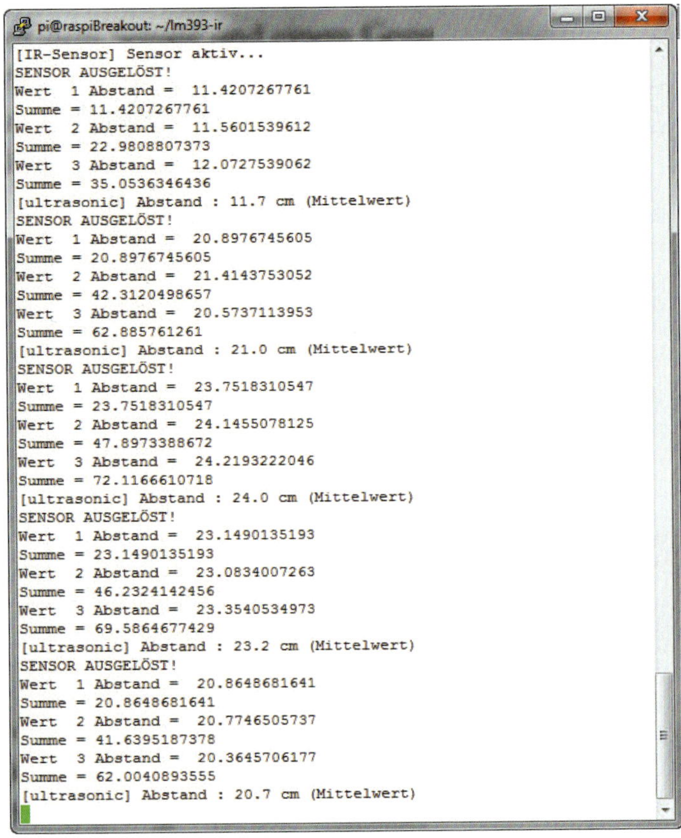

Ultraschall- und IR-Sensor im Zusammenspiel: Nur im Fall des aktivierten IR-Sensors liefert der Ultraschallsensor einen Messwert.

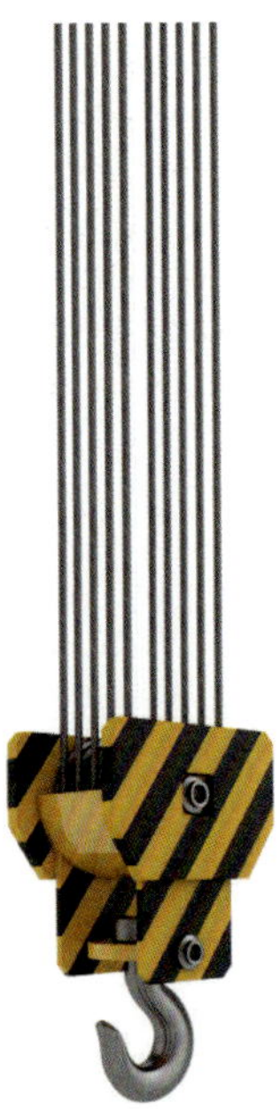

sung, die anschließend als Wert auf dem Bildschirm ausgegeben wird. Das obige Skript wird wie gewohnt per *sudo python lm393-step2.py* gestartet – die Abstandsmessung schlägt zur Laufzeit nur dann an, wenn sich das Hindernis bzw. das Objekt in Reichweite des IR-Sensors befindet.

Neben dem vorgestellten IR-Sensor gibt es viele weitere IR-Sensoren samt IR-Technik am Markt, die sich neben dem Arduino auch für den Raspberry Pi verwenden lassen. Je nach Anwendungszweck und gewünschter Genauigkeit ist der Sensor auszuwählen.

2.4 Motoren und Steppermotoren

Im Allgemeinen besteht ein Motor aus einem Stator und einem Rotor, und über Klemmen oder Drahtanschlüsse wird elektrische Energie zugeführt, die für das Drehen des Rotors sorgt und die an der Welle angebrachte Last bewegt. In Sachen Elektronik und einem Arduino oder Raspberry Pi kommen Sie meist entweder mit Gleichstrommotoren oder mit Schrittmotoren in Berührung. Beide Arten von Motoren lassen sich an einem Arduino oder Raspberry Pi betreiben bzw. von ihnen steuern, doch Schrittmotoren – auch Stepper bzw. Steppermotoren genannt – sind von der Art und Weise, wie sie anzusteuern und zu regeln sind, vollkommen anders als Gleichstrommotoren. Dies fängt schon bei der Anzahl der verfügbaren Anschlüsse an: Während ein Gleichstrommotor mit zwei Anschlussadern kommt, sind es bei einem Steppermotor deren vier, sechs oder gar acht Anschlüsse, die je nach Bauform (bipolar oder unipolar) vorhanden sind. Besitzt der Motor beispielsweise sechs Kabelverbindungen, hat er zwei Spulenwicklungen mit je zwei Endanschlüssen sowie einem sogenannten Mittelanschluss/Zapfen. Je nachdem, ob die beiden Mittelanschlüsse angesteuert werden oder nicht, kann der Motor unipolar oder bipolar betrieben werden.

Um herauszufinden, welche der beiden Kabel der beiden Spulen jeweils zusammengehören, nehmen Sie ein Multimeter und schalten den Drehregler des Multimeters auf die Einstellung *Widerstand* (Ω, Ohm) um. Anschließend stecken Sie die schwarze Leitung des Prüfkabels in die mit COM, die rote Leitung in die mit V-Ohm beschriftete Buchse. Dann schließen Sie die

CHARACTERISTICS

MODEL		103 - 546 - 55500	103 - 546 - 5342	103 - 547 - 52500 (103 - 547 - 52300)
BASIC STEP ANGLE		1.8° ±0.09°	1.8° ±0.09°	1.8° ±0,09°
BIPOLAR PARALLEL CURRENT	(Amp)	0.2	0.42(*)	0.7(*)
UNIPOLAR CURRENT	(Amp)		0.6	1.0
RESISTANCE	(Ohm)	37.5	6.7	3.15
INDUCTANCE	(mH)	52	5.4	3
BIPOLAR HOLDING TORQUE	(Ncm)	12.5	19	25
UNIPOLAR HOLDING TORQUE	(Ncm)		14.5	19
ROTOR INERTIA	(Kgm ^{2} x 10 $^{-7}$)	20	30	43
THEORETICAL ACCELERATION	(rad x sec.$^{-2}$)	63000	63000	59000
BACK E.M.F.	(V/Krpm)	47	18	14
MASS	(Kg)	0.2	0.2	0.24
LEADS CODE		V	IV	IV

Codes between brackets refer to double shaft model.

(*) Series connection

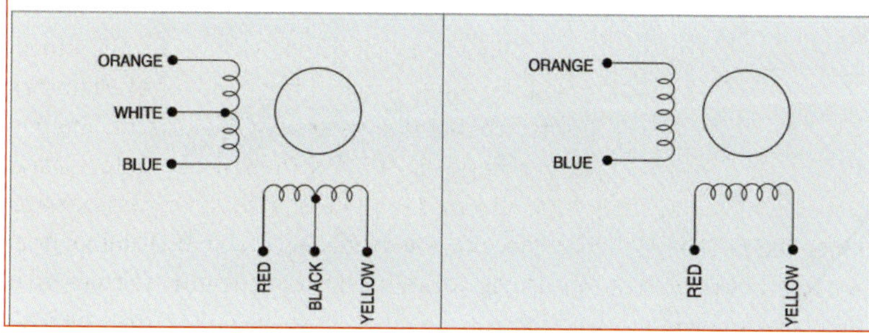

Anschlussbelegung aus dem Datenblatt: Dieses Beispiel zeigt einen unipolaren Steppermotor, der ohne das Beschalten der weißen und schwarzen Kabeladern jedoch auch in bipolarer Bauweise betrieben werden kann. Die entsprechend zusammengehörenden Kabelpaare (Orange/Blau und Rot/Gelb) versorgen jeweils eine Spule des Motors.

schwarze Leitung an ein beliebiges Kabel des Motors an – die rote Leitung wird schrittweise mit jedem anderen übrigen Kabel verbunden, bis das Kabel gefunden wurde, bei dem das Multimeter »reagiert« und einen Messwert ausgibt. Damit haben Sie ein zusammengehöriges Kabelpaar gefunden, das Sie nun am Motortreiber montieren können. Gehen Sie für die verbliebenen Kabel analog vor. Hier muss das Multimeter ebenfalls Alarm schlagen – dann haben Sie die beiden Kabelpaare identifiziert und montiert.

In diesem Beispiel ist der Widerstandswert von der orangefarbenen Kabelader zur weißen Ader nur rund halb so groß wie der Stromkreis vom orangefarbenen zum blauen Kabel. Verbinden Sie das orangefarbene oder das blaue Kabel mit einem Kabel der zweiten Spule, dann besteht kein »Stromkreis« – der Widerstand ist also unendlich. Verbindet man nun Schritt für Schritt sämtliche Kabel paarweise miteinander und misst den Spulenwiderstand, sollten die gleichen Kabelpaare wie im Datenblatt zueinanderpassen. Bei dem Beispiel-Steppermotor beträgt der Widerstand der Adern Orange zu Weiß 4 Ω, Orange zu Blau 8 Ω (aufgerundet) und Weiß zu Blau

Die Kabelpaare des Motors sollten sicherheitshalber per Multimeter bestimmt werden.

4 Ω. Damit ist der Mittelanschluss mit der weißen Ader identifiziert, die Anordnung ist Orange – Weiß – Blau. Analog werden die verbliebenen Leitungen durchgemessen, was die Anordnung Rot – Schwarz – Gelb im Datenblatt bestätigt. Bleiben die Mittelanzapfungen unberücksichtigt und werden nicht angeklemmt, wird aus dem Motor mit unipolarer Ansteuerung ein echter bipolarer Steppermotor.

2.4.1 Oft vernachlässigt: Spannungsversorgung des Motors

Ist nun geklärt, welche Kabeladern für welche Spule zuständig sind – unabhängig davon, ob es sich um einen uni- oder bipolaren Motor handelt –, sollten Sie sich als Nächstes im Datenblatt in Sachen Spannungsversorgung darüber informieren, welcher Maximalstrom pro Spule erlaubt ist bzw. welchen Spulenwiderstand der Steppermotor besitzt.

Um den Motor schnell auf Touren zu bringen, sprich, die Spulenströme umgehend nach dem Einschalten fließen zu lassen, damit ein Drehmoment entsteht, sind je nach Motor hohe Betriebsspannungen und geringe Windungszahlen bzw. Induktivitäten notwendig. Umgekehrt zählt dies auch für ein schnelleres Absinken des Stroms nach dem Abschalten des entsprechenden Anschlusses – für die in beide Stromrichtungen abwechselnde Zuteilung und Steuerung der Ströme in einem bipolaren Steppermotor sorgt eine sogenannte H-Brücke, die dafür sorgt, dass die in der Induktivität gespeicherte Energie auf arbeitende Freilaufdioden geführt wird.

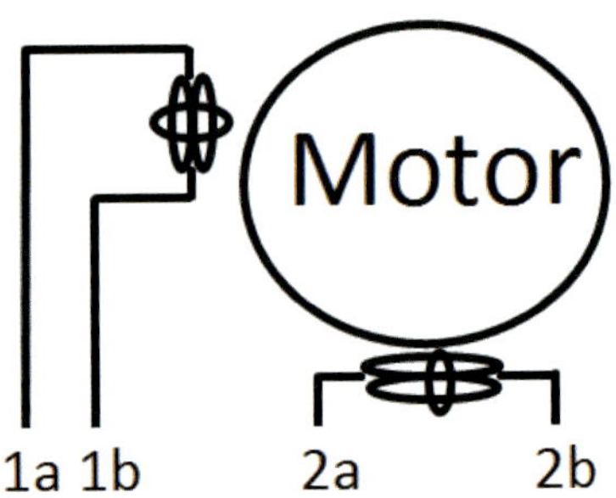

Schematische Darstellung des bipolaren Steppermotors mit zwei Spulen mit jeweils beiden Anschlüssen.

2.4.2 Motorsteuerung vs. Motortreiber

Grundsätzlich arbeiten Schrittmotoren bekanntlich digital: Die von der Steuerung gesendeten Taktimpulse werden direkt in definierte Winkelschritte umgesetzt, was eine einfache Winkeleinstellung ohne Regelung möglich macht. Bei den Schrittmotoren ist dafür fast immer ein Schrittwinkel angegeben – wird dieser durch die Vollumdrehung 360 Grad dividiert, erhalten Sie die Anzahl der Schritte, die notwendig sind, damit der Motor eine komplette Umdrehung umsetzen kann. Von der Bauform, den technischen Spezifikationen und dem Einsatzzweck ist die Lösung abhängig, die Sie für die Ansteuerung des Motors verwenden. Hier haben Sie nahezu freie Auswahl: Entweder Sie bauen sich mithilfe eines ULN2803-IC eine passende Schaltung selbst, was nur im Bereich von niedervoltigen Kleinmotoren zu empfehlen ist, oder Sie greifen auf »Fertiglösungen« in Form von sogenannten Motortreibern/Motorcontrollern zurück. In diesem Fall lassen sich auch die weitverbreiteten bipolaren Steppermotoren an den Arduino oder Raspberry Pi anschließen und betreiben.

Solche Billiganschlussboards auf Basis von L293D & Co. sind zuhauf in den Verkaufsbörsen im Internet zu finden.

Der Anschluss der entsprechenden Spannung für bipolare Motoren erfolgt über den Motortreiber. Liegt kein Datenblatt für den Bipolarmotor vor, messen Sie mit einem Multimeter die Anschlüsse – nicht nur, um herauszufinden, welche Kabeladern spulenmäßig zusammengehören, sondern auch, um den Spulenwiderstand des Motors zu bestimmen. Bei kleineren Motoren ist dieser kleiner 10 Ω – hat er jedoch Werte ab 30 bis 50 Ω aufwärts, reicht die Spannung des Raspberry Pi bzw. des Motortreibers für die Motorversorgung nicht mehr aus und es muss eine zusätzliche Spannung extern zugeführt werden. Hier genügt meist ein 12-V-Netzteil, wie es bei Scannern oder Notebooks zum Einsatz kommt. Wird der Motor im Betrieb jedoch wärmer als nur »handwarm«, ist die anliegende Spannung zu hoch.

2.4.3 Mehr Kontrolle – Schrittmotorcontroller

Bessere elektronische Schrittmotorcontroller, wie beispielsweise der Pololu A4988, erzeugen aus je einem digitalen Takt/Step- und Richtungssignal (DIR) die nötige Phasenabfolge (Sequenz), um das Induktionsdrehfeld zu erzeugen. Die vorhandenen Treiber verstärken diese digitalen Signale und setzen die benötigte Betriebsspannung des Motors. Der Pololu A4988 beispielsweise unterstützt die aktive Strombegrenzung, die sich über das integrierte Potenziometer einstellen lässt. Wie bzw. wie hoch die Strombegrenzung einzustellen ist, lässt sich über die Messung der Referenzspannung *Vref* am »ref-Pin« herausfinden.

Da der Spulenwiderstand vonseiten des Motortreibers unveränderlich ist, kann das Drehmoment durch das Anlegen einer höheren Spannung, was somit nach der bekannten Formel U = R * I auch einen höheren Strom zur Folge hat, erhöht werden. Der sogenannte maximale Strangstrom I ergibt sich aus der maximal zulässigen thermischen Belastung mit der Formel I^2R. Dieser Wert soll die Obergrenze darstellen, er kann gleichwohl physikalisch kurzzeitig höher sein, damit der Motor ein höheres Drehmoment erreichen kann. Hat beispielsweise der Steppermotor einen Maximalstrom pro Spule von 0,2 A (Ampere) und einen Spulenwiderstand von 8 Ω, ergibt dies nach dem ohmschen Gesetz eine Spannung von 7,5 V. Würde dieser

Der Pololu wird zwischen Motor und Raspberry in die Verkabelung eingebaut. Dank der eingebauten Logik benötigt er nur noch zwei GPIO-Ports (Drehung und Richtung), was auch im Nachgang die Programmierung der Steuerung etwas einfacher macht.

Motor mit 12 V betrieben, ist der Strom ebenfalls höher, da der Widerstand gleich bleibt. Durch die auf dem Pololu über das Potenziometer einstellbare Strombegrenzung kann der angeschlossene Motor trotzdem mit den angelegten 12 V betrieben werden, ohne dass der Strom die 0,2 A überschreitet. Mit dieser Maßnahme lassen sich mit einem Mikro-Schrittmotorcontroller wesentlich bessere Stepperraten erreichen als mit einer Selbstbaulösung oder einem einfach gestrickten Motorcontroller.

Halbschrittverfahren im Detail

Ein Schrittmotor ist bekanntlich ein digitaler Synchronmotor, bei dem der Rotor je nach Polung der Stator-Spulen gedreht werden kann. Je nach Schrittweite und Drehwinkel können Sie somit jede Winkelposition, sofern diese ein Vielfaches der minimalen Schrittweite bzw. des Schrittwinkels ist, ansteuern. Wie die nachstehende Wahrheitstabelle zeigt, wird im Vollschrittverfahren jeweils immer nur bei einem Spulenanschluss ein Signal angelegt. Durch die Sequenz des Signals entsteht an den Stator-Spulen ein magnetisches Feld, das das drehbare Motorteil mit der Welle gezielt um einen Winkelschritt dreht. Ein einziger Schritt entspricht somit genau dem im Datenblatt angegebenen Schrittwinkel.

Vollschritt	GPIO15	GPIO22	GPIO18	GPIO17
0	-	X	-	-
1	-	-	X	-
2	-	-	-	X
3	X	-	-	-
0	-	X	-	-
1	-	-	X	-
2	-	-	-	X
3	X	-	-	-
0	-	X	-	-
1	-	-	X	-
2	-	-	-	X
3	X	-	-	-

Somit wird nach dem Durchlauf einer Vollschrittsequenz wieder von vorn begonnen, damit der Motor eine Drehung bzw. ein Drehmoment durchführen kann. Durch die Anzahl der Frequenzen erreichen Sie je nach minima-

lem Drehwinkel irgendwann einmal eine volle Umdrehung. Bietet der Motor einen minimalen Drehwinkel von beispielsweise 1,8 Grad an, sind in diesem Fall 360 Grad / 1,8 Grad = 200 Schritte = 200 / 4 = 50 Vollschrittsequenzen notwendig. Gerade beim genaueren Justieren empfiehlt es sich, den Motor im sogenannten Halbschrittbetrieb zu benutzen. Grundsätzlich ist dies elektrisch genauso einfach wie der Vollschrittbetrieb, durch die halbierte Schrittweite läuft der Motor allerdings etwas ruhiger. Beim Halbschrittverfahren schaut die Wahrheitstabelle wie im Folgenden dargestellt aus; es kommt nach jedem Vollschritt ein weiterer Impuls (Halbschritte 1, 3, 5, 7) hinzu, bei dem der nachfolgende Spulenanschluss ebenfalls beschaltet wird.

Halbschritt	GPIO15	GPIO22	GPIO18	GPIO17
0	X	-	-	-
1	X	X	-	-
2	-	X	-	-
3	-	X	X	-
4	-	-	X	-
5	-	-	X	X
6	-	-	-	X
7	X	-	-	X

Ist an dem Motorcontroller bzw. an dem Steuerungs-IC ein Schrittmotor angeschlossen, können Sie diese Wahrheitstabellen für die Steuerung des Motors über ein Shell- oder Python-Skript verwenden.

2.4.5 Step by Step: Vollschritt- und Halbschrittverfahren einsetzen

Für die Umsetzung der Tabellen in einem Skript eignet sich am besten für jeden Drehschritt ein dazugehöriges Array. Diese werden jeweils für den Voll- und den Halbschrittbetrieb definiert, wie im Beispielskript *uln_full_half.py* in den entsprechenden Bereichen zu finden. Eine volle Sequenz im Vollschrittverfahren ist wie folgt festgelegt:

```
seq_full[0] = [0,1,0,0] # links, 22, Out 2
seq_full[1] = [0,0,1,0] # links, 18, Out 3
seq_full[2] = [0,0,0,1] # links, 17, Out 4
seq_full[3] = [1,0,0,0] # links, 15, Out 1
```

Im Beispielskript *uln_full_half.py* werden nach dem Initialisieren der entsprechenden GPIO-Ausgänge zunächst die benötigten Variablen wie *stepCounter, stepCounterSum* etc. definiert. Grundsätzlich passen Sie die GPIO-Ausgänge auf Ihre Umgebung an, und auch ob im Skript das Voll- oder das Halbschrittverfahren genutzt werden soll, legen Sie durch das Setzen der Variablen *seq* und *stepCount* fest. Beim Vollschrittbetrieb set-

Download-Link:
/motor/uln_full_half.py

zen Sie diese auf *seq = seq_full* und *stepCount = stepCount_full*, im Halbschrittbetrieb auf *seq = seq_half, stepCount = stepCount_half*. Wem die Schrittweite des Motors bekannt ist, der setzt beispielsweise die Variable

```
stepCounter_full=200
```

für den im Einsatz befindlichen Motor. Der Wert 200 in diesem Beispiel ergibt sich aus dem minimalen Drehwinkel von 1,8 Grad, was 360 Grad / 1,8 Grad = 200 Schritte für eine Volldrehung entspricht. Mehr ist zunächst eigentlich für den Betrieb eines unipolaren Steppermotors nicht anzupassen, speichern Sie die Datei und führen Sie sie auf der Kommandozeile aus.

Funktion uln_full_half.py für uln2803-Schaltung bei unipolaren Steppermotoren

GPIO-Ausgänge initialisieren

Variablen definieren Schrittzähler

Bei 1,8 Grad Schrittweite sind das 360 / 1,8 = 200 Schritte

Umdrehung definieren – abwechselnd wird ein Pin eingeschaltet – Reihenfolge entspricht motor_pins Vollschrittverfahren

Dateiname: uln_full_half.py (Ausschnitt)

```
#!/usr/bin/python
# Pfad: /motor
import time
import RPi.GPIO as gpio
# BCM GPIO Zaehlung aktiv
gpio.setmode(gpio.BCM)
# ---------------------------------------------
# Hier die genutzten GPIO
# Pins 10,12,11,15
# GPIO15,GPIO18,GPI17,GPI22
# fuer Stepper festlegen
#
motor_pins  = [15,22,18,17]
for s_pin in motor_pins:
  print „Initialisieren GPIOs fuer Motor: „, s_pin
  gpio.setup(s_pin,gpio.OUT)
  gpio.output(s_pin, False)
  print “  -------------------------------------”
stepCounter = 0
stepCounterSum = 0
stepCounterFull = 0
stepCounter_full=200
wait = 0.5
stepCount_full = 4
seq_full = []
seq_full = range(0, stepCount_full)
seq_full[0] = [0,1,0,0] # links, 22, Out 2
seq_full[1] = [0,0,1,0] # links, 18, Out 3
seq_full[2] = [0,0,0,1] # links, 17, Out 4
seq_full[3] = [1,0,0,0] # links, 15, Out 1
stepCount_half = 8
seq_half = []
seq_half = range(0, stepCount_half)
seq_half[0] = [1,0,0,0]
```

```
seq_half[1] = [1,1,0,0]
seq_half[2] = [0,1,0,0]
seq_half[3] = [0,1,1,0]
seq_half[4] = [0,0,1,0]
seq_half[5] = [0,0,1,1]
seq_half[6] = [0,0,0,1]
seq_half[7] = [1,0,0,1]
seq = seq_half
stepCount= stepCount_half
try:
 while 1==1:
   for pin in range(0, 4):
    xpin = motor_pins[pin]
    if seq[stepCounter][pin]!=0:
      print „ Step %i Enable %i Anzahl Steps %i Vollumdrehung
             %i“ %(stepCounter,xpin,stepCounterSum,stepCounter)
      gpio.output(xpin, True)
    else:
      gpio.output(xpin, False)
   stepCounter += 1
   stepCounterSum += 1
   if (stepCounter==stepCount):
     stepCounter = 0
   if (stepCounter<0):
     stepCounter = stepCount
   if (stepCounterSum==stepCounter_full):
     stepCounterFull+= 1
     stepCounterSum=0
     print “Vollumdrehung, insgesamt Anzahl: “, stepCounterFull
   # Kurz warten
   time.sleep(wait)
except KeyboardInterrupt:
 gpio.cleanup()
```

Vollschritt oder Halbschrittverfahren? Vollschritt = seq_full, stepCount_full
Halbschritt = seq_half, stepCount_half

Start

Ende Durchlauf erreicht - Neustart

Das Skript informiert zur Laufzeit darüber, welcher Stepperschritt gerade ausgeführt und welcher GPIO-Pin dafür gerade beschaltet wird. Zusätzlich werden die Anzahl der Drehbewegungen sowie die Anzahl der Vollumdrehungen gezählt.

Die nächste Herausforderung bei einer Motorsteuerung ist neben der Genauigkeit das Einstellen der Drehrichtung. Durch das geschickte Beschalten der entsprechenden GPIO-Pins lassen Sie im nächsten Schritt nun den Steppermotor vorwärts und rückwärts laufen.

2.4.6 Vorwärts- und Rückwärtsbewegungen

Das nachstehende Skript *uln_linksrechts.py* wurde in diesem Beispiel mit dem beschriebenen Halbschrittverfahren umgesetzt, und die

Download-Link:
/motor/uln_linksrechts.py

Arrays wurden direkt mit Variablen befüllt, sodass Sie nur noch die GPIO-Pins für die Motorsteuerung – hier *a0, a1, b0* und *b1* genannt – entsprechend auf Ihre Raspberry-Pi-/Steckplatinenumgebung anpassen müssen. Die Links-/Rechtsbewegungen des Motors sind in diesem Fall selbsterklärend: Die Rückwärtsbewegung ergibt sich aus der umgekehrten Schaltungsreihenfolge der Pins.

Schaltung bei unipolaren Steppermotoren / Hier anpassen: GPIO Pins für den Motor

Delay beim »Lauf«

GPIOs initialisieren

Funktion step für die Durchführung des Schritts

Drehe so lange, bis Abbruch via Tastatur Strg C

Dateiname: uln_linksrechts.py (Ausschnitt)

```
a0=15
a1=18
b0=22
b1=17
motor_pins = [a0,b0,a1,b1]
links = [(a0,),(a0,b0),(b0,),(b0,a1),(a1,),(a1,b1),(b1,),(b1,a0)]
rechts = [(b1,),(b1,a1),(a1,),(a1,b0),(b0,),(b0,a0),(a0,),(a0,b1)]
wait = 0.002
gpio.setmode(gpio.BCM)
for s_pin in motor_pins:
    gpio.setup(s_pin, gpio.OUT)
def step(seq, m_pins):
    for steps in seq:
        for s_pin in m_pins:
            gpio.output(s_pin, gpio.HIGH) if s_pin in steps
                               else gpio.output(s_pin, gpio.LOW)
        time.sleep(wait)
try:
    while True:
        for _ in xrange(256):
            step(links,motor_pins)  # links
        for _ in xrange(128):
            step(rechts,motor_pins)  # rechts
```

Fertiger Testaufbau auf der Steckplatine im Betrieb: An dem Rotor des Steppermotors wurde eine Krokoklemme befestigt, damit bei der kleinen Schrittweite des Motors auch sofort eine Zustandsänderung erkannt werden kann.

Nach dem Start des Skripts *uln_linksrechts.py* sollte sich nun der Steppermotor zunächst drehen, um dann nach 256 Schritten die Richtung zu wechseln. Die Ausführung des Skripts brechen Sie zur Laufzeit mit der Tastenkombination Strg+C ab – der Betrieb des Motors wird umgehend abgebrochen, und die belegten GPIO-Anschlüsse werden per *cleanup*-Kommando freigeräumt.

Die beschriebene Lösung mit dem ULN2803A hat den Vorteil, dass diese relativ schnell aufgebaut und in Betrieb genommen ist. Auch die Unterstützung der unipolaren Steppermotoren ist gut, sofern die Spannungsversorgung für den Motor ordnungsgemäß sichergestellt ist. Für die weitverbreiteten bipolaren Steppermotoren eignet sich die günstige Lösung mit dem ULN2803A jedoch nicht, und Sie müssen auf andere

Lösungen ausweichen, etwa auf den Anschluss eines passenden Motortreibers oder auf eine Extraplatine wie beispielsweise die Raspberry-Pi-Erweiterung RaspiCOM oder das Gertboard.

2.4.7 Einzellösung – Servomotor Tower SG90

Ein Servomotor bringt in der Regel drei Anschlüsse mit, neben Spannungsversorgung und Masse ist das Signalkabel ausschlaggebend für die Drehrichtung und die Geschwindigkeit. Der Raspberry Pi bringt in den Revisionen 1 und 2 hardwareseitig genau einen sogenannten PWM-Anschluss mit, der sich an Pfostenreihe P1, Pin 12 (GPIO18) befindet. Soll der Beispiel-Servomotor Tower SG90 am Raspberry Pi angeschlossen werden, müssen die drei verfügbaren Kabel bei Verwendung eines externen Netzteils für die Spannungsversorgung des Servomotors gemäß Anschlussbelegung wie in der nachstehenden Tabelle gesteckt werden.

Kabelfarbe	Funktion	Externe Spannungsversorgung (4,5 V bis 6 V)	Raspberry-Pi-Pin	Bemerkung	WiringPi
Braun	Masse	X (–/Masseanschluss)	6	-	-
Orange	Spannung	X (+/Spannungsanschluss)	-	-	-
Gelb	Signal		12	GPIO18, PWM	1

Ist der Raspberry Pi selbst mit einem leistungsfähigen Netzteil ausgestattet, kann die notwendige Spannung des Servomotors wie in diesem Projekt auch direkt am 5-V-Pin des Raspberry Pi angezapft werden. Beachten Sie, dass laut Datenblatt der Raspberry Pi 1, Modell A, rund 2,5 W, Modell B 3,5 W bzw. Modell B+ 2,5 bis 3 W benötigt – in der Praxis zieht jedoch USB-Peripherie wie Maus, Tastatur oder WLAN-Dongle ebenfalls Strom. Maximal nimmt der Raspberry Pi bis zu 700 mA (Pi 1/Modell A), 1.200 mA (Pi 1/Modell B) bzw. 2.000 mA (Pi 1/Modell B+) auf – wenn das Netzteil etwas mehr Strom für den Servomotor liefert, umso besser. Details zum Stromverbrauch sind in der Regel auf dem Aufkleber bzw. auf dem Netzteil selbst aufgedruckt. Ist der Servomotor angeschlossen, nutzen Sie Python sowie die passende RPi.GPIO-API, um den Motor in einem Testlauf in Betrieb zu nehmen. Seit Version 0.5.2a unterstützt die RPi.GPIO-Bibliothek auch softwareseitig die PWM-Technik (*Pulsweitenmodulation*), die im nachstehenden Beispiel zum Einsatz kommt. Grundsätzlich arbeitet ein Servomotor wie ein Stellmotor und hat meist einen Wirkungskreis von 0 bis 180 Grad. Damit ist eine Drehung darüber hinaus (eigentlich) nicht möglich, wie beispielsweise bei einem Schrittmotor, der sich um 360 Grad drehen kann. Der Servomotor Tower SG90 bezieht seine Spannungsversorgung also über das braune und das orangefarbene Kabel – das gelbe Signalkabel bestimmt die Pulsweite (PWM). Dieses Signal übermittelt, wie weit der Servo sich drehen soll bzw. drehen darf.

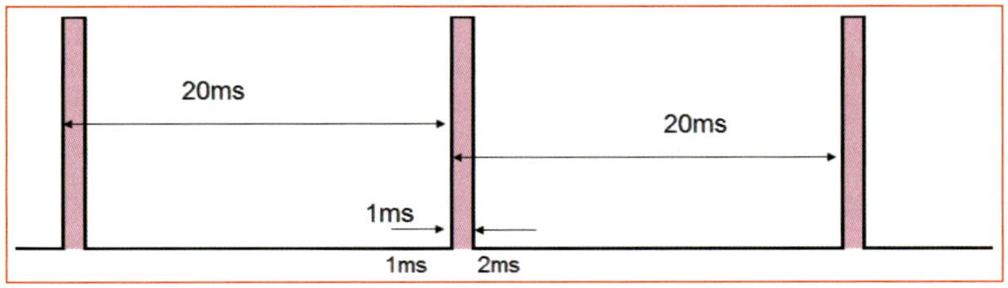

Die Periodendauer T ist konstant 20 ms – die Impulsdauer τ bzw. die Pulsbreite (hier 1 ms = 0 Grad) steuert den Winkel, auf den der Servoarm gestellt werden soll.

In obiger Abbildung sind Periodendauer T und Impulsdauer τ dargestellt. Daraus lässt sich der Tastgrad (*Duty Cycle*) berechnen:

```
Tastgrad (Duty Cycle) = Impulsdauer τ / Periodendauer T
```

Die häufig im Raspberry-Pi-Umfeld eingesetzten Servomotoren sind Modellbauservomotoren, die mit einem 50-Hz-Signal arbeiten. Dies entspricht bei den meisten Modellen einer Periodenlänge von 20 ms. Das bedeutet, dass innerhalb dieses 20-ms-Zeitraums ein Signal erwartet wird, das sich zwischen 1 ms (linker Anschlag) und 2 ms (rechter Anschlag) auf High-Pegel befindet und den Rest der Periodenlänge auf Low-Pegel.

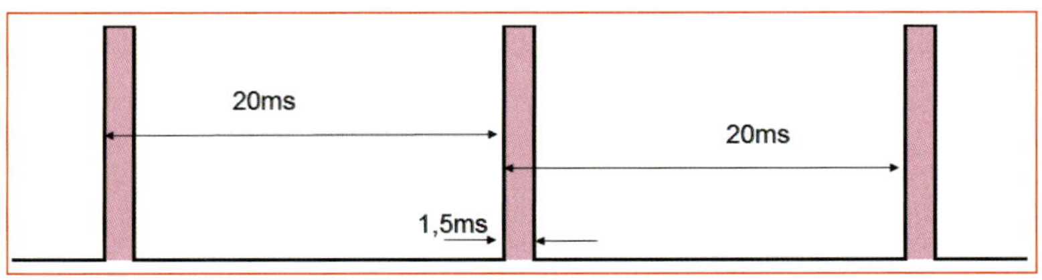

Die Pulsbreite der Länge 1,5 ms entspricht einem 90-Grad-Winkel, auf den der Servo eingestellt wird.

Hier geben der linke und der rechte Anschlag des Servos den Wertebereich an, in dem sich der Motor bewegen darf – theoretisch wäre bei 1,5 ms die Mittelstellung des Rotors zu erwarten. Wo links und rechts der Anschlag beginnt, ist also über den Wertebereich des Servomotors festgelegt, die Differenz der beiden Werte gibt demnach über die Pulslänge dann die Position des Rotors an. Die Ansteuerung der Position erfolgt mit dem eingebauten Spannungsteiler, falls die Position im gültigen Wertebereich liegt.

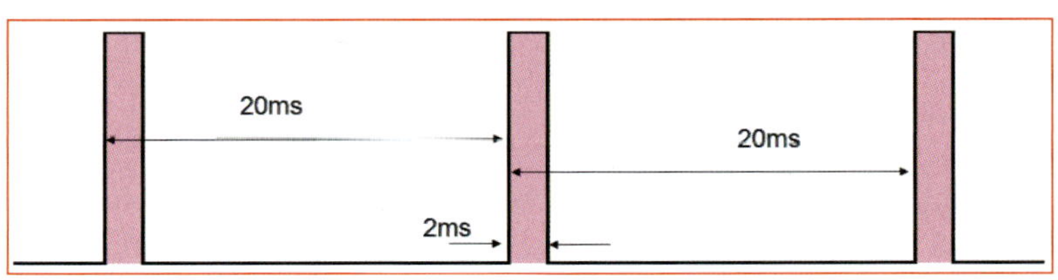

Die Pulsbreite von 2 ms schöpft den kompletten Streuungswinkel mit 180 Grad aus.

Hier liegt die PWM bei 1 ms ganz links und 2 ms ganz rechts. Erhöht sich die Pulsdauer, dreht sich der Motor im Uhrzeigersinn nach rechts, wird die Pulsdauer geringer, bewegt sich der Motor wieder nach links zurück. Falls das Datenblatt des Servomotors keine oder keine brauchbaren Informationen liefert, können die maximalen Werte für jeden Servotyp auch experimentell bestimmt werden. Dies lässt sich mittels eines PWM-Signals erzeugen, das den Servo knapp an den mechanischen Endanschlag stoßen lässt. Mit einem Oszilloskop können die PWM-Parameter abgelesen werden – ansonsten sind ein schrittweises Erhöhen der Pulsbreite und ein »Herantasten«, bis der Endanschlag erreicht ist, notwendig.

2.4.8 Hardware-PWM-Ausgang mit LED testen

Download-Link:
/pwm-servo/pwm-led.py

Um die Logik für die Ansteuerung des PWM-Pins in einem Skript oder Programm zu testen, benötigen Sie nicht umgehend einen angeschlossenen Servomotor – das beschriebene Prinzip der Pulsweite bzw. -breite kann auch zur Helligkeitssteuerung bei LEDs genutzt werden. Um die Helligkeit einer LED zu steuern, verwenden Sie den PWM-Ausgang des Raspberry Pi. Dafür schließen Sie an Pin 12 (GPIO18) eine LED (samt passendem Widerstand) an, deren Leuchtkraft, sprich Helligkeit, nun mit nachfolgendem Python-Skript einfach geregelt werden kann.

Dateiname: pwm-led.py (Ausschnitt), Verzeichnis: /pwm-servo

```
# -*- coding: utf-8 -*-
#!/usr/bin/python
import RPi.GPIO as GPIO
import time
GPIO.setmode(GPIO.BOARD)
GPIO.setup(12, GPIO.OUT)
pwm = GPIO.PWM(12, 50)
pwm.start(0)
try:
    while True:
        for dc in range(0, 101, 5):
            print "LED: Heller... Stufe: ", dc
            pwm.ChangeDutyCycle(dc)
            time.sleep(0.1)
        for dc in range(100, -1, -5):
            print "LED: Dunkler... Stufe:  ", dc
            pwm.ChangeDutyCycle(dc)
            time.sleep(0.1)
```

Steuerung der LED am PWM-Ausgang / Dimmfunktion

GPIO=12 Frequenz=50Hz

Die Variable *dc* (*Duty Cycle*) gibt den Tastgrad, also das Verhältnis der Impulsdauer zur Periodendauer, an und in der Regel einen Wert von 0 bis 100 % (alternativ von 0 bis 1). Nach dem Schaltungsaufbau starten Sie das Python-Skript. Nun sollte die LED ansteigend langsam heller werden – anschließend wird das Licht wieder gedimmt und bis Stufe 0 reguliert.

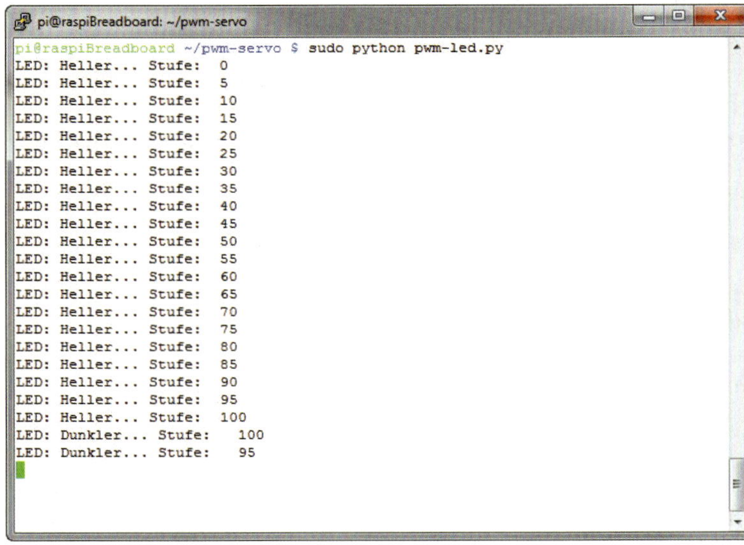

Der Vollständigkeit halber wird die Lichtstärke noch am Bildschirm ausgegeben, damit Sie den Code »live« besser nachvollziehen können.

Ähnlich wie bei dem LED-Beispiel funktioniert das Regeln und Steuern des angeschlossenen Servomotors. Im obigen Beispiel kam PWM aus der RPi.GPIO-Bibliothek zum Einsatz. Grundsätzlich erzeugen Sie dafür erst eine Instanz und geben dort den verwendeten GPIO-Anschluss sowie die Frequenz in Hertz an. Die Frequenz errechnet sich aus dem Phasenwinkel, der durch die zeitliche Verzögerung multipliziert mit dem Gradmaß von 360 dividiert wird.

```
f  = Phasenwinkel ϕ° / (Δt * 360°)
```

Umgekehrt lässt sich der Phasenwinkel ϕ (Phi) mit dem Gradmaß, dem Delta der Verzögerung Δt sowie der Frequenz *f* berechnen:

```
ϕ° = 360° * f * Δt
```

Hat beispielsweise die Frequenz den Wert 50 Hz (20 ms Periodenlänge), beträgt der Phasenwinkel bei einer Schaltdauer von 1 ms:

```
ϕ° = 360° * 50 Hertz * 0.001s
ϕ° = 18°
```

In Code gegossen, bedeutet dies, dass Sie zunächst ein PWM-Objekt erzeugen. Dafür reichen die Angabe des Kanals und die Frequenz aus.

```
pwm = GPIO.PWM(channel, frequency)
```

Um das Objekt zu starten, nutzen Sie das Startkommando mit Angabe des Stellwinkels, der entsprechend dem Wertebereich aus der Spezifikation des Motors angepasst werden muss.

```
pwm.start(dc)    # Wertebereich (duty cycle) beachten
                 # (0.0 <= dc <= 100.0) bei LED
```

Um die Frequenz dynamisch im Code anzupassen, steht das Kommando:

```
pwm.ChangeFrequency(freq)    # freq ist neue Frequenz in Hz
```

zur Verfügung. Um den Drehwinkel anzupassen, nutzen Sie den Befehl:

```
pwm.ChangeDutyCycle(dc)  # Entsprechend Wertbereich:
                                            0.0 <= dc <= 100.0
```

Zum Stoppen aller PWM-Aktionen reicht das einfache Kommando:

```
pwm.stop()
```

aus. Da der Raspberry Pi in Revision 1 und 2 nur einen einzigen vollwertigen hardwareseitigen PWM mitbringt, muss beim Einsatz weiterer Servomotoren auf Alternativen zurückgegriffen werden. Hier stehen einerseits die Installation des Servoblaster-Treibers und andererseits der Anschluss eines Servomotor-Treiberboards von Adafruit zu Verfügung.

2.4.9 Servoblaster-Treiber installieren

Egal welche Schnittstelle am Raspberry Pi zum Einsatz kommt, irgendwann ist das Limit erreicht, und es wäre praktisch, wenn noch der eine oder andere Pin zur Verfügung stünde. So auch beim PWM-Anschluss – hier bringt der Raspberry Pi in der Revision 1 und 2 nur einen einzigen vollwertigen hardwareseitigen PWM mit, der für den Anschluss eines Servomotors geeignet ist. Wer hingegen mehr als einen Servomotor betreiben und steuern möchte, der benötigt Alternativen. Dafür steht glücklicherweise eine Softwarelösung bereit, mit der Sie den Architekturmangel zumindest umgehen können. Dafür installieren Sie den sogenannten Servoblaster-Treiber, der dafür sorgt, dass Sie über den Servoblaster-Prozess weitere GPIO-Pins des Raspberry Pi mit einer (Software-)PWM-Lösung verwenden können.

Egal ob über SSH oder über die Raspberry-Pi-Konsole: Nach dem Herunterladen und Entpacken der Servoblaster-Dateien im Arbeitsverzeichnis nutzen Sie das Installationsskript, um die notwendigen Anpassungen auf dem Raspbian-System durchzuführen.

```
cd ~
mkdir servoblaster
```

```
cd servoblaster
wget https://github.com/richardghirst/PiBits/zipball/master
mv master servoblaster.zip
unzip servoblaster.zip
cd richardghirst-PiBits-bf455ee/ServoBlaster/user/
sudo make install
```

Nach einem Neustart des Raspberry Pi sorgt der Servoblaster-Prozess dann dafür, dass bei korrekter Adressierung ein PWM-Signal am entsprechenden GPIO-Anschluss zur Verfügung steht.

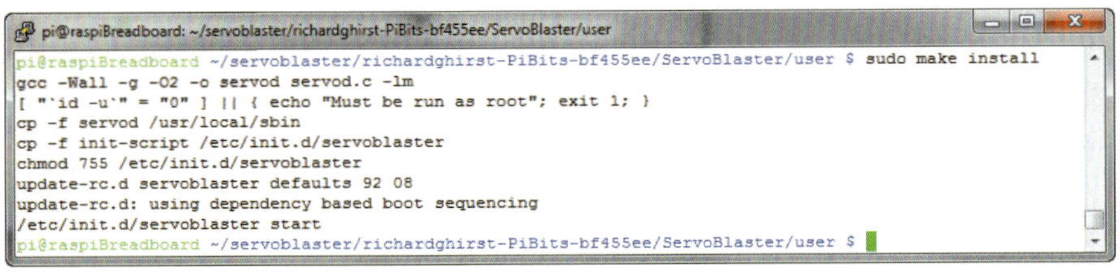

Die eigentliche Installation des Servoblaster-Treibers dauert über das *install*-Skript nur einen kurzen Moment.

Nach der Installation passen Sie noch den Servoblaster-Dienst an und setzen in der entsprechenden *init*-Datei den Timeout-Wert *2000* auf den Wert *500* herunter.

```
sudo nano /etc/init.d/servoblaster
sudo reboot
```

Abschließend starten Sie den Raspberry Pi neu, damit die durchgeführten Änderungen aktiviert werden. Nach dem Neustart stehen anschließend insgesamt acht nutzbare Pins für Servomotoren vonseiten des Servoblaster-Treibers zur Verfügung, die wie folgt zugeordnet sind.

Servoblaster-Pin	Raspberry Pi 1/2 GPIO (Rev. 2)	Raspberry Pi 1 GPIO (Rev. 1)	Raspberry-Pi-Pin
0	GPIO-4	GPIO-4	7
1	GPIO-17	GPIO-17	11
2	GPIO-18	GPIO-18	12
3	GPIO-27	GPIO-21	13
4	GPIO-22	GPIO-22	15
5	GPIO-23	GPIO-23	16
6	GPIO-24	GPIO-24	18
7	GPIO-25	GPIO-25	22

Wem die dargestellte Alternative mit acht Servomotoren noch nicht ausreicht, der benötigt ein Erweiterungsboard, das für kleines Geld zur Verfügung steht. Hier ist der »Adafruit 16-Channel 12-bit PWM/Servo Driver« empfehlenswert, der mit einer I^2C-Schnittstelle ausgestattet ist. Beachten Sie, dass in diesem Fall der Hersteller eine externe Stromversorgung für die Servomotoren empfiehlt. Anschließend stehen 16 Servoanschlüsse zur Ver-

fügung – dank des erweiterungsfreudigen I²C-Bus lassen sich theoretisch bis zu 62 solcher PWM-Servo-Boards anschließen, wodurch insgesamt 992 PWM-Anschlüsse für Servomotoren zur Verfügung gestellt werden.

2.4.10 Servomotoren mit Servoblaster in Betrieb nehmen

Nach der Servoblaster-Installation und dem anschließend notwendigen Neustart des Raspberry Pi schließen Sie nun die gewünschte Anzahl an Servomotoren am Raspberry Pi an. In dem nachfolgenden Beispiel wurden drei Servomotoren mit ihrem jeweiligen Signalkabel an jeweils einen GPIO-Anschluss (GPIO4, GPIO17, GPIO18) gekoppelt.

Servoblaster-ID	Motor	Kabelfarbe	Funktion	Raspberry-Pi-Pin	Bemerkung	WiringPi
-	Servo0	Braun	Masse	6	GND	-
-	Servo0	Orange	Spannung	4	5 V	-
0	Servo0	Gelb	Signal	7	GPIO4	7
-	Servo1	Braun	Masse	6	GND	-
-	Servo1	Orange	Spannung	4	5 V	-
1	Servo1	Gelb	Signal	11	GPIO17	0
-	Servo2	Braun	Masse	6	GND	-
-	Servo2	Orange	Spannung	4	5 V	-
2	Servo2	Gelb	Signal	12	GPIO18	1

Servo0 und *Servo1* bezeichnen jeweils einen Tower-SG90-Servomotor – der Name *Servo2* bezeichnet den Servomotor vom Typ TowerPro MG995, der mit seinem Signalkabel an Pin 7 (GPIO18) am Raspberry Pi angeschlossen ist.

Die Lego-Originalzahnräder lassen sich mit einer passenden Schraube fest mit dem Servomotor verbinden.

Nach der Installation von Servoblaster und der Verkabelung der Servomotoren am Raspberry Pi testen Sie zunächst die Servoblaster-Funktion über die Kommandozeile. Hier reicht ein simples *echo*-Kommando für das anzusteuernde Device aus, um den Rotor des Motors wunschgemäß drehen zu lassen. Nutzen Sie das nachstehende Kommando:

```
sudo echo M=X > /dev/servoblaster
```

und ersetzen Sie dort die Variable *M* mit der gewünschten Servoblaster-ID. Die Variable *X* gibt die Pulsbreite an – nehmen Sie einen Wert innerhalb des Messbereichs zwischen *50* und *250*. Möchten Sie beispielsweise eine Pulsbreite von 1,5 ms verwenden, nehmen Sie den Wert *150* (1,5 ms = 1500 us / 10 us = 150).

```
sudo echo 2=150 > /dev/servoblaster # Neutral
```

Probieren Sie andere Werte in dem Wertebereich aus, um herauszufinden, in welche Richtung sich der Motor wie weit bewegt.

```
sudo echo 2=50 > /dev/servoblaster # 180 Grad Umdrehung im
                                     Uhrzeigersinn
sudo echo 2=250 > /dev/servoblaster # 180 Grad Umdrehung
                                     gegen Uhrzeigersinn
```

Obige Beispiele bewegen den Motor TowerPro MG995 (Servo2) mit der Servoblaster-ID2 (angeschlossen an GPIO18) um 180 Grad und anschließend wieder zurück. Experimentieren Sie etwas mit den Werten, stellen Sie schnell fest, in welchem Bereich sich der Motor in welche Richtung bewegt – wenn er sich denn bewegt. Bleibt der Motor starr, liegt der für X angegebene Wert in einem nicht zulässigen Wertebereich.

2.4.11 Servomotoren steuern mit dem Raspberry Pi

Download-Link:
/pwm-servo/pwm-servo.py

Soll mehr als ein Servomotor am Raspberry Pi zum Einsatz kommen, kann der Umgang mit Bash-Shell-Skripten umständlich werden. Sollen die Servomotoren darüber hinaus auch noch mit einem Sensor und Gerätschaften, die am Raspberry Pi hängen, zusammenarbeiten, heißt der beste gemeinsame Nenner Python. Über Python ist die Nutzung der installierten *servoblaster*-Devices naturgemäß ebenfalls möglich, da nach dem Systemstart der Treiber die Funktionen dafür zur Verfügung stellt. Die grundsätzliche Darstellung der Ansteuerung von Servomotoren über die *servoblaster*-Funktionen demonstriert die nachstehende Beispieldatei *pwm-servo.py*, die sich wieder im Projektverzeichnis */pwm-servo* befindet.

Steuerung des Servo am Servoblaster-Ausgang 2 / GPIO-18

Dateiname: pwm-servo.py

```
# -*- coding: utf-8 -*-
#!/usr/bin/env python
DELAY = 0.5
WAITTIME = 10
def pwm(pin, angle):
    print "Kommando: servo[" + str(pin) + "][" + str(angle) + "]"
    cmd = "echo " + str(pin) + "=" + str(angle) + " > /dev/
                                                   servoblaster"
    os.system(cmd)
    time.sleep(DELAY)
def start(pin):
  os.system("clear")
  print "Umdrehung 180 Grad im Uhrzeigersinn nach rechts"
  pwm(pin, 60)
  print "und nach einer Wartezeit von ", WAITTIME, " Sekunden
                                                  wieder zurueck"
  time.sleep(WAITTIME)
  pwm(pin, 240)
```

```
# main
start(2)
```

2 ist Servoblaster-Pin

Das obige Python-Beispiel kommt mit den beiden einfachen Funktionen *pwm* und *start* ans Ziel: Nach dem Programmstart wird die Funktion *start* mit dem zu verwendenden Anschluss aufgerufen, die wiederum über die Funktion *pwm* einen 180-Grad-Schwenk im Uhrzeigersinn durchführen lässt. Egal welche Skriptsprache im Endeffekt zum Einsatz kommt – was mit einem Servomotor funktioniert, lässt sich auch problemlos mit zwei oder mehr angeschlossenen Motoren durchführen. Mit dem Servoblaster-Treiber lassen sich bis zu acht Motoren wie beschrieben steuern. Bei größeren Projekten mit mehr als acht Servomotoren ist der Einsatz einer Erweiterungsplatine basierend auf dem PCA9685-IC, etwa des 16-Channel-12-bit PWM/Servo Driver von Adafruit, eine perfekte Wahl, der im Abschnitt »9.1 Lego-Extremmodding: bis zu 16 Servomotoren steuern« ab Seite 171 zum Einsatz kommt.

2.4.12 Servomotoren steuern mit dem Arduino

Für die Steuerung eines Motors mit dem Arduino lässt sich prinzipiell eine eigene Schaltung auf einer Steckplatine und später auf einer Eigenbauplatine umsetzen. Die bequemste und kostengünstigste Lösung ist jedoch die Anschaffung eines passenden Motor-Shields, das sich nicht nur für Servo-, sondern auch für Stepper- und gewöhnliche Gleichstrommotoren aus dem Modellbaubereich eignet. Das in diesem Projekt verwendete Adafruit Motor/Stepper/Servo Shield-Kit V1.2 für Arduino ist auf den gewöhnlichen Verkaufsplattformen im Netz für kleines Geld erhältlich und bringt neben den beiden Anschlüssen für gewöhnliche Hobby-Servomotoren aus dem Modellbaubereich (5 V) noch vier H-Bridge-Anschlüsse mit, die vom L293D-IC mit 0,6 A je H-Brücke (1,2 A max.) gespeist werden. Neben dem Überhitzungsschutz ist damit ein Betrieb von Motoren von 4,5 VDC bis 25 VDC möglich – bis zu vier bidirektionale Gleichstrommotoren mit einer 8-bittigen Geschwindigkeitsanpassung oder zwei Steppermotoren (unipolar oder bipolar) lassen sich neben den Servomotoren gleichzeitig verwenden.

Adafruit-Motor-Shield: Im Uhrzeigersinn ausgehend von links oben: Die beiden Servomotoranschlüsse (SER1, SERVO_2), rechts die Anschlüsse M4, M3, dann unten die Stromversorgung und schließlich die verbleibenden Motoranschlüsse M2 und M1.Damit lassen sich neben den beiden Servomotoranschlüssen bis zu vier Motoren zusätzlich am Motor-Shield betreiben.

In diesem Projekt wurden beide Servoanschlüsse für die Steuerung eines Lego-Fahrzeugs wie folgt genutzt:

Motor	Board Anschluss-Pin	Kabelfarbe	Bemerkung
1	9	Braun	Masse
		Orange	Spannung
		Gelb	Signal
2	10	Braun	Masse
		Orange	Spannung
		Gelb	Signal

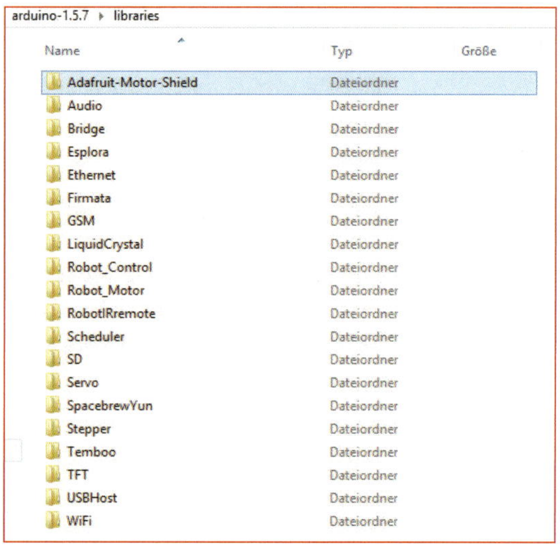

Laden Sie die Archivdatei auf den Computer, entpacken Sie sie und verschieben Sie den Inhalt in das *libraries*-Verzeichnis der Arduino-Software.

Um nun die beiden Motoren am Adafruit-Motor-Shield zu betreiben, benötigen Sie die passende Adafruit-Motor-Shield-Library, die bei Github unter der Adresse *https://github.com/adafruit/Adafruit-Motor-Shield-library* kostenlos zur Verfügung steht.

Im nächsten Schritt ist die Motor-Library in der Arduino-Software in Betrieb zu nehmen. Dafür reicht im Menü über *Sketch/Library importieren* die Auswahl der Option *Library hinzufügen* aus.

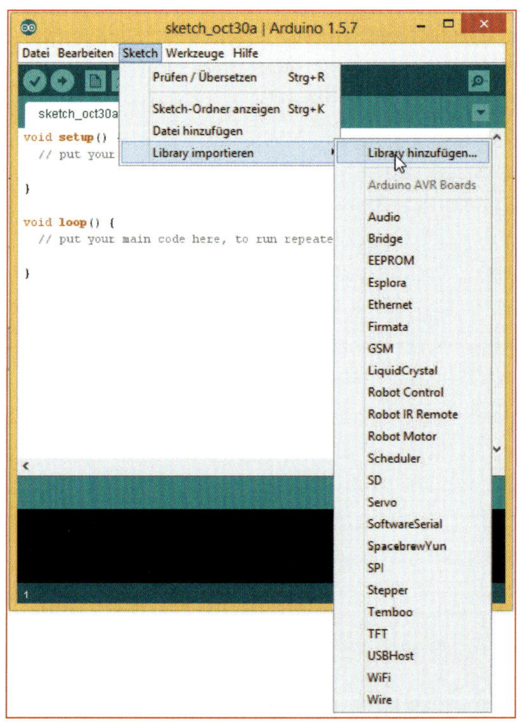

Navigieren Sie über den Dateiauswahldialog abermals zum *libraries*-Verzeichnis und legen Sie den passenden Pfad fest.

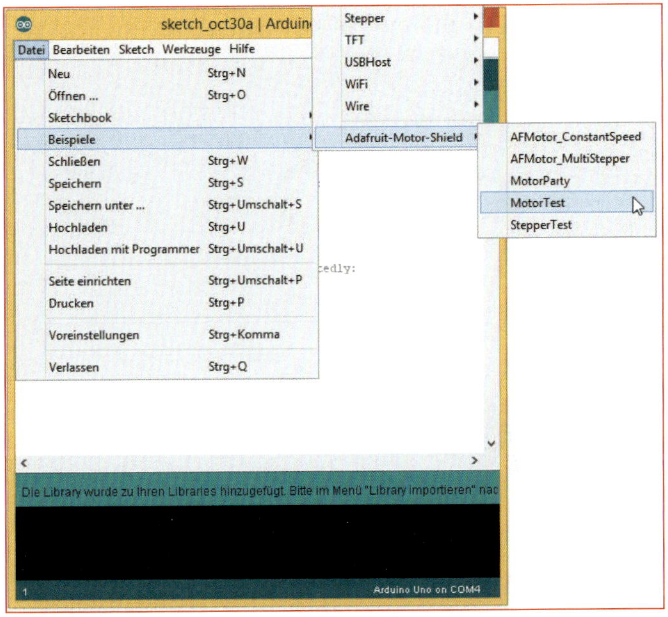

Die installierte Arduino-Servo-Library bringt verschiedene Beispiele zum Testen der angeschlossenen Motoren mit.

Sicherheitshalber beenden Sie die Ardunio-Software und starten sie erneut – anschließend sollte unter *Datei/Beispiele* eine zusätzliche Option mit der Bezeichnung *Adafruit-Motor-Shield* zur Verfügung stehen. Dort wählen Sie die gewünschte Beispieldatei aus, um sie in das Editorfenster der Arduino-Software zu laden. In diesem Beispiel wurde der einfache Sketch *MotorTest* verwendet. Sind ein oder mehrere Motoren am Arduino-Shield angeschlossen, kann die grundsätzliche Funktionsweise des Shields und der Motoren geprüft werden.

Nach dem Test der Motoren und des Motor-Shields nehmen Sie im nächsten Schritt das Motor-Shield mit zwei Servomotoren in Betrieb. Beachten Sie, dass die Anschlüsse am linken oberen Rand (Pin 9 und 10) für die Servomotoren zuständig sind. Zunächst binden Sie in der Codedatei *pwm-servo-arduino.ino* die Header-Datei *Servo.h* ein und definieren für jeden Servomotor über die Header-Datei *Servo.h* ein Servoobjekt (hier *servo1, servo2*). Die Initialisierung der beiden Pins erfolgt über die *setup*-Funktion und über die *attach*-Funktion, während der eigentliche Drehvorgang im *void loop*-Abschnitt erledigt wird.

Download-Link: pwm-servo/pwm-servo-arduino.ino

Dateiname: pwm-servo-arduino.ino

```
#include <Servo.h>

Servo servo1;
Servo servo2;

void setup() {
  Serial.begin(9600);
  Serial.println("Servo-Motor Party!");

  // turn on servo 1
  servo1.attach(9);

  // turn on servo 2
  servo2.attach(10);
}

int i;

void loop() {
  for (i=0; i<255; i++) {
```

Servo-Motoren mit Arduino

DC servo 1

```
    servo1.write(i);
    servo2.write(i);
    delay(3);
  }

  for (i=255; i!=0; i--) {
    servo1.write(i-255);
    servo2.write(i-255);
    delay(3);
  }

  for (i=0; i<255; i++) {
    servo1.write(i);
    servo2.write(i);
    delay(3);
  }

  for (i=255; i!=0; i--) {
    servo1.write(i-255);
    servo2.write(i-255);
    delay(3);
  }
}
```

Anhand der Servobeispiele des Arduino lassen sich die beiden angeschlossenen Servomotoren wunschgemäß drehen. Je nach Anzahl der Durchläufe nehmen Sie so Einfluss auf die Drehzahl – für das Feintuning des Lego-Modells für Antrieb und/oder Lenkung verbauen Sie die Zahnräder in ein passendes Getriebe oder eine Lenkung. Hier zählt die Prämisse, dass einerseits die verbauten Lego-Steine so montiert werden, dass es im Praxiseinsatz keine mechanischen Probleme gibt und andererseits die verbaute Elektronik samt dahinterliegender Logik in Form des Programmcodes auch zur verbauten Mechanik passt.

3

HOCH SCHALTEN

Zahnräder

Das Rad bzw. das Zahnrad gehört zu den ältesten Erfindungen der Menschheit und kommt nicht nur in gewöhnlichen Gegenständen wie Uhren, sondern auch in nahezu jeder Maschine zum Einsatz. Vor diesem Hintergrund ist es keine Überraschung, dass Zahnräder aller Art auch naturgemäß ausgiebig in Lego-Technic-Modellbausätzen zum Einsatz kommen, um Getriebe und Antriebe aller Art umzusetzen. Auch wenn es darum geht beispielsweise die Drehrichtung eines Motors mechanisch umzukehren, lässt sich das mit den passenden Zahnrädern umsetzen. Oder Sie nutzen einen mobilen Schwenk- oder Kranarm und eine Zahnradkonstruktion sorgt für die Übertragung der Drehbewegung auf eine andere Achse. Ein weiterer Anwendungszweck wäre die Umsetzung eines Allradantriebs – wie aus der Kfz-Industrie bekannt –, in dem die Drehung mehrerer Achsen dank Zahnrädern synchronisiert erfolgen kann.

3.1 Unterschiedliche Zahnräder für unterschiedliche Anwendungen

Bei Maschinen und Fahrzeugmodellen, die mit einem oder mehreren Motoren ausgerüstet sind, sorgt der Einsatz von Zahnrädern als sogenannte Untersetzung dafür, dass mit einem kleinen, »schwachbrüstigen« Motor ein großes Drehmoment und somit eine große Drehkraft erreicht werden kann. Dasselbe Prinzip ist beispielsweise bei Küchenmaschinen oder Akkuschraubern im Einsatz, die ohne passende Mechanik und die aufeinander abgestimmten Zahnkränze nicht wie gewünscht funktionieren würden.

Zahnrad	Beschreibung/Anwendungszweck
Stirnrad	Uhren, Tresor, Schlösser, Akkuschrauber etc.
Schrägstirnrad	Stirnradgetriebe stellen die einfachste Getriebebauform dar, da alle Achsen parallel zueinander verlaufen. Je Zahnradpaar greifen nur ein bis zwei Zähne voll und sorgen für eine Art Schlaggeräusch, das mitunter mit einem hohen Geräuschpegel verbunden ist. In der Praxis kommt ein Schrägstirnrad oft in einem Lkw- oder Pkw-Getriebe zum Einsatz.
Kegelrad	Mit einem Kegelradgetriebe lassen sich vornehmlich 90-Grad-Winkel-Antriebe beispielsweise in Lkws, Baumaschinen, Traktoren oder Flugzeugen realisieren. Der Vorteil ist, dass sich diese auf verhältnismäßig kleinem Raum umsetzen lassen.
Schneckenrad	Schneckengetriebe erlauben große Untersetzungen: Die Schnecke greift in die Zähne des Schneckenrads und dreht es bei jeder Umdrehung genau einen Zahn weiter. Damit lassen sich 90-Grad-Winkel-Antriebe beispielsweise in Lenkgestängen, Seilwinden, Hebewerkzeugen, Gabelstaplern realisieren. Durch die Bauform stehen Antriebs- und Abtriebsachse senkrecht zueinander und können deshalb nicht getauscht werden.
Zahnstange	Einsatz mit Zahnrad und einer geraden Zahnstange: Damit wird die Drehbewegung des Zahnrads in eine lineare Bewegung überführt, um beispielsweise eine genaue Lenkung umzusetzen.
Zahnkranz	Kopplung von Antrieben wie bei Bulldozern oder Panzern in Form von Ketten oder Gummiriemen – beispielsweise für ein Transportband.

Das A und O bei der Verbindung solcher Zahnräder miteinander bzw. mit dem passenden Gegenstück in Form einer Zahnstange oder eines Zahnkranzes sind die passenden ineinandergreifenden Zähne: Abhängig davon, wie groß das zugeordnete Übersetzungsverhältnis ist, wirkt auch die entsprechende Kraft. Die Basis jeder Verzahnung sind zueinanderpassende Zahnprofile – und bei Lego passen wie gewohnt alle Zahnräder zusammen, egal ob sie 8, 12, 16, 20, 24 oder 40 Zähne haben.

Lego-Code/ Teilenummer	Beschreibung	Farbe	Anzahl Zähne
3647/10928	Technic, Zahnrad	Hellgrau/Dunkelgrau	8
11955	Technic, Zahnrad mit halber Achsbohrung	Rot (6036545)	8
6589	Technic, Kegelzahnrad	Altgrau/Hellgrau (658902)/Hellbraun (4514556)/Gelb (4141806)/Rot (4142298)/Weiß (4165432)	12
32270	Technic, doppeltes Kegelzahnrad	Hellgrau/Altgrau/Schwarz (4177431)	12
4019/94925	Technic, Zahnrad, verstärkt	Hellgrau (4640536)	16
6542/6542b	Technic, Zahnrad mit Kupplung Typ II	Dunkelgrau (4237267)/Altdunkelgrau/Steingrau	16
32269, 18575	Technic, doppeltes Kegelzahnrad	Hellgrau (6084724)/Schwarz (4177430, 6093977)/Hellbraun/Gelb	20
3650/3650a/3650b/3650c	Technic, Kronenrad Typ III	Altgrau/Hellgrau	24
3648/3648a	Technic, Zahnrad mit einer Achsbohrung	Dunkelgrau (4514558)/Gelb (4195172)/Rot (4142825)/Hellgrau (4211565)	24
60c01	Technic, Kupplungszahnrad	Weiß (4270486, 4535052, 4540381, 6025005, 6036892)	24
3649	Technic, Zahnrad mit einer Achsbohrung	Hellgrau/Graublau (4285634)/Rot (4120108)/Grün (4120109)	40

Greift beispielsweise ein großes Zahnrad in ein kleines Zahnrad hinein, dreht sich das kleine Zahnrad beim Rotieren des großen natürlich schneller, da es weniger Zähne hat. Somit lässt sich auch aus einem kleinen Lego-Motor viel herausholen – mit der passenden Auswahl und Anordnung der Zahnräder sorgen Sie für Bewegung.

3.2 Unter- und Übersetzungsverhältnis

Das Verhältnis beider Umdrehungszahlen wird als Unter- bzw. Übersetzungsverhältnis bezeichnet. Eine Übersetzung liegt vor, wenn das antreibende Zahnrad größer ist als das angetriebene, andernfalls handelt es sich um eine Untersetzung. Sind beide Zahnräder gleich groß, spricht man von einem Übersetzungsverhältnis von 1:1. Ist das antreibende Zahnrad mit beispielsweise 24 Zähnen hingegen doppelt so groß wie das Gegenstück mit 12 Zähnen, entspricht dies einem Übersetzungsverhältnis von 2:1. Das bedeutet in der Praxis, dass sich das vordere (antreibende) Zahnrad einmal vollständig drehen muss, damit sich das hintere (aufnehmende) zweimal drehen kann. Im umgekehrten Fall – das antreibende Zahnrad ist kleiner als das aufnehmende Zahnrad und muss sich somit schneller drehen, um eine volle Umdrehung hinzubekommen – handelt es sich um eine Untersetzung. Das Verhältnis der Zahnräder zueinander lässt sich rechnerisch aus dem Abstand des Mittelpunkts des ersten Zahnrads und der Berührungsstelle mit dem zweiten Zahnrad ermitteln.

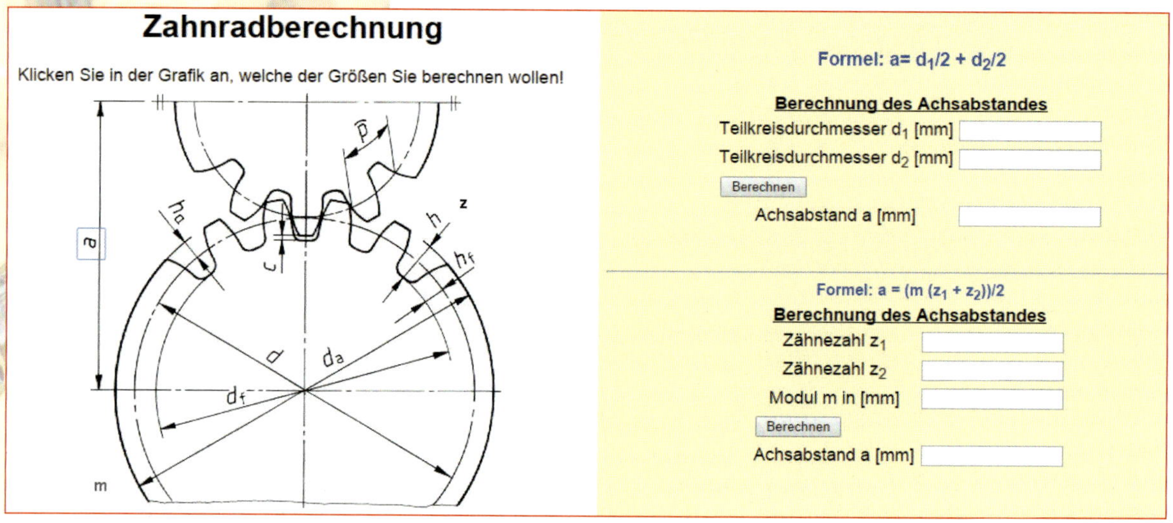

http://home.versanet.de/~wb-367106/beispiel/html/Zahnradberechnung.html: Dort lassen sich in wenigen Schritten die unterschiedlichen Zahnradparameter bestimmen.

Wie in der Abbildung dargestellt, lässt sich das Übersetzungsverhältnis über die beiden Teilkreisdurchmesser und somit der Umfang des antreibenden Zahnrads durch den Umfang des angetriebenen ermitteln. Einfach ist der Einsatz von Lego-Zahnkränzen, die mit einer Zähnezahl von 8 bis 40 zur Verfügung stehen. In der nachstehenden Tabelle ist in der Waagerechten die Zähnezahl des antreibenden Rads und in der Senkrechten die Zähnezahl des angetriebenen Rads angegeben. Je nach Wert der Zähnezahl wechselt das Verhältnis zueinander in ein Unter- oder ein Übersetzungsverhältnis.

Unter-/Übersetzungsverhältnis	8	12	16	20	24	40
8	1	1,5	2	2,5	3	5
12	0,666667	1	1,333333	1,666667	2	3,333333
16	0,5	0,75	1	1,25	1,5	2,5
20	0,4	0,6	0,8	1	1,2	2
24	0,333333	0,5	0,666667	0,833333	1	1,666667
40	0,2	0,3	0,4	0,5	0,6	1

Grundsätzlich kommt bei der Berechnung des Verhältnisses der Unter- bzw. Übersetzung die Formel:

```
Anzahl Zähne antreibendes Zahnrad = Umdrehungszahl * Anzahl
                                   Zähne angetriebenes Zahnrad
```

zur Anwendung. Mithilfe dieses Zahnradzusammenhangs lassen sich bereits vorab Sinn und Nutzen einer Zahnradkonstruktion bzw. Getriebes berechnen und die entsprechenden Kenntnisse wie Drehrichtung und Umdrehungszahlen daraus für den resultierenden Quellcode für die Steuerung des Motorcontrollers über den Arduino oder Raspberry Pi verwenden.

3.3 Getriebebau mit Zahnrädern – Drehrichtung und Umdrehungszahl

Im Allgemeinen werden in einem Getriebe die Größe und/oder die Richtung von Drehbewegungen sowie das Drehmoment umgewandelt. Bei der Konstruktion und dem Zusammenbau eines Getriebes mit zwei oder mehr Radpaaren oder Zahnrädern sind abseits der Lego-Standardbauanleitungen verschiedene Dinge zu beachten. Verbauen Sie beispielsweise zwei Zahnräder, die direkt ineinandergreifen, drehen sie sich jeweils in entgegengesetzte Richtungen. Sollen sich hingegen das Antriebszahnrad und das angetriebene Zahnrad in dieselbe Richtung bewegen, wird dazwischen ein weiteres (kleines) Zahnrad benötigt, das in der Mechanik auch als Zwischenrad bezeichnet wird. Das Zwischenrad und das Antriebszahnrad drehen sich in entgegengesetzten Richtungen – wie auch das Zwischenrad und das angetriebene Zahnrad. Als Ergebnis drehen sich das Antriebszahnrad und das angetriebene Zahnrad in dieselbe Richtung.

Mithilfe des kleinen Zwischenrads drehen sich das Antriebszahnrad (rechts) und das angetriebenes Zahnrad (links) in dieselbe Richtung.

Ist die Leistung des Motors nicht groß genug, um die Umdrehungszahl des verbauten Zahnrads zu erhöhen, hilft ein weiteres Zahnrad: Verwenden Sie ein großes Zahnrad, um ein kleines Zahnrad anzutreiben, dann dreht sich das kleine Zahnrad schneller. Mit einer sogenannten Übersetzung ähnlich wie bei der Gangschaltung auf einem Rennrad ist es möglich, dieses kleine Zahnrad schneller drehen zu lassen – beachten Sie hier, dass dabei die Antriebskraft auf der Strecke bleibt: Das Pedal treibt das Antriebszahnrad (beim Fahrrad Kurbelgarnitur) mit beispielsweise 42 Zähnen; bei einer Vollumdrehung treibt dieses das kleine (angetriebene) Zahnrad mit genau 6 Umdrehungen an, falls das angetriebene Zahnrad am Zahnkranz des Hinterreifens mit sieben Zähnen ausgestattet ist. Dieses Verhältnis von 1:6

Wird ein kleines Zahnrad verwendet, um ein großes Zahnrad anzutreiben, dreht sich das große Zahnrad langsamer.

entspricht demnach dem Übersetzungsverhältnis. Der umgekehrte Fall ist die Untersetzung – hier treibt ein kleines Zahnrad am Motor ein großes Zahnrad an. So wird die Umdrehungszahl reduziert und die Kraft erhöht.

Damit eignen sich solche Getriebekonstruktionen vorwiegend für die Umsetzung von Lenkungen, bei denen es nicht ganz genau auf den korrekten Drehwinkel ankommt. Auf das obige Rechenbeispiel bezogen, sorgen sechs Umdrehungen des kleinen Zahnrads mit sieben Zähnen dafür, genau eine Umdrehung des »großen« Zahnrads mit 42 Zähnen umzusetzen, was in diesem Fall dem Untersetzungsverhältnis von 6:1 entspricht.

3.3.1 Praktisches Rechenbeispiel für die Codeentwicklung

Mithilfe dieser Technik und dem Hinzufügen weiterer Zahnräder lassen sich nun mit Lego-Technik komplexe Zahnradkonstruktionen und Getriebe entwickeln. Um beispielsweise herauszufinden, was bei der praktischen Konstruktion am Ende des Zahnradgetriebes für eine Drehzahl anliegt, wenden Sie obige Rechenformel an, bevor Sie dieses Ergebnis in dem Code für den Motorcontroller nutzen können. Haben Sie beispielsweise ein zweistufiges Zahnradgetriebe mit den folgenden Parametern gebaut:

Zahnrad	Zähne Antriebswelle/Abtriebsseite
Zahnrad 1 Antriebswelle	12
Zahnrad Zwischenwelle	24/8
Zahnrad 2 Abtriebswelle	40

Um nun herauszufinden, wie viel von der Antriebsdrehzahl des ersten Zahnrads mit 100 Umdrehungen pro Minute am Ende beim letzten Zahnrad übrig bleibt, kommt das direkte Verhältnis Drehzahl des Zahnrads zu Zahnzahl des Zahnrads zum Einsatz:

```
Antriebsdrehzahl / Abtriebsdrehzahl = Zahnzahl
                    Abtriebsseite / Zahnzahl Antriebsseite
```

Formen Sie dieses Verhältnis um, damit sich die Abtriebsdrehzahl bestimmen lässt:

```
Abtriebsdrehzahl = Antriebsdrehzahl / (Zahnzahl
                    Abtriebsseite / Zahnzahl Antriebsseite)
```

Für das erste Zahnrad in diesem Beispiel ergibt sich demnach bei der 1. Stufe des Getriebes:

```
Abtriebsdrehzahl Zahnrad 1/Zwischenwelle = 100 Umdrehungen
                                  pro Minute / (24 / 12) = 50
```

Der berechnete Wert von 50 Umdrehungen pro Minute entspricht der Drehzahl der Zwischenwelle, die ihrerseits für die folgende Berechnung der zweiten Stufe als Antriebsdrehzahl dient.

```
Abtriebsdrehzahl = Abtriebsdrehzahl Zwischenwelle /
                (Zahnzahl Abtriebsseite / Zahnzahl Antriebsseite)
Abtriebsdrehzahl Zahnrad 2 = 50 Umdrehungen pro Minute /
                          (40 / 8) = 10 Umdrehungen pro Minute
```

Der errechnete Wert für die Abtriebsdrehzahl von 10 Umdrehungen pro Minute bedeutet, dass die zweistufige Getriebekonstruktion im Beispiel eine Untersetzung im Verhältnis von 10:1 umsetzt. Um beispielsweise das zweite Zahnrad genau eine volle Umdrehung drehen zu lassen, muss dafür das erste Zahnrad zehn volle Umdrehungen absolvieren.

Zahnrad	Antriebsdrehzahl
Zahnrad 1 Antriebswelle	100 Umdrehungen/min
Abtriebsdrehzahl/Zwischenwelle	50 Umdrehungen/min
Zahnrad 2 Abtriebswelle	10 Umdrehungen/min

Je nach Umdrehungszahl des Antriebszahnrads lässt sich somit der Drehwinkel des letzten Zahnrads entsprechend stellen: Mit den in diesem Beispiel errechneten fünf Umdrehungen wird ein Drehwinkel von genau 180 Grad erreicht – wird die Drehrichtung des Antriebszahnrads geändert, kehrt das Zahnrad wieder in die Ausgangsposition zurück.

3.3.2 Mehr Kraft auf die Reifen mit dem motorgesteuerten Vierganggetriebe

Mithilfe mehrerer Zahnräder ist der Bau eines passenden Getriebes möglich – doch bei Lego-Modellen wie dem Unimog, dem Volvo-Bagger und Selbstbaumodellen der größeren Sorte reicht meist für den schnellen Antrieb ein einziger M/L/XL-Motor nicht aus. Soll beispielsweise das Fahrzeug auf etwas schwergängigerem Untergrund zum Einsatz kommen, ist spätestens das langsame Fahren mehr ein Kriechen, und das erst recht, wenn die Reifen zu sehr Reibung aufnehmen und die Kraft des Motors nicht übertragen werden kann. Für Abhilfe bei solchen Eigenbau- und Spezialkonstruktionen sorgt ein passendes Motorgetriebe, das dann auch nicht nur eine, sondern mehrere schaltbare Geschwindigkeiten liefert.

Detailaufnahme: Je nach Lage der beiden roten Wechselklinken wird die entsprechende Zahnradübersetzung an die untere angetriebene Welle übergeben.

Diese Art von Getriebe ist eher allgemein unter dem Begriff Mehrganggetriebe bekannt – konkret bauen Sie mit dieser Anleitung ein zweimotoriges Vierganggetriebe, das sich mithilfe eines weiteren Motors zusätzlich elektronisch schalten lässt. Dieses Vierganggetriebe lässt sich später für sämtliche Lego-Modelle aller Art für den Antrieb nutzen – und hier natürlich in beide Richtungen, sodass eine Vor- und eine Rückwärtsbewegung möglich sind.

Bauteilliste für elektronisches Vierganggetriebe

Für diese spezielle Eigenbaulösung braucht es auch spezielles Lego-Equipment, und bisweilen sind viele der notwendigen Teile bereits in der Lego-Kiste oder in einem Lego-Modell wie beispielsweise dem Arctic Truck 42038 (Modell 2015) enthalten. In der Summe kann die Anschaffung eines Lego-Modells sogar kostengünstiger sein, als die Bestellung der notwendigen Einzelteile über den Lego-Ersatzteilshop oder Alternativen wie *www.bricklink.com* abzuwickeln. Über die Lego-Webseite erhalten Sie im Supportbereich eine Übersicht der Bausteine, wenn Sie von dem bereits vorhandenen Lego-Technic-Modell die entsprechende Modellnummer angeben. Sehr wahrscheinlich sind einige Bausteine, die Sie für das nachstehende Projekt benötigen, bereits vorhanden. Für den Bau eines motorgesteuerten Vierganggetriebes kamen in diesem Projekt folgende Bauteile zum Einsatz:

Anzahl	Lego-Design-Nummer	Lego-Element-Nummer	Beschreibung	Abbildung
2	64179	4539880	Liftarm 5 x 7 Loch	
2	6641	4270473	Wechselklinke rot	
2	18948	6100932	Getriebewechsler-Verbinder	
4	18947	6100931	Getriebewechsler-Schaltring	

Anzahl	Lego-Design-Nummer	Lego-Element-Nummer	Beschreibung	Abbildung
1	10928	6012451	Zahnrad, 8 Zähne	
1	32523	4142599	Technic Balken 3 Loch/ Noppen	
1	32524	4495930	Technic Balken 7 Loch/ Noppen	
2	32316	4210591	Technic Balken 5 Loch/ Noppen	
2	63869	4538007	Kreuzblock 3X2	
2	94925	4640536	Zahnrad, 16 Zähne	
4	6542	4237267	Zahnrad, hohl, Z16	
1	32270	4177431	Zahnrad, 12 Zähne, kanonisch	
6	6536	4211775	Kreuzkupplung 90°	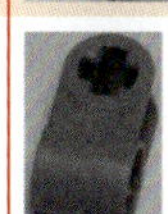
2	32073	4211639	Kreuzachsenverbinder 5M grau	
1	60485	4535768	Kreuzachsenverbinder 9M grau	
3	4519	4211815	Kreuzachsenverbinder 3M grau	
2	3706	370626	Kreuzachsenverbinder 6M schwarz	
1	3707	370726	Kreuzachsenverbinder 8M schwarz	
3	3705	370526	Kreuzachsenverbinder 4M schwarz	

Anzahl	Lego-Design-Nummer	Lego-Element-Nummer	Beschreibung	Abbildung
1	3648	4514558	Zahnrad, 24 Zähne	
4	2780	4121715	Verbinder schwarz	
4	6590	4211622	Kreuzachsen-Abstandshalter	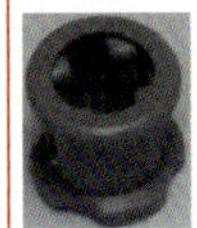
2	59443	4512360	Kreuzachsenverbindungsadapter	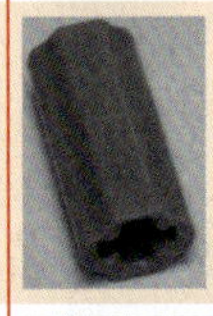
4	33299	4563044	Schwingarm 2X1X3	

Liegen die Bauteile bereit, starten Sie mit der Montage der Getriebewellen.

Diese Bauteilliste ist natürlich nur ein Vorschlag – hier kann es notwendig werden, auf andere Größen auszuweichen. Beispielsweise kann auf die beiden Liftarmbauteile verzichtet werden, oder es lassen sich bei den Technic-Balken-(Beams-)Verbindern andere Längen verwenden. Hier kommt es im Endeffekt darauf an, in welchem Lego-Modell und für welchen Zweck das Selbstbaugetriebe zum Einsatz kommen soll.

Zusammenbau in wenigen Schritten

Der Zusammenbau des Getriebes konzentriert sich anfangs auf die Getriebewellen bzw. das Schaltgetriebe. Dafür setzen Sie zunächst die beiden Getriebeverbinder (Bauteil-Nr./Lego-Nr. 18948) jeweils in den Getriebering (Lego-Nr. 18947) ein. An drei Enden wird je ein Kreuzachsenverbinder 4M schwarz (Lego-Nr. 3705) gesteckt, am vierten Ende der etwas kürzere Kreuzachsenverbinder 3M grau (Lego-Nr. 4519). Auf jedes Ende wird das Freilaufzahnrad Zahnrad hohl Z16 (Lego-Nr. 6542) gesteckt.

Beide Kupplungswellen werden parallel zueinander angeordnet und jeweils auf der Außenseite des Kreuzblock-3X2-Bausteins (Lego-Nr. 63869) gesteckt. Anschließend lässt sich auf der Rückseite mit einem kleinen 8-Zahn-Zahnrad (Lego-Nr. 10928) sowie dem 24-Zahn-Zahnrad (Lego-Nr. 3648) die Konstruktion etwas befestigen.

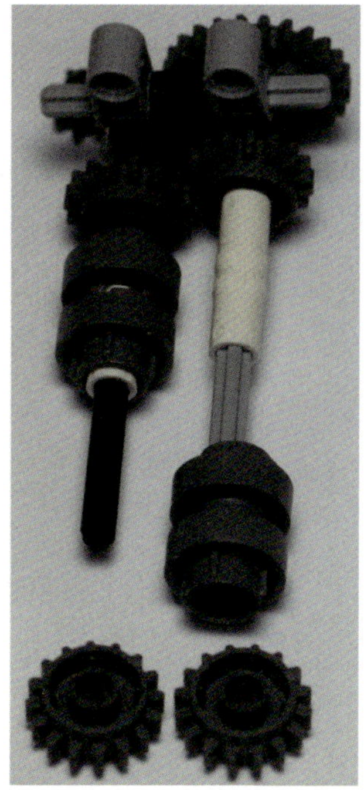

Schritt für Schritt setzen Sie das Schaltgetriebe zusammen.

Auf der Oberseite des verwendeten Kreuzblock-3X2-Bausteins (Lego-Nr. 63869) wird noch der graue Kreuzachsenverbinder 3M (Lego-Nr. 4519) geschoben, der auf beiden Seiten mit je einer Kreuzkupplung 90° (Lego-Nr. 6536) bestückt wird.

Im nächsten Schritt montieren Sie die angetriebenen Getriebewellen. Dafür benötigen Sie neben den beiden 16-Zahn-Zahnrädern (Lego-Nr. 94925) noch zwei längere Kreuzachsenverbinder (hier Lego-Nr. 60485, grau, und Lego-Nr. 3707, schwarz) sowie zwei Kreuzachsenabstandshalter (6590) und die Technic-Balken 5 Loch, 3 Loch (Lego-Nr. 32523, Lego-Nr. 32316) samt einem Kreuzblock-3X2-Modul (Lego-Nr. 63869).

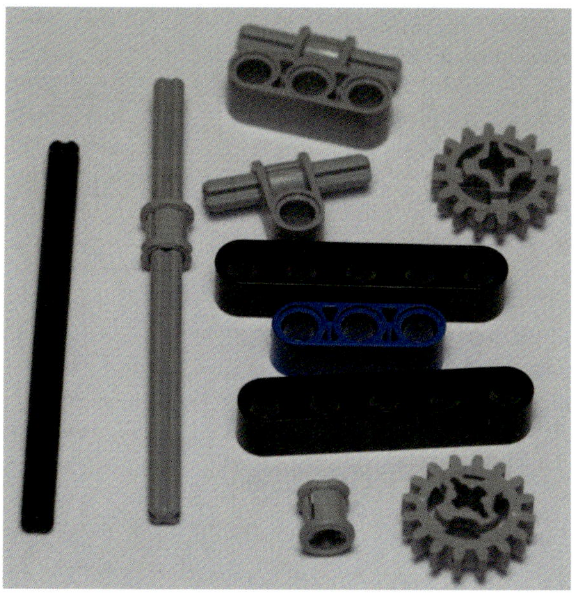

Die Bauteile für die angetriebene Welle im Überblick.

Stecken Sie die Bauteile zusammen, wie in den nebenstehenden Abbildungen gezeigt. Die beiden äußeren Verbinder (Kreuzkupplung 90°, einfach und dreifach), die außen über die Balken 5 Loch (Lego-Nr. 32523, hier schwarz) festgehalten werden, können je nach späterem Einbauzweck auch vertauscht werden. Wichtig ist, dass jeweils gegenüber dem Zahnrad ein Abstandshalter verbaut ist, der beim Schaltvorgang auch für die nötige Stabilität der Konstruktion sorgt.

Der erste Schritt des antreibenden Schaltgetriebes ist fertig – jedoch noch etwas wackelig, da die Rahmenkonstruktion fehlt.

Im nächsten Schritt verbinden Sie die beiden zusammengebauten Getriebewellen in einem gemeinsamen »Gehäuse«. Dafür verbinden Sie zwei Kreuzkupplungen 90° (Lego-Nr. 6536) mit dem Kreuzachsenverbinder 5M grau (Lego-Nr. 32073) und dem Kreuzblock 3X2. In diesem Verbinder (auf

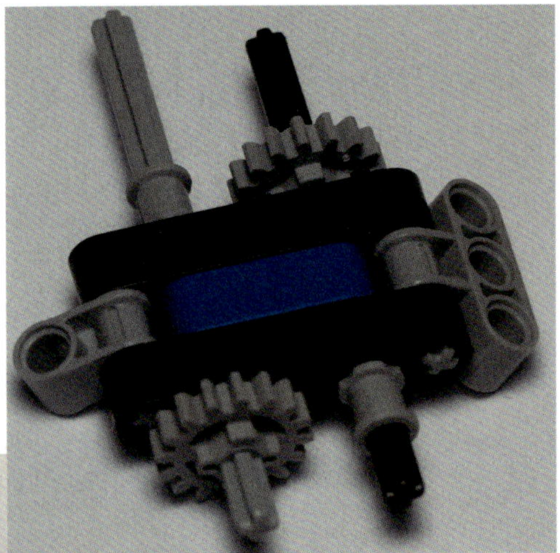

Bauabschnitt abgeschlossen: Die Zahnräder nehmen die Kräfte von der antreibenden Welle auf.

der nebenstehenden Abbildung links unten) wird die eine Seite der angetriebenen Welle und darauf die antreibende Welle gesetzt.

Die Konstruktion ist zunächst etwas wacklig und muss deshalb auf jeder Seite mit einem Schwingarm 2X1X3 (Lego-Nr. 33290) in den jeweils dort vorhandenen Platz des Kreuzachsenverbinders gesteckt werden.

Darauf kann anschließend zwar prinzipiell der Liftarm 5 x 7 Loch (Lego-Nr. 64179) gesteckt werden, hier ist jedoch darauf zu achten, dass die Halterung der angetriebenen Welle später dort befestigt werden wird. Ist die eine Seite mit dem Liftarmbauteil versehen, drehen Sie die Konstruktion, um die Rückseite mit dem zweiten Liftarmbauteil zu stabilisieren.

Im letzten Schritt erfolgt die Montage der eigentlichen mechanischen Schaltung. Dafür werden auf jeder Seite auf dem Kreuzachsenverbinder ein Kreuzachsenabstandshalter (Lego-Nr. 6590) und anschließend eine rote Wechselklinke (Lego-Nr. 6641) gesetzt, die gemeinsam von dem Kreuzachsenverbinder 6M schwarz (Lego-Nr. 3706) gehalten werden.

Beachten Sie, dass diese Halterung mit einer Noppeneinheit übersteht und später für die Befestigung des Servomotors dient. Sind beide Seiten mit dem roten Umstellhebel ausgestattet, kann es an die Endmontage gehen. Dafür werden die Zahnräder für das angetriebene Wellengetriebe montiert und noch zwei Verbinder (Lego-Nr. 2780) auf der Oberseite angebracht, die

Nach den Vorbereitungen werden die drei Teile miteinander verbunden.

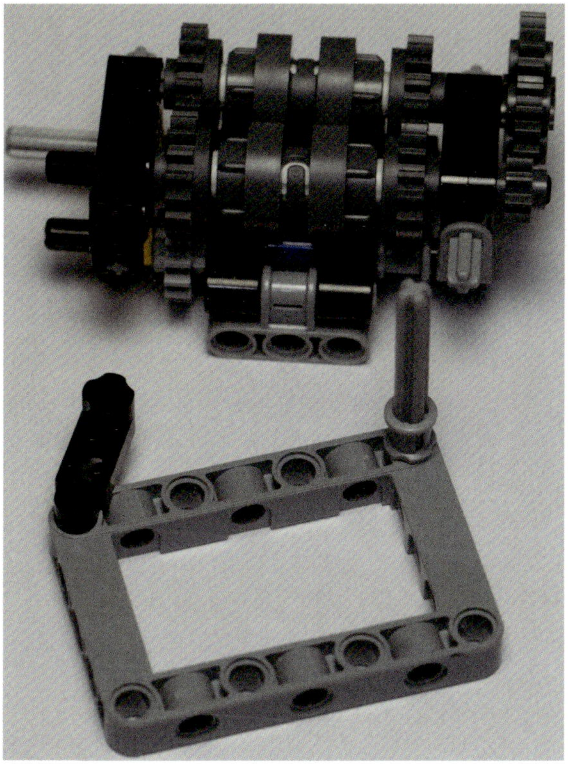

Bevor der Liftarm mit der Welle verbunden wird, können die Halterungen dort eingebracht werden.

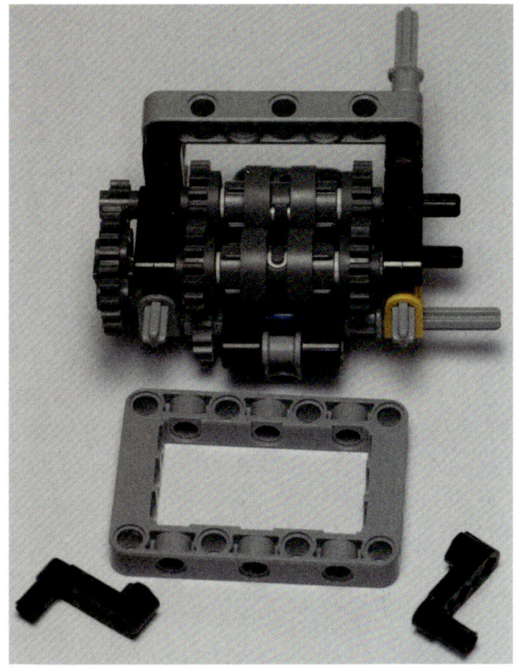

Die Montage der Liftarmrückseite erfolgt mit einfachen Steuerungshaltern 2X1X3 (33290).

später für die stabile Befestigung der beiden Servomotoren sorgen.

Zu guter Letzt wird eine Zahnkranzverlängerung für das angetriebene Zahnrad verbaut, und auf der Oberseite jenseits der geplanten Motorhalterung wird noch ein 7-Loch-Verbinder gesteckt, der der Gesamtkonstruktion etwas mehr Stabilität verleiht, solange die Motoren noch nicht angebracht sind.

Im nächsten Schritt nehmen Sie das Vierganggetriebe erstmals in Betrieb – hier benötigen Sie (noch) keinen Servomotor, sondern drehen die Antriebswelle sowie die Gangschaltung zunächst manuell mit den Fingern.

Ist die Schaltung verbaut, können die angetriebenen Wellen noch mit den notwendigen Zahnrädern versehen werden.

Trockenübung: Vierganggetriebe im Einsatz

Der Getriebeblock verfügt über vier Übersetzungsstufen, die mit den beiden oberhalb angebrachten Servomotoren jeweils über eine Differenzialsteuerung geschaltet werden können. Damit lässt sich vom 1. Gang aus sofort in alle weiteren Gänge beliebig hoch- bzw. nach unten schalten.

Montage der Schaltung. Die Konstruktion wird vertikal von einem Kreuzachsenverbinder zusammengehalten.

Der Endmontage letzter Schritt: Der 7-Loch-Verbinder soll beide Außenseiten der Getriebekonstruktion stabil zusammenhalten.

Anzahl	Lego-Design-Nummer	Beschreibung
1	58119	Batteriebox
2	88004, 99498	Servostellmotor für »Gangschaltung«
1	Beliebig	Servomotor für Antrieb
1	8884	Power-Functions-IR-Empfänger
1	8885	Power-Functions-IR-Fernbedienung

Über die beiden roten Wechselklinken/Hebel lässt sich jeweils die Lage des Getriebes und somit die Zahnradübersetzung ändern.

Diese Funktionen werden hier zunächst mit der Lego-IR-Control-Steuerung an den IR-Empfänger übertragen, der mit beiden Servomotoren gekoppelt ist.

Im nächsten Schritt montieren Sie die beiden Motoren (Lego-Nr. 88004) für die Steuerung des Vierganggetriebes. Beide Motoren werden mit dem Lego-Power-Functions-IR-Empfänger (Lego-Nr. 8884) verbunden. Beachten Sie, dass der Lego-Power-Functions-IR-Empfänger lediglich maximal zwei Kanäle unterstützt – soll zusätzlich der eigentliche Antriebsmotor ebenfalls per Fernbedienung gesteuert werden können, wäre ein weiteres Lego-Power-Functions-IR-Empfängermodul nötig. In diesem Projekt haben wir im ersten Test darauf verzichtet und den Antriebsmotor einfach per Ein-/Ausschalter der Batteriebox manuell betrieben.

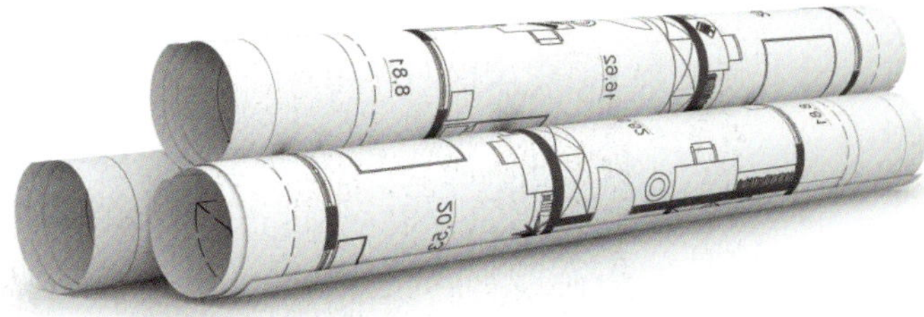

Getriebesteuerung am Raspberry Pi anschließen

Für die Steuerung der beiden roten Umstellhebel lugt jeweils der Kreuzachsenverbinder 6M schwarz aus der Getriebekonstruktion heraus, auf den jeweils ein Lego-Motor – in diesem Fall der Servomotor Lego-Nr. 88004 – aufgesetzt wird. Dieser ist optisch leicht erkennbar, da er hinten und vorne über miteinander verbundene Ausgänge verfügt und somit in Sachen Einbau deutlich mehr Möglichkeiten bietet als seine Motorengeschwister.

Bewegt sich der Servomotor (Lego-Nr. 88004) mit voller Kraft in eine Richtung, beträgt der Drehwinkel ausgehend von der Neutralstellung 90 Grad.

Zudem eignet sich der Motor aufgrund seiner Bauform auch vorwiegend für Stell- oder Lenkungsaufgaben und lässt sich mit der Lego-IR-Fernbedienung auf insgesamt 15 Drehpositionen stellen. Ausgehend von der senkrechten Neutralstellung, lässt sich die Drehachse in sieben Stufen um 90 Grad im und entgegen dem Uhrzeigersinn drehen. Mithilfe der großen Lego-Infrarotgeschwindigkeitsfernsteuerung (der mit dem Drehrad) lassen sich diese einzelnen Positionen genau auf Wunsch ansteuern. Für die Verwendung in diesem Getriebe sind neben der Neutralposition jedoch nur die 0- und die 180-Grad-Position relevant, die Drehposition 7 bzw. Drehposition –7 zugeordnet sind. Damit lässt sich das Getriebegestänge wunschgemäß von den beiden angeschlossenen Servomotoren (Lego-Nr. 88004) jeweils in die Drehposition 7 und die Drehposition –7 bringen, was der Zuordnung eines Vierganggetriebes entspricht.

Position	Tastgrad/Duty Cycle	Drehwinkel in Grad
−7	100,000 %	90
−6	85,714 %	77
−5	71,429 %	64
−4	57,143 %	51
−3	42,857 %	39
−2	28,571 %	26
−1	14,286 %	13
0	0,000 %	0 (Neutral)
1	14,286 %	13
2	28,571 %	26
3	42,857 %	39
4	57,143 %	51
5	71,429 %	64
6	85,714 %	77
7	100,000 %	90

Für den Anschluss der beiden Servomotoren (Lego-Nr. 88004) werden insgesamt vier GPIO-Anschlüsse benötigt, und da die PWM-Funktionen in beide Richtungen nur mit Vollausschlag (100 % Tastgrad) benötigt werden, reicht dies auch völlig aus. Die Spannungsversorgung der beiden Motoren erfolgt in diesem Beispiel direkt über den Original-Lego-9-V-Akkublock mithilfe eines modifizierten Power-Functions-Verlängerungskabels, bei dem nur die Leitungen Masse und Spannung abgezweigt werden.

Motor	Anschluss	GPIO-Pin (Board-Modus)
M1	C1	8
M1	C2	10
M2	C1	11
M2	C2	12

Die beiden Servomotoren werden entsprechend mit ihren beiden äußeren Leitungen jeweils ebenfalls mittels eines modifizierten Power-Functions-Verlängerungskabels mit der 9-V-Spannungsversorgung gekoppelt – an die inneren C1- und C2-Leitungen wurden jeweils die passenden Buchsen angelötet, damit diese bequem an die GPIO-Anschlüsse des Raspberry Pi gesteckt werden können.

Download-Link: pwm-servo/vierganggetriebe.py

Vierganggetriebemotorsteuerung mit Python

Im Gegensatz zu »normalen« Servomotoren aus dem RC-Bereich legt der verwendete Lego-Motor über die Pulsbreite die Stellposition (also den Winkel) fest, und der ab- bzw. zunehmender Wert des Pulses legt die Drehgeschwindigkeit fest. Die Drehrichtung hängt davon ab, ob der Tastgrad

(*Duty Cycle*) einen positiven oder negativen Wert hat oder nicht. Dies wird in der nachstehenden Python-Quelldatei *vierganggetriebe.py* (Verzeichnis */pwm-servo*) in der Funktion *setPosition(position, motor='M1')* entsprechend umgesetzt. Bevor sich das erste Zahnrad drehen kann, werden zunächst die nötigen Definitionen der notwendigen Klassen und GPIO-Anschlüsse sowie deren Festlegung als PWM-Ausgang erledigt.

Dateiname: vierganggetriebe.py (Ausschnitt)

```
# -*- coding: utf-8 -*-
#!/usr/bin/python
import RPi.GPIO as GPIO
from time import sleep
GPIO.setmode(GPIO.BOARD)
M1_C1 = 8
M1_C2 = 10
M2_C1 = 11
M2_C2 = 12
freq = 1200
posCorrect = 14.2857142857142857142857142857l4
GPIO.setup(M1_C1, GPIO.OUT)
GPIO.setup(M1_C2, GPIO.OUT)
GPIO.setup(M2_C1, GPIO.OUT)
GPIO.setup(M2_C2, GPIO.OUT)
pwm_M1_C1 = GPIO.PWM(M1_C1, freq)
pwm_M1_C2 = GPIO.PWM(M1_C2, freq)
pwm_M2_C1 = GPIO.PWM(M2_C1, freq)
pwm_M2_C2 = GPIO.PWM(M2_C2, freq)
def stopall():
    pwm_M1_C1.stop()
    pwm_M1_C2.stop()
    pwm_M2_C1.stop()
    pwm_M2_C2.stop()
    GPIO.cleanup()
    return
def setPosition(position, motor='M1'):
    "Motor: ", motor
    if motor == 'M2':
        pwm_M2_C1.stop()
        pwm_M2_C2.stop()
        i = round(position * posCorrect, 2)
        if position >= 0:
            print 'Motor: ', motor, ' Position: ' + str
            (position) + ' Tastgrad/DutyCycle ' + str(i) + '%'
            pwm_M2_C1.start(i)
        else:
            print 'Motor: ', motor, ' Position: ' + str
          (position) + ' Tastgrad/DutyCycle ' + str(i*-1) + '%'
            pwm_M2_C2.start(i*-1)
```

Anschlüsse festlegen

posCorrect Wert aus = 100 / 7

GPIOs vorbereiten

PWMs konfigurieren ⇢ (GPIO, Frequenz)

Normalposition (90 Grad)

```
    else:
        pwm_M1_C1.stop()
        pwm_M1_C2.stop()
        i = round(position * posCorrect, 2)
        if position >= 0:
            print 'Motor: ', motor, ' Position: ' + str
             (position) + ' Tastgrad/DutyCycle ' + str(i) + '%'
            pwm_M1_C1.start(i)
        else:
            print 'Motor: ', motor, ' Position: ' + str
          (position) + ' Tastgrad/DutyCycle ' + str(i*-1) + '%'
            pwm_M1_C2.start(i*-1)
    return
def setGear(gear = 0):
    print '.. wird in Gang', gear, ' geschaltet..'
    if (gear == 1):
        setPosition(7, 'M1')
        pwm_M2_C1.stop()
        pwm_M2_C2.stop()
    elif (gear == 2):
        setPosition(-7, 'M1')
        pwm_M2_C1.stop()
        pwm_M2_C2.stop()
    elif (gear == 3):
        setPosition(7, 'M2')
        pwm_M1_C1.stop()
        pwm_M1_C2.stop()
    elif (gear == 4):
        setPosition(-7, 'M2')
        pwm_M1_C1.stop()
        pwm_M1_C2.stop()
    else:
        # Normalposition (90 Grad)
        pwm_M1_C1.stop()
        pwm_M1_C2.stop()
        pwm_M2_C1.stop()
        pwm_M2_C2.stop()
    # Leerlauf
    return
if __name__ == '__main__':
    setGear(1)
    sleep(5)
    setGear(2)
    sleep(5)
    setGear(3)
    sleep(5)
    setGear(4)
    sleep(5)
    stopall()
```

```
pi@legopi ~/legopi $ sudo python viergangetriebe.py
.. wird in Gang 1  geschaltet..
Motor:  M1  Position: 7 Tastgrad/DutyCycle  100.0%
.. wird in Gang 2  geschaltet..
Motor:  M1  Position: -7 Tastgrad/DutyCycle  100.0%
.. wird in Gang 3  geschaltet..
Motor:  M2  Position: 7 Tastgrad/DutyCycle  100.0%
.. wird in Gang 4  geschaltet..
Motor:  M2  Position: -7 Tastgrad/DutyCycle  100.0%
pi@legopi ~/legopi $
```

In der Konsole immer informiert: Das Python-Skript zum Schalten des Getriebemotors im Einsatz.

Die eigentlichen Arbeitsschritte des Getriebemotors, wie beispielsweise der Schaltvorgang oder das Stoppen des Antriebs, sind in einzelne Funktionen ausgelagert. Während die Funktion *def stopall()* dafür sorgt, dass die beiden Servomotoren die beiden Lego-Stellhebel in die Neutralposition bringen, damit der Getriebeantrieb keine Kraft mehr auf das angetriebene Zahnrad bringt und am Ende die GPIO-Anschlüsse bei Programmende aufräumt, wird über die Funktion *setGear(gear = 0)* der Getriebemotor in Betrieb genommen. Als Aufrufparameter ist bei der *setGear*-Funktion die Neutralstellung mit *gear = 0* definiert und somit lassen sich die vier verfügbaren Gänge über eine Ganzzahlwertzuweisung im Bereich von 1 bis 4 steuern. Innerhalb der *setGear*-Funktion werden abhängig vom gewünschten Gang der entsprechende Motor und die Position bestimmt, und davon ausgehend wird über die *setPosition*-Methode der Motor in die gewünschte Stellposition gebracht.

Die vorgestellte Lösung lässt sich vor allem für den schaltbaren sowie beschleunigten Antrieb von größeren Lego-Modellen verwenden. Die vorgestellte Motorsteuerung mit Python kann natürlich auch in anderen Projekten mit dem Raspberry Pi zur Anwendung kommen – beispielsweise wenn es darum geht, mit dem Lego-Servomotor eine genaue Steuerung oder Lenkung mit alternativer Elektronik umzusetzen.

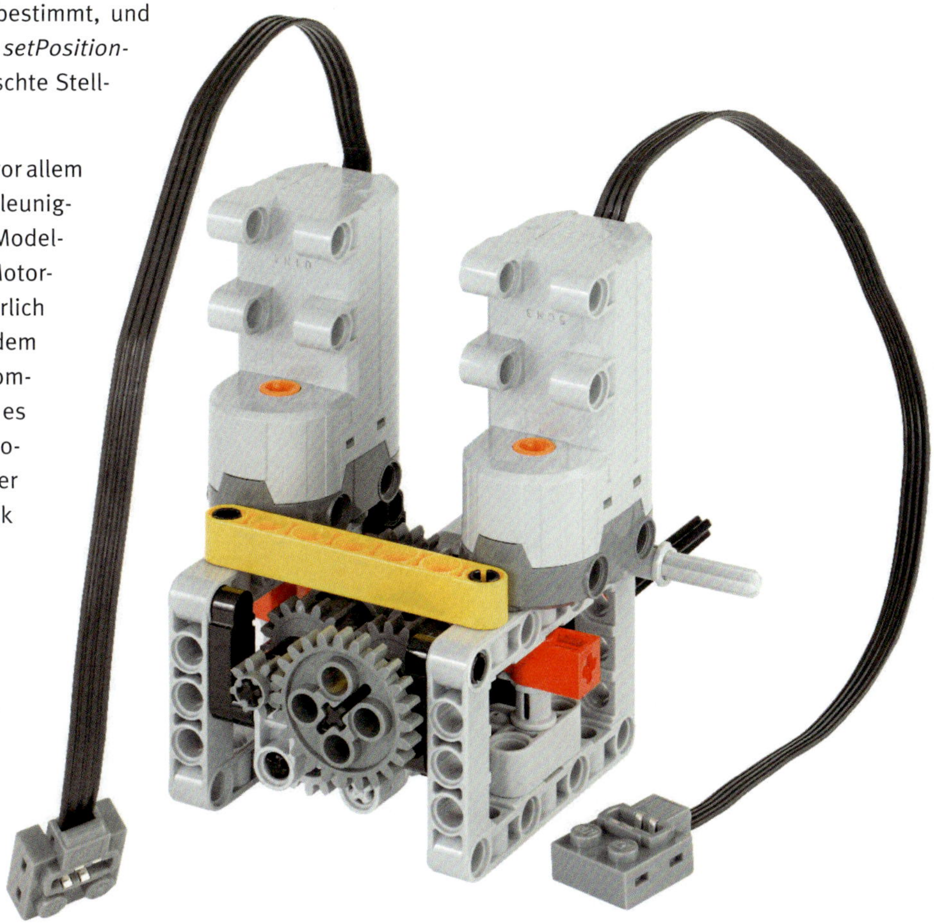

VOLVO
VO

4

ES FUNKT

Modell per WLAN lenken

Ob Sie nun Original-Lego-Servomotoren, Servomotoren aus dem RC-Modellbau oder gar Schrittmotoren aus der Elektronikbastelkiste verwenden – allen gemein ist, dass sie für den Einsatz mit den Lego-Modellen auch eine passende und funktionierende Steuerung verwenden. Hier kommt es darauf an, ob das Fahrzeug anhand von verbauten Sensoren den Fahrweg selbst bestimmen soll, oder ob die Steuerung anhand einer Fernbedienung oder einer Art Joystick manuell erfolgt. Während die Steuerung beispielsweise über Abstandssensoren auf das Zusammenspiel der Sensoren mit den verbauten Servomotoren bzw. dessen Motortreibern abzielt, ist die drahtlose Lenkung und Steuerung der Lego-Modelle je nach Modell oftmals bereits ab Werk möglich, vorausgesetzt, dem Bausatz liegen der Power-Functions-IR-Empfänger sowie eine kompatible IR-Fernbedienung bei.

Lego-Teile-Nummer	Beschreibung	Bemerkung
8885	Power-Functions-IR-Fernbedienung	Zubehör
8879	Power-Functions-IR-Speed-Remote-Fernbedienung	Meist bei den Lego-Technic-Eisenbahnen dabei
8884	Power-Functions-IR-Empfänger	Bis zu zwei Kanäle steuerbar

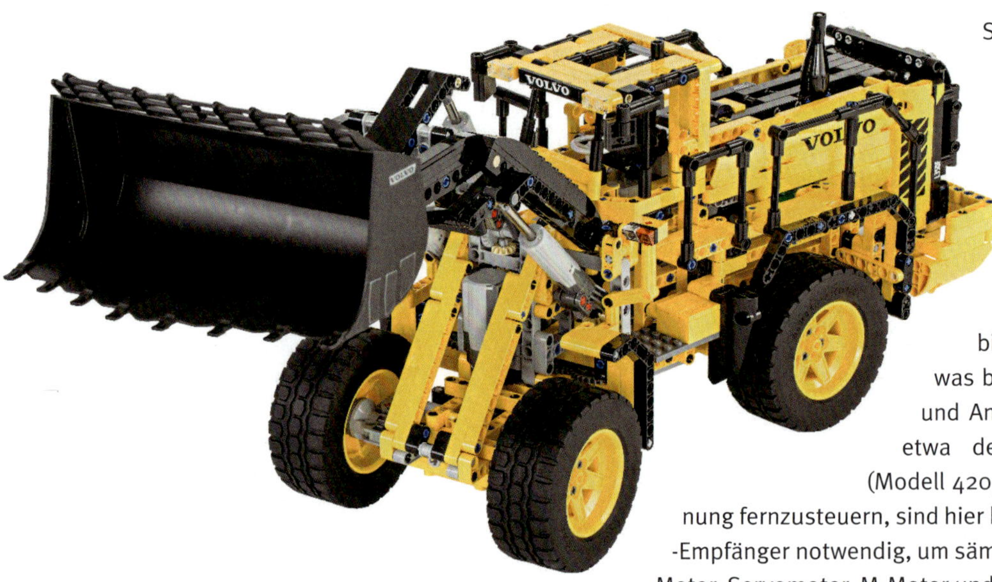

Jenseits der Anzahl steuerbarer Motoren.

Sollen im Lego-Modell jedoch mehr als zwei Lego-Motoren gleichzeitig zum Einsatz kommen, sind die Möglichkeiten bei einem Power-Functions-IR-Empfänger begrenzt: Damit lassen sich nur bis zu zwei Kanäle steuern, was beispielsweise für Lenkung und Antrieb ausreichend ist. Um etwa den Lego-Technic-Radlader (Modell 42030) über die IR-Fernbedienung fernzusteuern, sind hier bereits zwei IR-Sender und -Empfänger notwendig, um sämtliche Funktionen über XL-Motor, Servomotor, M-Motor und L-Motor zu nutzen.

Nicht zuletzt aus Kostengründen kann bei Lego-Modellen die Verwendung eigener Servomotoren eine Alternative darstellen. Unabhängig davon, welche Motoren nun im Endeffekt zum Einsatz kommen – die Steuerungszentrale kann in diesem Fall der Raspberry Pi übernehmen, der nicht nur einen per I²C-Schnittstelle verbundenen Arduino, sondern mit dessen Hilfe auch bunt gemischt Motoren aller Art miteinander verbinden und mit einem selbst gebauten, einheitlichen Interface steuern kann.

4.1 WLAN-Netzwerk einrichten und Verbindung aufnehmen

Für die drahtlose Steuerung eines Lego-Modells und die Kommunikation mit einem Raspberry Pi ist eine korrekt funktionierende WLAN-Verbindung Voraussetzung. Ist der Raspberry-kompatible USB-WLAN-Stick in der USB-Buchse eingesteckt und ordnungsgemäß im System eingebunden, lässt sich die WLAN-Verbindung vom Computer zum Raspberry Pi entweder im sogenannten Ad-hoc- oder im Infrastrukturmodus aufbauen. Soll neben der Steuerung auch eine gleichzeitige Übertragung der Videobilder erfolgen, sollte dies als Ad-hoc-Verbindung eingerichtet werden, um die Daten direkt von Endgerät zu Endgerät ohne Umweg über den WLAN-Router zu übertragen. Demgegenüber bietet der Infrastrukturmodus den Vorteil, dass die Steuerung des Lego-Modells von allen im Netzwerk befindlichen Clients erfolgen kann.

Ist im Raspberry Pi ein WLAN-USB-Stick eingesteckt und ist die kabelgebundene Netzwerkverbindung noch in Betrieb, lassen sich beispielsweise über eine SSH-Verbindung die weiteren Parameter und Einstellungen zur WLAN-Verbindung bequem herausfinden. Zunächst öffnen Sie ein Terminalfenster über SSH zum Raspberry Pi und prüfen per *dmesg/lsusb*-Kommando die angeschlossene WLAN-Hardware.

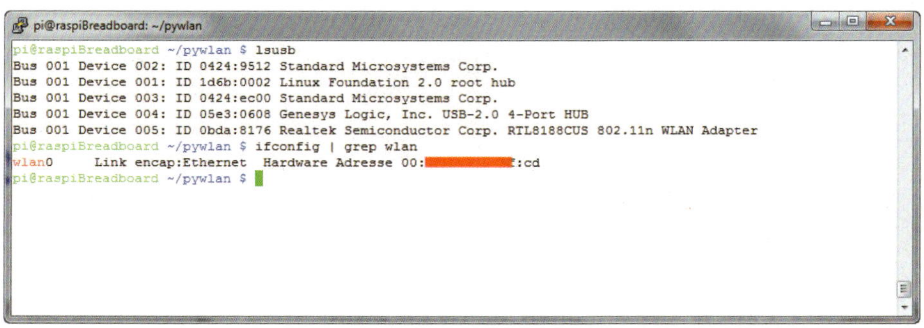

Die kleinen Nano-USB-Adapter basieren meist auf dem Realtek-RTL8188-Chip und werden über das *dmesg/lsusb*-Kommando erkannt.

Auch andere Alternativen dazu – die auf den Onlinemärkten weitverbreiteten WLAN-Adapter aus dem Hause EDIMAX und baugleiche, die auf dem EDIMAX EW-7811UN basieren – lassen sich problemlos mit dem Raspberry Pi verwenden. Das *lsusb*-Kommando sollte dieselbe bzw. eine ähnliche Ausgabe wie die nachstehende auf den Bildschirm bringen:

```
Bus 001 Device 004: ID 7392:7811 Edimax Technology Co., Ltd
          EW-7811Un 802.11n Wireless Adapter [Realtek RTL8188CUS]
```

Anschließend lässt sich die Vendor- und Modell-ID des Geräts feststellen, und mit diesen Informationen lässt sich, falls noch nicht vorhanden, die Firmware für den USB-WLAN-Stick installieren. Im nachfolgenden Praxisbeispiel wird die Firmware Realtek Chips benötigt, die sich im Debian-Paket *firmware-realtek* befindet. Bei Unklarheiten durchsuchen Sie besser den Paket-Cache – hier bekommen Sie anschließend den möglicherweise passenden Namen des Pakets zurückgeliefert. In diesem Fall suchen Sie einfach nach dem Begriff *realtek*:

```
apt-cache search realtek
```

Die Bildschirmausgabe liefert hierzu die nachstehende Meldung:

```
firmware-realtek - Binary firmware for Realtek wired and
                                 wireless network adapters
```

Damit haben Sie den Paketnamen ermittelt, den Sie wie gewohnt mit *apt-get install* auf dem Raspberry Pi verwenden können.

```
sudo apt-get install firmware-realtek wireless-tools
```

Oftmals sind die Pakete jedoch bereits auf dem Raspberry Pi vorhanden. Dann ist der obige Installationsaufruf aber nicht schlimm, da diese nicht erneut installiert werden. Um die verfügbaren WLAN-Netze anzuzeigen, nutzen Sie auf der Kommandozeile den Befehl:

```
sudo iwlist scan
```

Erweitern Sie das obige Kommando mit dem *awk*-Befehl, dann haben Sie weniger Suchaufwand:

```
sudo iwlist scan 2>/dev/null | awk -F":" '/ESSID/{print $2}'
```

Das verwendete Kommando zeigt ausschließlich die Namen bzw. die genaue Schreibweise der gefundenen SSID-WLAN-Netzwerke auf dem Bildschirm an. Hier merken Sie sich die genaue Schreibweise der SSID des Netzwerks, mit dem der Raspberry Pi drahtlos Verbindung aufnehmen soll.

Für die Verbindung zu dem Raspberry Pi wird eine drahtlose WLAN-Verbindung eingerichtet. Grundsätzlich lässt sich eine WLAN-Verbindung entweder im sogenannten Ad-hoc- oder im Infrastrukturmodus aufbauen. Die Datei */etc/network/interfaces* kann bei einer statischen Konfiguration der drahtlosen Verbindung wie folgt aussehen:

```
auto lo
iface lo inet loopback
iface eth0 inet dhcp

allow-hotplug wlan0
```

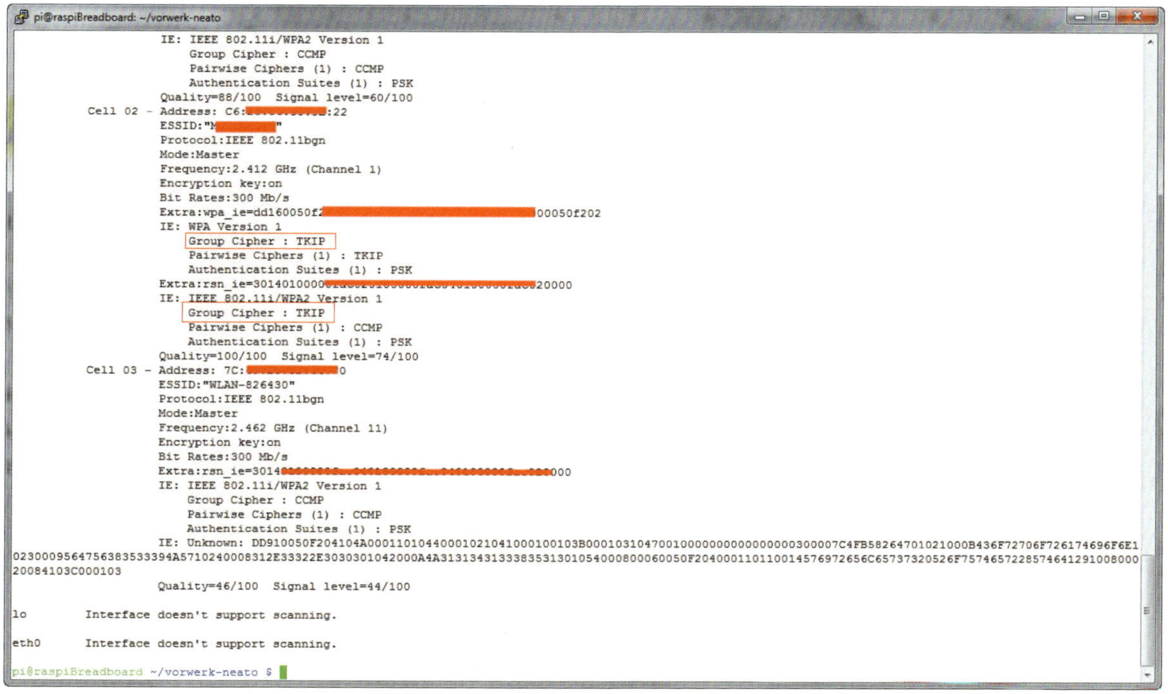

Neben der richtigen SSID ist es auch wichtig, welche »Ciphers« die entsprechende WLAN-Verbindung verwendet. Dies muss bei der Option *„group="* in der *wpa_supplicant.conf* eingetragen sein.

```
iface wlan0 inet manual
wpa-roam /etc/wpa_supplicant/wpa_supplicant.conf
#iface default inet dhcp
iface default inet static
    address 192.168.123.40
    netmask 255.255.255.0
    network 192.168.123.0
    gateway 192.168.123.199
```

In Sachen Steuerung mit gleichzeitiger Übertragung der Videobilder ist eine Ad-hoc-Steuerung deutlich performanter, da die Daten direkt von Endgerät zu Endgerät ohne den Umweg über den WLAN-Router übertragen werden. Bei einem »schnellen« WLAN zu Hause ohne bauliche Bremsen wie dicke Decken und Wände funktioniert der Infrastrukturzugriff natürlich auch. Wie bereits angesprochen – der Vorteil ist zudem, dass die Steuerung des Lego-Modells von allen im Netzwerk befindlichen Clients erfolgen kann. Egal ob Ad-hoc- oder Infrastrukturmodus, die WLAN-Parameter für die Verschlüsselung, den WLAN-Namen (*SSID*) etc. sind in der Konfig-Datei unter */etc/wpa_supplicant/wpa_supplicant.conf* gespeichert. Bevor Sie dort das Kennwort eintragen, nutzen Sie das Kommando

```
wpa_passphrase SSID_IHR_HEIMNETZ PASSWORT_FUER_IHR_HEIMNETZ
```

Achtung

Wenn Sie, statt den Umweg über die */etc/wpa_supplicant/wpa_supplicant.conf* zu nehmen, die Verschlüsselungsinformationen direkt in die */etc/network/interfaces* schreiben, achten Sie darauf, dass aus Sicherheitsgründen nur der Benutzer *root* die Datei */etc/network/interfaces* lesen kann: chmod 600 /etc/network/interfaces

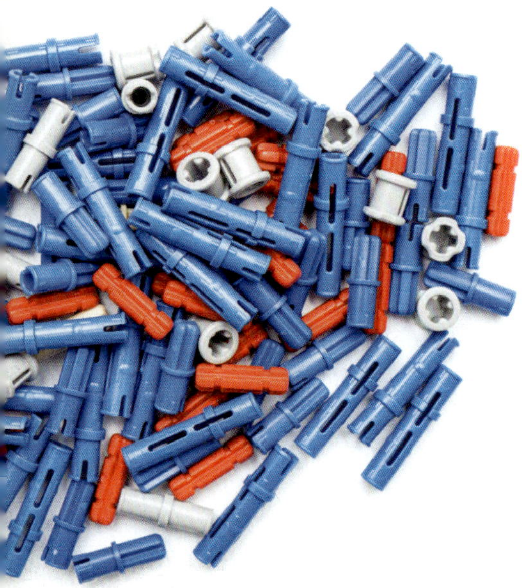

um das Passwort in die WPA-Passphrase zu überführen. Anschließend wirft dieses Kommando den entsprechenden Block auf dem Bildschirm aus, den Sie nur noch markieren, kopieren und nach dem Öffnen der Datei */etc/wpa_supplicant/wpa_supplicant.conf* mit dem *nano*-Editor mit der rechten Maustaste einfügen. Wem das zu umständlich ist, der arbeitet mit dem *echo*-Kommando und schreibt dies direkt in die *wpa_supplicant.conf*-Datei:

```
echo 'wpa_passphrase SSID_IHR_HEIMNETZ PASSWORT_FUER_IHR_
            HEIMNETZ' >> /etc/wpa_supplicant/wpa_supplicant.conf
```

Wie auch immer Sie vorgehen, am Ende liegt das identische Ergebnis vor – die WLAN-Parameter für Ihr Heimnetz in der Datei *wpa_supplicant.conf*.

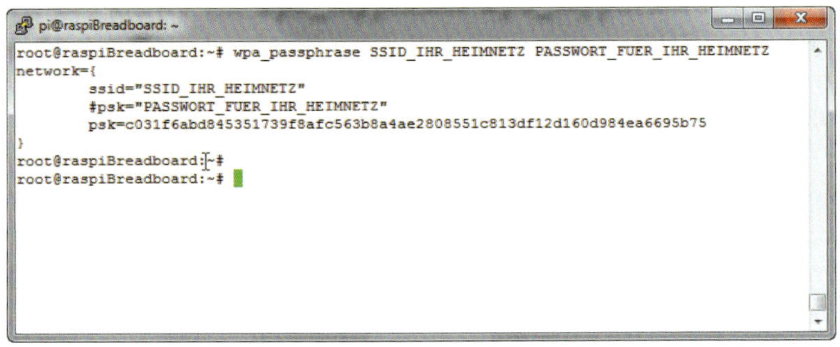

Zunächst codieren Sie das Zugangskennwort für das heimische WLAN mit dem *wpa_passphrase*-Kommando.

Beachten Sie auch, dass Sie sicherheitshalber den aktuellen Benutzer *pi* in der Datei */etc/wpa_supplicant/wpa_supplicant.conf* bei *ctrl_interface=DIR=/var/run/wpa_supplicant GROUP=netdev* der festgelegten Gruppe (*netdev*) hinzufügen.

```
adduser pi netdev
```

Die WLAN-Verbindung selbst starten Sie mit dem Kommando:

```
ifup wlan0
```

Zum Herunterfahren der WLAN-Verbindung reicht das Pendant:

```
ifdown wlan0
```

aus.

4.2 Zappen erlaubt: Umschalten zwischen WLAN-Verbindungen

Wer mit der WLAN-Verbindung des Raspberry Pi flexibel sein möchte und eine WLAN-Verbindung im Wechsel sowohl im Infrastruktur- als auch im Ad-hoc-Modus benötigt, für den kann das häufige Herumkonfigurieren etwas lästig werden. Deshalb sichern Sie beide Konfigurationen in der Datei */etc/network/interfaces* und arbeiten mit sogenannten Aliasen, die beim Starten der WLAN-Verbindung anzugeben sind. Als Beispiel für die Ad-hoc-Verbindung könnten Sie nachfolgende Zeilen verwenden – die IP-Adresse sowie die SSID passen Sie nach Ihren Wünschen an.

```
001 iface wlan0-infrahome inet dhcp
002         wpa-ssid        ROUTER@HOME
003         wpa-psk         12342F01A56C0EF638D2F01A56C0EF63
                                8D2F01A56C0EF638D2F01A56C0EF1234
004
005 iface wlan0-adhoc inet static
006         address 192.168.123.40
007         netmask 255.255.255.0
008         wireless-essid  VorwerkNeatoRPi
009         wireless-mode ad-hoc
```

Die Definition der Verbindung für den Infrastrukturmodus erfolgt analog, in diesem Fall muss die Zeile

```
009 wireless-mode ad-hoc
```

entfernt werden. Den Alias für die WLAN-Verbindung starten Sie jeweils mit dem Kommando

```
ifup wlan0=wlan0-adhoc
```

oder

```
ifup wlan0=wlan0-infrahome
```

Zum Beenden nutzen Sie jeweils das Kommando

```
ifdown wlan0=wlan0-adhoc
```

bzw.

```
ifdown wlan0=wlan0-infrahome
```

Egal ob Sie die WLAN-Verbindung ad hoc oder per Infrastrukturmodus betreiben: Die WLAN-Verbindung funktioniert bei einem Raspberry Pi nur dann wie vorgesehen, wenn das Ethernet-Kabel gezogen wurde. Selbst dann können Fehlermeldungen wie die nachfolgenden auf dem Bildschirm erscheinen:

```
ioctl[SIOCSIWAP]: Operation not permitted
ioctl[SIOCSIWENCODEEXT]: Invalid argument
ioctl[SIOCSIWENCODEEXT]: Invalid argument
```

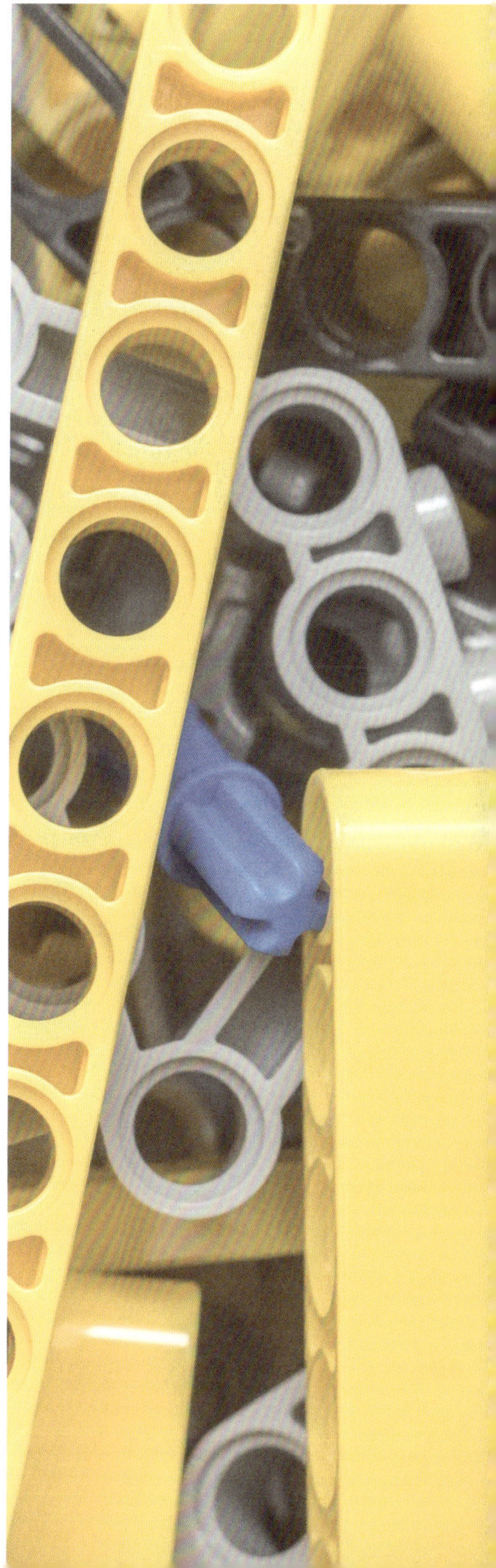

Diese stellen nicht zwingend einen Fehler dar – alternativ versuchen Sie mit einem vorangestellten *sudo*, ob sich das Kommando erfolgreich ausführen lässt oder nicht. Für die Fehlersuche nutzen Sie den *iwconfig*-Befehl, der für weitere Aufklärung sorgt:

```
iwconfig
```

Ob die Verbindung erfolgreich aufgebaut wurde oder nicht, zeigt die *iwconfig*-Ausgabe im Bereich *Access Point*. Dieser sollte von *Not-Associated* auf die Angabe der MAC-Adresse des Access-Points (WLAN-Router oder Repeater) wechseln.

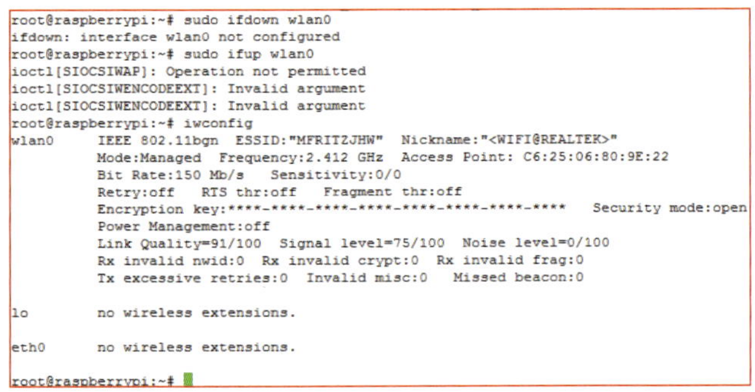

Einschalten der WLAN-Verbindung: Links in der Abbildung zeigt der *iwconfig*-Befehl den aktuellen Status der in der Datei */etc/network/interfaces* definierten *wlan0*-Schnittstelle. Nach dem Verbindungsaufbau wird die aktive WLAN-Verbindung angezeigt (Abbildung rechts).

Nun sind die Grundvoraussetzungen geschaffen, um den Raspberry Pi ohne lästiges Netzwerkkabel in Betrieb zu nehmen. Wer zusätzlich stromsparend im Heimnetz unterwegs sein möchte, der nutzt statt Raspberry Pi 1 Modell B/B+ bzw. Raspberry Pi das kleinere Raspberry Pi 1 Modell A, das ohne Netzwerkbuchse für den Ethernet-Anschluss sowie mit einer einzigen USB-Buchse ausgestattet ist.

4.3 WLAN-Verbindung mit Python steuern

Mehr Flexibilität bei der Konfiguration der WLAN-Verbindung erreichen Sie, wenn Sie in der */etc/network/interfaces*-Datei die WLAN-Verbindung für die gewöhnlichen Dinge im Infrastrukturmodus konfigurieren und den Rest der Konfiguration dynamisch über ein Python-Programm erledigen (lassen). Um zu verstehen, wie das Einrichten der WLAN-Verbindung dynamisch per Python überhaupt funktioniert, legen Sie zunächst wie in diesem Beispiel im */home/pi*-Verzeichnis ein eigenes Projektverzeichnis mit dem Namen *pywlan* an und erzeugen dort die Datei *pywlan.py*.

```
sudo -i
cd /home/pi
mkdir pywlan
nano pywlan.py
```

Nach den gewöhnlichen Definitionen für den Systemzugriff von Python wie *os*, *time* und *sys* ist die IP-Adresse festzulegen, über die der Raspberry Pi später im Ad-hoc-Modus per WLAN erreichbar sein soll.

```
#!/bin/python
import os
import time
import sys
legopi='192.168.123.40'

def startWLANadhoc():
        RASPISID = 'LegoRPi'
        os.system('ifconfig wlan0 down; iwconfig wlan0 mode Ad-Hoc')
        os.system('iwconfig wlan0 essid ' + RASPISID)
        time.sleep(1)
        os.system('ifconfig wlan0 ' + legopi)
        os.system('ifconfig wlan0 up')
startWLANadhoc()
```

Nach dem Speichern der Datei starten Sie sie wie gewohnt mit dem vorangestellten *python*-Kommando:

```
python pywlan.py
```

Nun wartet der Raspberry Pi bzw. der WLAN-Stick auf eingehende Verbindungen. Eine Verbindung lässt sich problemlos mit dem Smartphone oder Tablet nach Wahl herstellen – es sind nur zwei, drei Handgriffe nötig, um eine erfolgreiche Verbindung zum Raspberry Pi aufzubauen.

Steht die Verbindung, können Sie sie für das Eigenbauprojekt verwenden: So lässt sich beispielsweise beim Unimog-Projekt der MJPG-Streamer bzw. das Python-Skript für die Lego-Fahrzeugsteuerung über den *bottle*-Webserver verwenden, um Funktionen und Qualität der Eigenbausteuerung über die drahtlose Netzwerkverbindung zu testen.

Nehmen Sie das Smartphone zur Hand und durchsuchen Sie die lokale WLAN-Umgebung. Anschließend sollte die frisch erstellte Ad-hoc-Verbindung mit der Bezeichnung *LegoRPi* erscheinen – per Fingertipp nehmen Sie die Verbindung auf.

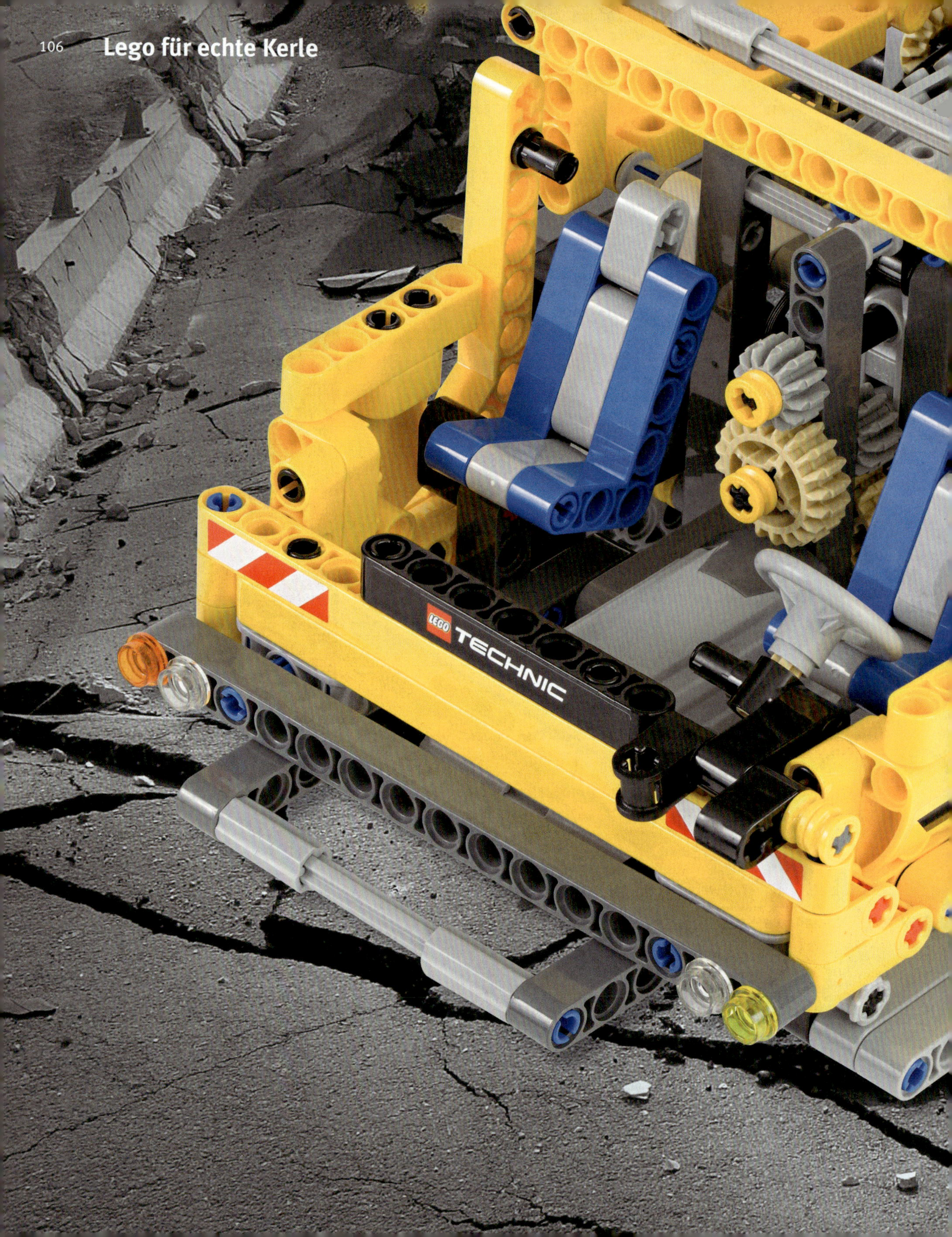
LEGO
TECHNIC

5

MEHR POWER

Legomodelle aufmotzen

Jenseits der Lego-Standardbauanleitungen lässt sich jedes Lego-Modell verbessern und pimpen. Dafür stehen für Lego-Liebhaber zig Bastelseiten im Internet bereit, die neben den einfachen Bauteillisten auch detaillierte Bauanleitungen zur Verfügung stellen. Eine wahre Fundgrube ist beispielsweise die Seite *http://jurgenstechniccorner.com* des Niederländers Jurgen Krooshoop. Dort gibt es neben kreativen, alternativen Modellen auch ergänzende Bauanleitungen zu Original-Lego-Bausätzen, um diese mit zusätzlichen Funktionen auszustatten – beispielsweise eine vollständige Lego-Fernbedienungsteuerung samt Fahrfunktionen nachzurüsten. Diese als Ultimate bezeichneten Modelle benötigen natürlich mehr Zubehör und weitere Bausteine – die Bauteilliste stellt Jurgen Krooshoop ebenfalls auf seiner Webseite zur Verfügung.

So lässt sich beispielsweise das Lego-Technic-Modell 42009 Mobiler Schwerlastkran mit weiteren elektrischen Funktionen erweitern, um den Schwerlastkran am Ende des Tages vollständig per Fernbedienung steuern zu können. Für den Antrieb wird noch ein weiterer XL-Motor, für die Lenkung, jeweils einen Ausleger, Hebeeinheit, Erweiterungsarm etc. werden fünf weitere M-Motoren und zwei weitere L-Motoren benötigt. Diese zusätzlich benötigten acht Motoren in diesem Beispiel reißen ein Loch in die Haushaltskasse – und manchmal ist der Umweg über die günstigen Eigenbauservos eine Alternative. Egal ob mobiler Schwerlastkran, Eisenbahn, Bagger oder Unimog und mehr – nahezu jedes Lego-Modell lässt sich mit dem Zubehör aufrüsten, es lassen sich mit alternativer Elektronik neue und zusätzliche Funktionen einbauen und bestehende verbessern. In diesem Kapitel finden Sie das Wichtigste dazu – viel Spaß und Freude beim Basteln!

Technikwunder mit allerhand Zubehör: Das Lego-Technic-Modell 42009 Mobiler Schwerlastkran ist nach dem Einbau von acht zusätzlichen Lego-Motoren nun vollständig per Fernbedienung steuerbar.

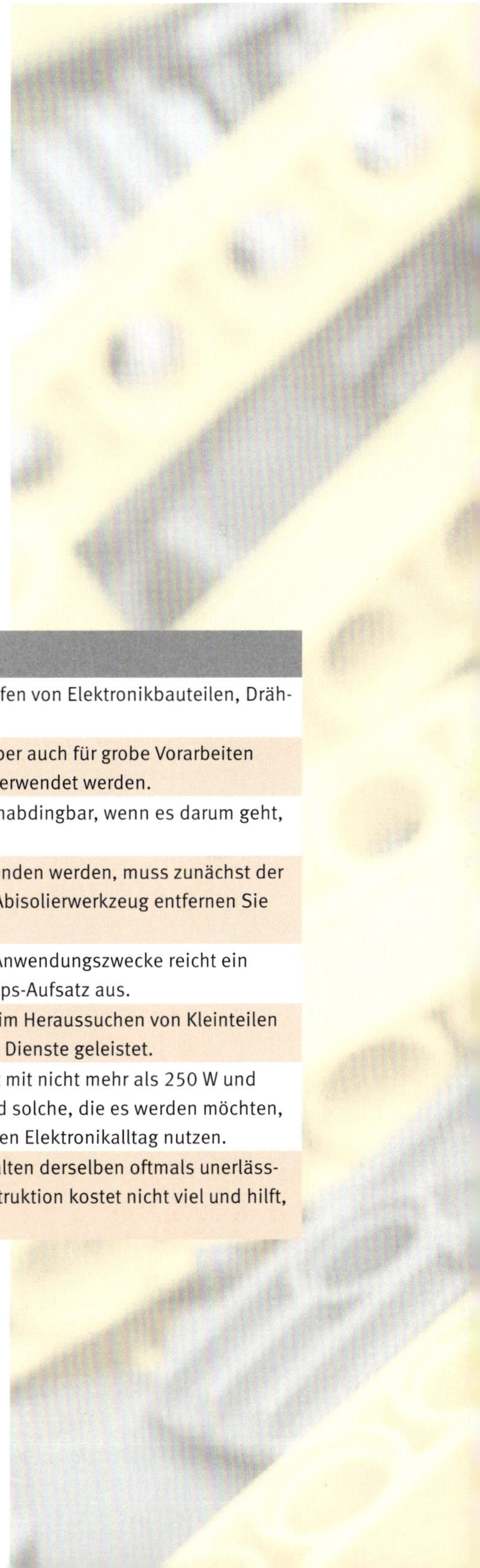

5.1 Richtiges Werkzeug für die Lego-Bastelei

Egal ob Sie eine einfache Schaltung vom Steckboard auf die Platine bringen oder einen Sensor- oder Robotikbausatz zusammenbauen möchten – für die Elektronikbasteleien wird immer das eine oder andere Werkzeug benötigt. Je nach Aufgabenstellung und Bauvorhaben ist es manchmal mit einer Pinzette und einem Lötkolben nicht getan. Schon beim Zusammenbau einfacher Schaltungen wird ein überschaubarer Werkzeugsatz benötigt, dazu gesellen sich einige Verbrauchsmittel und Standardbauelemente, bei denen sich ein Einzelkauf nicht lohnt. Mit der Zeit haben Sie also nicht nur eine Werkzeugsammlung, sondern auch ein Vorratslager für Elektronikbauteile zu Hause – in diesem Abschnitt werden die wichtigsten Werkzeuge und die kleinen »Helfer« vorgestellt, die Sie einsetzen können, um einige Tätigkeiten beim Zusammenbau der Heimelektronik und der Schaltungen zu vereinfachen, um sie später in Lego-Modellen oder gar kompakt in Lego-Steinen nutzen zu können.

Werkzeug	Bemerkung
Flach-/Spitzzange	Eine Flach- oder Spitzzange ist zum Festhalten und Greifen von Elektronikbauteilen, Drähten und Verbindungen das Werkzeug der Wahl.
Seitenschneider	Zum Schneiden von kleineren Drähten sinnvoll, kann aber auch für grobe Vorarbeiten beim Lego-Modding und beim Ausschlachten sinnvoll verwendet werden.
Elektronikseitenschneider	Gerade bei Lötarbeiten auf Platinen und Schaltungen unabdingbar, wenn es darum geht, Löt- und Drahtüberstände etc. zu entfernen.
Abisolierwerkzeug	Sollen zwei Drähte oder Kabel sicher miteinander verbunden werden, muss zunächst der stromführende Draht sauber verlötet werden. Mit dem Abisolierwerkzeug entfernen Sie vor dem Löten die Isolierung des Drahts.
Schraubendreherset	Allroundwerkzeug im Werkzeugkoffer: Für die meisten Anwendungszwecke reicht ein Schraubendreherset mit dem Kreuz-/Kreuzschlitz-/Philips-Aufsatz aus.
Pinzette	Gerade beim Justieren von kleinen IC-Beinchen oder beim Heraussuchen von Kleinteilen aus der Elektronikbox hat eine Pinzette schon wertvolle Dienste geleistet.
Lötkolben	Kein Bleigusslötkolben, sondern ein zeitgemäßes Gerät mit nicht mehr als 250 W und möglichst mit einer dünnen Spitze. Elektronikfreaks und solche, die es werden möchten, sollten besser eine Lötstation mit Temperaturwahl für den Elektronikalltag nutzen.
Schraubstock/dritte Hand	Beim Löten unterschiedlicher Kleinteile und zum Festhalten derselben oftmals unerlässlich. Eine dritte Hand in Form einer Krokoklemmenkonstruktion kostet nicht viel und hilft, Schweiß und Ärger zur vermeiden.

Neben dem handwerklichen Geschick trägt auch das passende Werkzeug zum Gelingen des Elektronikprojekts bei. Das A und O ist ein sicherer Halt für das zu lötende Objekt – hier empfiehlt es sich, einen portablen kleinen Schraubstock auf den Schreibtisch zu stellen oder einfach für 3 bis 20 Euro eine sogenannte »dritte Hand« im einschlägigen Elektronikmarkt oder Bastelbedarf zu kaufen. Diese beiden Alternativen sind sehr gut für kleine

Platinen und zum Anlöten von Steckern an Kabel geeignet. Beim Einsatz des Lötkolbens reicht bei den in diesem Buch beschriebenen Projekten der Schraubstock aus, um ein erschütterungsfreies Arbeiten zu ermöglichen. Die nicht benötigten Bereiche der Platine wurden mit Kreppband vor eventuellen Schäden (beispielsweise durch tropfendes Lötzinn vom Lötkolben etc.) gesichert. Bei größeren Platinen kann das jedoch schnell instabil werden, hier reicht dann eine Gummimatte oder zur Not auch eine *Schreibtischauflage* aus Papier, die verhindert, dass ein darauf abgelegter Lötkolben den Tisch ansengt oder heiße Lötspritzer sich in den Tisch einbrennen können. Zum Abschneiden und zum Kürzen der Anschlussdrähte und Litzen benötigen Sie einen Seitenschneider oder eine Zange mit Schneidefunktion. Am besten geeignet ist dafür ein sogenannter Elektronikseitenschneider, mit dem Sie besser an überstehende Lötreste und Drähte an Leiterplatten herankommen und sie sauber schneiden können.

Von links nach rechts: Akkubohrmaschine, Dremel und Akkuheißklebestift. Mit diesen Werkzeugen stellen das Modding der Lego-Steine und der Einbau der Elektronik kein großes Problem mehr dar.

Neben »normalen« Standardwerkzeugen, wie Gliedermaßstab und Schraubenziehern in verschiedenen Größen – was sich eben so im Haushalt befindet –, ist gerade bei Elektronikprojekten optionales Werkzeug wie Messschieber oder ein scharfes Messer bzw. Cuttermesser, ein Dremelset und ein Heißklebestift/eine Heißklebepistole eine große Hilfe. Ein Heißklebestift kostet nur wenige Euro und klebt einfach nahezu alles. Gerade beim Zusammenbau und bei der Endmontage hilft oft ein Tropfen Heißkleber, um der Konstruktion etwas mehr Stabilität zu verleihen. Soll mal eine Platine aus Epoxidharz oder dergleichen verändert, die Schraube gekürzt oder eine Lötstelle vergrößert werden, hilft hier ein Akkuschrauber und/oder ein Dremelset, die Sie teilweise in günstigen Komplettsets mit Verbrauchsmaterialien und Zubehör im Fachhandel bekommen. Fällt mal eine kleine Schraube auf den Boden, hilft ein Minimagnet, und auch ein einfaches Feuerzeug lässt sich beispielsweise nutzen für das Erwärmen des Schrumpfschlauchs und dgl.

5.1.1 Elektronikmaterial und praktisches Zubehör

Auch wenn Kleinelektronik sowie Bauteile wie Transistoren, Widerstände, LEDs etc. für (sehr wenig) Geld beim Händler um die Ecke oder im Versandhandel erhältlich sind, lässt sich beim Einkauf in einer Sammelbestellung Geld sparen – und wenn es nur die Versandkosten sind. Da sich im Laufe der Zeit auch allerhand Ersatzteile und Bauteile ansammeln, sollten Sie sich von Anfang an mit kleinen Sortier- und Aufbewahrungsboxen behelfen, um den Überblick zu behalten. Damit lassen sich beispielsweise LEDs aller Art mit 3,3 V/5 V, ein Dioden- oder auch ein Widerstandssortiment übersichtlich aufbewahren. Für die Durchführung der Lego-Projekte in diesem Buch benötigen Sie neben verschiedenen LEDs und Widerständen auch den einen oder anderen Servomotor nach Bedarf, um das Eigenbaufahrzeug anzutreiben oder zu lenken.

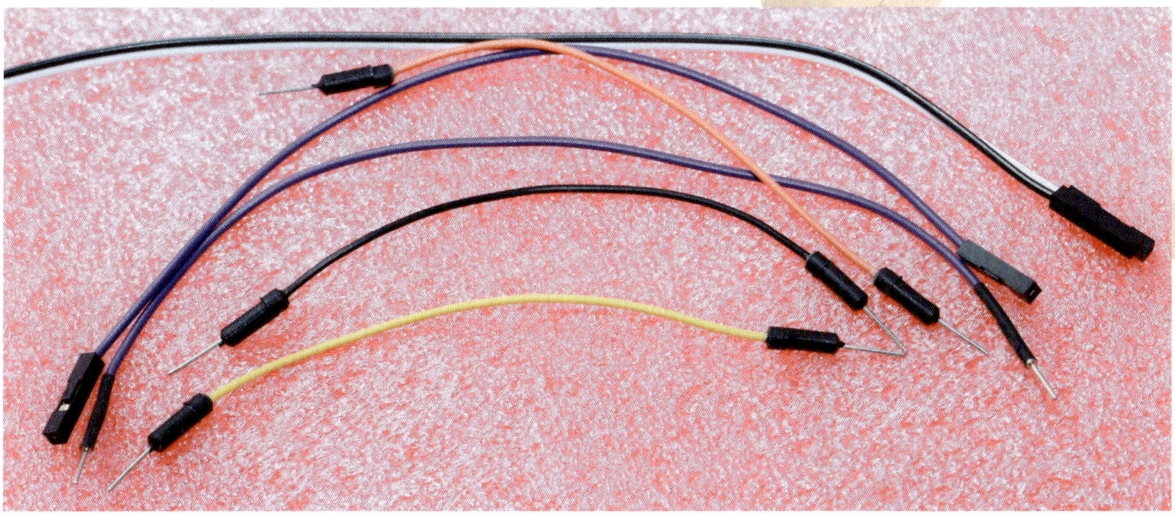

Kleinteile wie Kabel, Steckverbindungen, Drähte und Jumperkabel (männlich/weiblich in verschiedenen Farben und Längen) tummeln sich mit der Zeit in Ihrem Elektroniklager.

Dazu gesellen sich zum Beschriften Papierklebeetiketten und zum Festhalten Kabelbinder in verschiedenen Längen, Klebe- und Isolierband, Schrumpfschläuche in verschiedenen Größen und Sekundenkleber. Für mechanische Verbindungen werden Sie Lötzinn und Lötlitze aber auch hin und wieder Schraubensicherungen bzw. Schraub-/Lüsterklemmen benötigen. Um Kleinteile wie LEDs, Dioden, Kabel etc. innerhalb von Lego-Steinen unterzubringen, ist manchmal der Einsatz einer (Akku-)Bohrmaschine, Minifräse oder besser eines Dremels notwendig, mit dem sich die Plastiksteine problemlos bearbeiten lassen. Sollen die Elektronikbauteile mit dem Lego-Baustein fest fixiert werden, hilft meist ein kleiner Tropfen Klebstoff aus der Heißklebstoffpistole, die ebenfalls in einem gut sortierten Elektronikwerkzeugkasten nicht fehlen sollte.

5.2 LED-Lampen im Eigenbau

Eine Lego-Eisenbahn ohne Beleuchtung? Unvorstellbar für den fortgeschrittenen Lego-Ingenieur im Kinderzimmer. Lego selbst bietet hier eine einfache Aufstecklösung für den Anschluss an die Power-Functions-Steine an (*shop.lego.com/de-DE/LEGO-Power-Functions-LED-Lichter-8870*, 7,50 Euro), die sich vor allem für die Lego-Eisenbahnmodelle 7939 Güterzug, 7938 Passagierzug und 3677 Güterzug mit Diesellokomotive eignen. Das Problem an der ganzen Sache ist jedoch, dass diese LED-Power-Functions trotz langer Wartezeit nicht im Lego-Shop lieferbar sind und stattdessen zu horrenden Preisen in den Internetkaufhäusern zu finden sind. Wer keine Lust hat, mehr als das Doppelte an Euros für solche LED-Lämpchen in seinen Lego-Modellen zu bezahlen, baut sich die LED-Lampen einfach selbst. Die einfachste Möglichkeit, um Lego-Steine und Lego-Modelle mit einem selbst gebauten Stück Elektronik zu verbinden, ist der Einbau einer (oder mehrerer) LEDs.

5.2.1 LED-Dioden steuern und dimmen

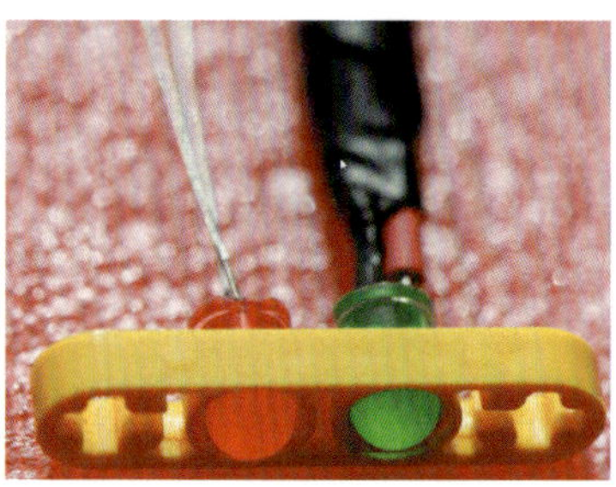

Egal ob Sie die LED nun direkt per Schalter und Widerstand mit dem Lego-Modell koppeln oder ob die LEDs an einem Arduino oder dem Raspberry Pi betrieben werden – die meisten 5-mm-LEDs passen von der Größe wunderbar in die Löcher der Lego-Technic-Bausteine, sodass Sie die Akkubohrmaschine in der Werkstatt lassen können.

Für die Steuerung, also das Ein- und Ausschalten oder gar das Dimmen, der LED-Dioden stehen Ihnen sämtliche Möglichkeiten der Elektronik zur Verfügung: Sie lassen sich manuell beispielsweise durch einen einfachen Schalter oder Potenziometer ebenso bedienen wie durch einen Mikrocontroller etwa in Form eines Arduino oder eines Raspberry Pi. Beide glänzen durch eine weite Verbreitung in der Maker-Welt und stellen zudem noch ausreichend Schnittstellen zur Außenwelt zur Verfügung, anhand derer Sie die Schaltung steuern können.

In dem nachfolgenden Beispiel nutzen Sie entweder die Pins der GPIO-Schnittstelle des Raspberry Pi oder die Anschlussreihen des Arduino, um die im Lego-Stein verbauten LED-Dioden zum Leuchten zu bringen. Dazu benötigen Sie neben dem Mikrocontroller nur wenige Dinge:

- LED-Dioden
- Widerstand
- Steckboard/Platine
- Drähte/Steckverbindungen

Sämtliche Komponenten gehören zur Basisausstattung, wenn Sie sich mit Elektronik beschäftigen wollen. Meist sind diese günstig in Elektronik-Basissets erhältlich, die das Wichtigste, wie mehrere LEDs in unterschiedlichen Farben und Widerstände in verschiedenen Größen, mitbringen. Je nach Einsatzzweck und Lego-Modell benötigen Sie eine bestimmte Anzahl an LED-Lämpchen sowie je nach gewünschter Farbe und Spannungsversorgung die entsprechende Anzahl an passenden Widerständen.

Achtung: Vorwiderstand für LED-Einsatz zwingend notwendig

LEDs (*Licht emittierende Dioden*) dürfen nie direkt an die Stromversorgung angeschlossen werden. Bei einem direkten Anschluss sollte immer mindestens ein Vorwiderstand von 200 bis 300 Ω (Ohm) der Masse/Erdung vorgeschaltet werden, der den Strom auf einen zulässigen Wert begrenzt und dafür sorgt, dass die LED auch funktionsfähig bleibt.

Egal welche Farbe die verwendeten LED-Dioden haben: Dioden lassen den Strom nur in eine Richtung durch, und deshalb muss die Einsteckrichtung in der Schaltung stimmen. Die LED-Diode hat bekanntlich zwei Anschlussbeinchen, die unterschiedlich lang sind. Der längere Teil ist der Plusanschluss, der zur Stromversorgung (3,3 V) oder zum Schalt-Pin führt – das kürzere Beinchen wird in Richtung Masse (0 V) geführt und mit einem Widerstand versehen. Da der Strom durch den Widerstand begrenzt wird, reicht in diesem Beispiel ein Widerstand in der Größenordnung von 200 bis 300 Ω aus. Soll die LED dauerhaft leuchten, wird sie an eine Konstantstromquelle angeschlossen: Dafür schließen Sie im Fall eines Raspberry Pi den Plusanschluss der LED direkt an Pin 1 (3,3 V) an, der Draht vom Widerstand wird an Pin 6 (GND, Masse) angeschlossen. Soll die LED-Diode statt mit dem Schalter per Mikrocontroller schaltbar sein, verwenden Sie statt Pin 1 (3,3 V) einen der verfügbaren GPIO-Anschlüsse. Der Arduino hat ebenfalls seine eigenen Pin-Anschlüsse für die Spannungsversorgung – soll die LED schaltbar sein, nutzen Sie einen der Digital-Pins dafür – das Praxisbeispiel dazu finden Sie im Kapitel »6 Lego-Ampelanlage mit dem Arduino« ab Seite 121.

5.2.2 Lego-Modding mit Bohrmaschine und Dremel

Das Implantieren kleinerer Schaltungen wie beispielsweise einer LED-Ampel sollte aufgrund der kompakten Bauweise auch für Ungeübte kein Problem darstellen – zur Not verwenden Sie anfangs einen zusätzlichen Lego-Baustein zum Test, um den Umgang mit Bohrmaschine und Dremel zu üben. Grundsätzlich ist für den Einbau von Elektronik aller Art zunächst der optisch und technisch passende Lego-Baustein auszuwählen. Wer nicht auf Anhieb den passenden Stein in seiner Lego-Kiste findet, kann sich bekanntlich auch im Internet auf die Suche begeben – eine der umfangreichsten Seiten dazu ist *www.peeron.com/inv/*.

Nach der Auswahl des gewünschten Bausteins ist festzulegen, wo genau die Elektronik – also beispielsweise eine LED – verbaut werden soll. Damit die für den Betrieb notwendigen weiteren Bauteile, wie beispielsweise Anschlusskabel, Vorwiderstand etc., ebenfalls im ausgewählten Baustein

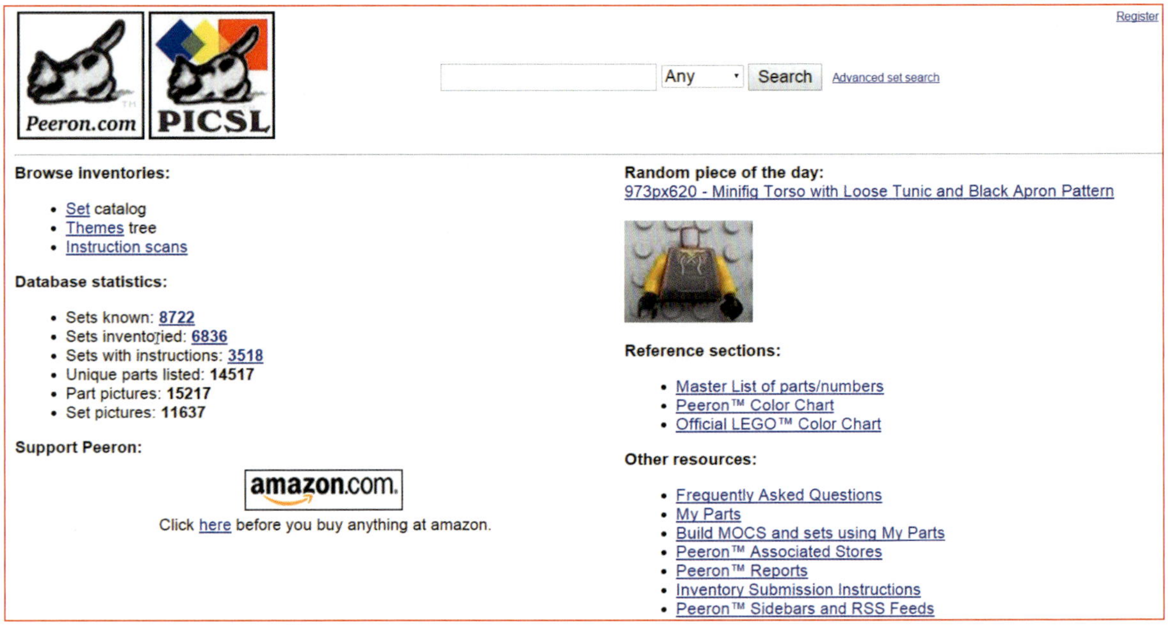

Lego-Bauteil-Suche im WWW: Über die Seite *www.peeron.com/inv/* finden Sie nahezu zu jedem verfügbaren Lego-Stein Informationen zu Bauform, Größe etc.

untergebracht werden können, ist es meist nötig, zuvor den Baustein mechanisch zu bearbeiten. In diesem Fall reicht eine Feile, eine Raspel oder ein Schabemesser für die Bearbeitung kaum aus, der ABS-Kunststoff (*Acrylnitril-Butadien-Styrol*) ist sehr stabil und widerstandsfähig.

Vorher: die Unterseite des 4x2-Bausteins. Die Anschlusszapfen werden im nächsten Schritt mit Seitenschneider und Dremel fein säuberlich aus dem Baustein entfernt, um Platz für die Elektronik zu schaffen.

In diesem Beispiel wurden zunächst mit einem am Akkuschrauber angebrachten Bohrer seitlich die Löcher für die drei LEDs der Ampel gebohrt. Anschließend wird das Innenleben des Lego-Bausteins mit einem Einsteiger-Dremel fein säuberlich entfernt.

Der Ampelrohling steht nach den Vorbereitungen nun für das Befüllen bereit.

Beachten Sie, dass die in diesem Baustein verbaute Elektronik nicht nur elektrisch sicher per Heißkleber befestigt sein muss, sondern dass eine nachträgliche Änderung bzw. Reparatur der Schaltung aufgrund der Heißkleberkonsistenz nur erschwert bis gar nicht möglich ist, ohne den gemoddeten Lego-Stein zu zerstören.

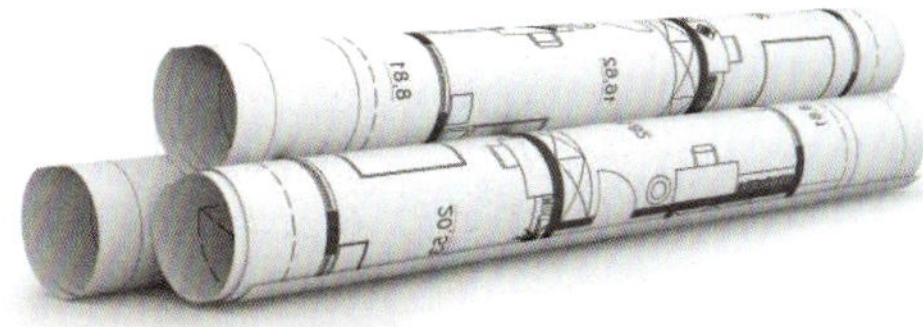

Steht der notwendige Platz im Lego-Baustein für die späteren Anschlussleitungen zur Verfügung, setzen Sie Schritt für Schritt die Komponenten ein. In diesem Beispiel wurde jeweils der notwendige Vorwiderstand direkt an der Kathode der LED angelötet und mit einem Schrumpfschlauch elektrisch gesichert, um im nächsten Schritt die beiden Leitungen der LED jeweils mit einem Anschlusskabel samt Anschlussstecker für den Arduino zu verlängern.

Neben den Löchern für die drei LEDs der Ampel wurde seitlich noch eine Öffnung für den Tastschalter eingebracht.

Funktionstest: Nach dem Einsetzen und Befestigen mit Heißkleber prüfen Sie erstmalig die Schaltung.

Sind die LEDs in der richtigen Reihenfolge Rot/Gelb/Grün im Baustein eingesetzt und mit Heißkleber fixiert, überzeugen Sie sich vor der kompletten Endmontage nochmals von der ordnungsgemäßen Funktion der Selbstbauelektronik.

5.3 Lego-Motoren im Überblick

In der Mechanik wird als Maßeinheit für die geradlinige Bewegung wie auch für das Moment/Drehmoment bei Drehbewegungen das Newtonmeter (Nm) verwendet. Die klassische Drehbewegung kennen Sie von Motoren, und hier kommt es natürlich darauf an, ob sich am Motor eine zu bewegende Masse (auch als Auflast bezeichnet) befindet oder nicht. Abhängig davon, lässt sich die Bewegungskraft angeben, und davon hängt wiederum auch der notwendige Stromverbrauch ab. Bei dem Einsatz eines oder mehrerer Motoren am Lego-Modell kommen natürlich neben der Auflast auch Dinge wie Reibung, Reifenbreite etc. hinzu, die das Fahrvergnügen und die Fahrdauer in Form des Stromverbrauchs beeinflussen.

Lego-Produkt-Nr.	Motorbezeichnung	Umdrehungen/min (ohne Auflast)	Maximales Drehmoment
8882	XL-Motor	220	90,4 mNm (600 mA)
8883	Medium-Motor	380	40 mNm (300 mA)
88003	L-Motor	380	45,4 mNm (450 mA)
88004	Servomotor	60	250 mNm (300 mA)

Freie Auswahl: Für die Steuerung der Power-Functions-Motoren mit Infrarotmodul stehen verschiedene Fernbedienungen von Lego bereit.

Die ersten Lego-Motoren wurden bereits ab 1990 unter der Bezeichnung Electric Technic Motor verkauft, und bis zur Einführung der Power-Functions-Motoren im Jahr 2007 kamen noch sechs weitere Modelle auf den Markt. Erst mit dem vierpoligen Power-Functions-Anschluss sind seitdem die Motoren mit unterschiedlichen Bedien- und Steuerelementen kombinierbar – seit 2007 beträgt die benötigte Spannung einheitlich 9 V. Die kleine Power-Functions-Lego-Lösung, der Servomotor, dreht sich beispielsweise ohne Auflast pro Sekunde um 360 Grad. Mit der Anwendung von etwas Mathematik wissen Sie, dass dann für die Drehung von der Neutral- in die Horizontalstellung 0,25 Sekunden benötigt werden. Damit lassen sich prima Stellaufgaben lösen, wie beispielsweise das Bauen einer Lenkung, falls nicht allzu viel Masse bewegt werden muss. Wird der Servomotor ausschließlich mit Lego-Komponenten betrieben, stehen für die Ansteuerung des Motors insgesamt 15 Positionen zur Verfügung – Neutralstellung, sieben Stufen im Uhrzeigersinn sowie sieben Stufen entgegen dem Uhrzeigersinn. Wird dafür beispielsweise die Lego-Infrarotfernsteuerung mit dem Drehrad verwendet, schaltet er durch die sieben Positionen, die den sieben Leistungsstufen entsprechen.

Für die Steuerung der Power-Functions-Motoren stehen von Lego verschiedene Lösungen bereit – angefangen beim Infrarotmodul bis hin zur Kabellösung.

Um den Servomotor in die sogenannte Neutralstellung zu bewegen, brauchen Sie ihn nur ohne das Infrarotsteuerungsmodul mit eingeschalteter Batteriebox bzw. Stromversorgung zu verbinden. Für den kräftigeren Einsatz ist der sogenannte L-Motor von Lego die bessere Wahl – laut Herstellerangaben liegt das empfohlene Drehmoment bei rund 225 mA, wenngleich das maximale Drehmoment bei 300 mA Verbrauch mit 40 Milli-Newtonmeter angegeben ist. Der große XL-Motor, der in diesem Buch bei vielen Projekten für den Antrieb der Lego-Modelle eingesetzt wird, hat mit 600 mA fast das doppelte Drehmoment. Je nach Bauform und Anwendungszweck kann es auch vorkommen, dass der verbaute Lego-Motor blockiert oder überdreht. In diesem Fall müssen Sie schnell reagieren und die Stromversorgung abschalten, um gegebenenfalls mechanische Schäden an den Zahnkränzen und Zahnrädern oder am Lego-Modell selbst zu verhindern.

Um die Power-Functions-Motoren mit einem Arduino oder Raspberry Pi zu verbinden, nutzen Sie die vorhandenen Power-Functions-Anschlüsse und zapfen diese einfach mit einem modifizierten Power-Functions-Verlängerungsanschluss an. Damit ist die Modifikation der teureren Lego-Motoren obsolet, die später auch wieder für »reine« Lego-Bauprojekte verwendet werden können.

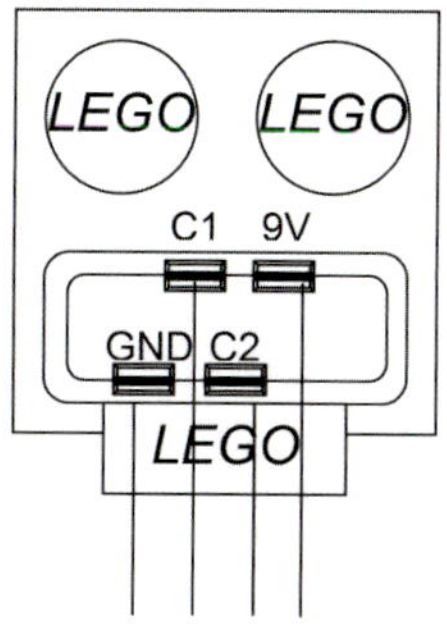

Mithilfe der Power-Functions-Lego-Steine stellen Sie sicher, dass die angeschlossene Elektronik immer sicher betrieben werden kann, da der oben dargestellte Aufbau der Anschlüsse durch die Bank für sämtliche Lego-Modelle, die mit Power-Functions-Zubehör kommen, gilt. Auch der Anschluss der Lego-Motoren ist immer derselbe, und die eigentliche Logik der Ansteuerung ist ziemlich trivial, wenn man sie einmal verstanden hat. In dem nachstehenden Schaubild wird die Empfängereinheit der Lego-Fernbedienung mit der Spannungsversorgung gekoppelt – über die Fernbedienung kommt entweder das Vorwärts- (V) oder das Rückwärtssignal (R), das dann entsprechend für das Umsetzen der 9-V-Spannung auf C1 und Masse auf C2 bzw. umgekehrt für die Rückwärtsdrehung des Motors sorgt.

Ein klassischer, stapelbarer 2x2-Power-Functions-Stein, mit dem sich die Motoren mit dem Infrarotmodul von Lego und der Spannungsversorgung koppeln lassen (Draufsicht).

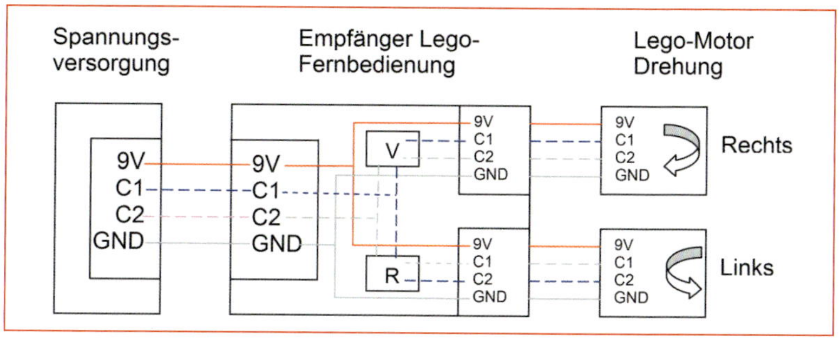

Schematische Darstellung der Drehrichtung der Lego-Servomotoren. Beachten Sie, dass beim Motorbetrieb ausschließlich die beiden Anschlüsse/Connector C1 und C2 notwendig sind – die äußeren Leitungen der 9-V-Spannung und das Massesignal werden zwar zum Servomotor geführt, dort aber nicht abgegriffen.

Die Drehrichtung bzw. der Betrieb des Lego-Servomotors wird ausschließlich über die beiden Steueranschlüsse C1 und C2 beeinflusst. Masse (Ground) bedeutet nichts anderes, als das am jeweiligen Anschluss (C1 und/oder C2) eine sogenannte Nullspannung (0 V) anliegt. Damit lassen sich die drei Zustände mit den Anschlüssen des verbundenen Lego-Motors erreichen:

Bewegung	Fernbedienung-Ausgangssignal		Motordrehung
	C1	C2	
Vorwärts	9 V	GND	Rechts
Rückwärts	GND	9 V	Links
Stopp	GND	GND	Stop

Die unterschiedlichen Zustände für die Belegung der C1- und C2-Leitung lassen sich beispielsweise mithilfe eines Motor-Shields umsetzen – hier werden neben den beiden Steuerleitungen auch die Masse und die Spannungsversorgung vom Motor-Shield zur Verfügung gestellt.

5.3.1 Schneiden und anschließen – Verlängerungskabel zweckentfremden

Sollen »normale« Lego-Power-Functions-Motoren mit dem Arduino oder dem Raspberry Pi verbunden werden, wird auch ein passendes Motor-Shield benötigt. Doch für eine saubere und sichere Verbindung sind ausgefräste 2x2-Lego-Steine und mit Kontaktdrähten versehene Eigenbaulösungen oft die schlechtere Lösung, gerade dann, wenn das Lego-Modell häufig geändert und angepasst werden soll – wie es beim Prototyping oft vorkommt. Um nun nicht direkt das Anschlusskabel des Lego-Motors anzuzapfen und es mechanisch zu beschädigen, ist die Verwendung eines Verlängerungskabels der bessere Weg.

Im Lego-Shop steht neben dem verwendeten Verlängerungskabel der Länge 50 cm auch eine kürzere Version mit 20 cm Länge zum Preis von 3,99 Euro zur Verfügung.

Nach dem Auftrennen der Leitung des Power-Functions-Verlängerungskabels sind die beiden innen liegenden Leitungen relevant. Mit einem Abisolierwerkzeug legen Sie die Drähte frei, deren Drahtfasern anschließend sauber verdrillt und verlötet werden können.

Als praktische Anschlussalternative steht im Lego-Onlineshop mit Artikel-Nr. 8871 das Lego-Power-Functions-Verlängerungskabel mit der Länge 50 cm zum Stückpreis von 4,69 Euro zur Verfügung. Damit ersparen Sie sich den aufwendigen Umbau eines Lego-Steins samt Löt- und Anschlussarbeiten, um an einem 2x2-Stein die passenden Kontakte anzuzapfen. Mit dem Lego-Power-Functions-Verlängerungskabel erhalten Sie sozusagen zwei stapelbare 2x2-Power-Functions-Steine, wenn Sie das 50-cm-Kabel mittig auftrennen – die beiden inneren Leitungen sind die notwendigen C1-/C2-Leitungen für die Steuerung der Drehrichtung des Motors.

Im nächsten Schritt können Sie die beiden Leitungen wie gewohnt für den Anschluss an den Motorcontroller verwenden – unabhängig davon, ob Sie einen Fertigbaumotorcontroller für den Arduino oder Raspberry Pi oder eine Eigenbaulösung über das Steckboard mittels eines IC auf L293-Basis verwenden.

Während der Lego-Motor mit dem vorgesehenen 2x2-Lego-Kupplungsstein angeschlossen wird, werden die beiden innen liegenden Leitungen des Power-Functions-Verlängerungskabels in den zweipoligen MOTOR-A- oder MOTOR-B-Anschluss des Motorcontrollers eingesteckt und verschraubt.

Damit sind nun die technischen Voraussetzungen geschaffen, jede Art von Lego-Motor elektrisch sicher und kinderfreundlich zu montieren. Durch die Verwendung der Verlängerungskabel ist sichergestellt, dass die Originalleitungen der teureren Lego-Motoren unbeschädigt bleiben und somit später jenseits der Elektronikbauprojekte mit Arduino und Raspberry Pi auch mit dem ursprünglichen Lego-Einsatzzweck funktionieren.

FABRIK
2014
LEGOLAND® Deutschland Resort

6

AMPEL ROT

Lego-Ampelanlage mit dem Arduino

Um das Spielerlebnis mit einer Lego-Eisenbahn oder einem Lego-Technic-Spielzeugauto zu steigern, ist eine realitätsnahe Ampel bzw. eine Ampelanlage für den Junior zu Hause eine tolle Sache und für Elektronikbastler ein abwechslungsreiches Projekt. Die in diesem Beispiel vorgestellte Ampelanlage besteht aus zwei Ampeln, die abhängig voneinander arbeiten. Damit ist sichergestellt, dass beispielsweise an der Kreuzung bei einem Grünsignal der Ampel A die Ampel B auch ein Rotsignal zeigt.

6.1 Ampelbauteile und Steckplatine

Hinsichtlich der benötigten elektronischen Bauteile sind neben dem Arduino die für die Ampellampen farbig passenden LEDs in einer Größe von 5 mm sowie die dazugehörigen Vorwiderstände anzuschaffen. Wer zusätzlich ähnlich wie bei einem Fußgängerübergang eine manuelle Bedienung der Ampelschaltung benötigt, verwendet zusätzlich zwei kleine Buttons für die Steuerung des Grünsignals. Für das Beispielprojekt sind die in der Tabelle genannten Bauteile notwendig – der Testaufbau erfolgt in diesem Beispiel zunächst auf der Steckplatine, bevor die funktionierende und getestete Schaltung Schritt für Schritt in eine Lego-Stein-Konstruktion implantiert werden kann.

Anzahl	Bauelemente	Bemerkung
2	Button/Schalter	-
2	10-kΩ-Widerstand	für Pull-up-Schaltung
2	Rote LEDs	5 mm
2	Gelbe LEDs	5 mm
2	Grüne LEDs	5 mm
6	Vorwiderstand für LEDs	220 Ω

Im ersten Schritt werden zunächst die beiden Ampeln in Betrieb genommen, im zweiten Schritt wird je Ampel zusätzlich ein Taster integriert, mit dem sich die Grünphase manuell antriggern lässt. Im Gegensatz zu einem Schalter rastet ein Taster nicht ein und stellt nach dem Loslassen den Ursprungszustand wieder her. Wird also beim Tastendruck der Stromkreis geschlossen, wird diese Verbindung beim Loslassen sofort wieder getrennt. Die beiden verwendeten Steckplatinentaster haben jeweils insgesamt vier Anschluss-Pins, bei denen je zwei gegenüberliegende Anschlüsse längs miteinander verbunden sind. Beim Drücken der Taste werden die Anschlüsse miteinander verbunden, die anschließend über den digitalen Eingang des Arduino ausgewertet werden.

Je nachdem, ob der Widerstand am 5-V-Plus- oder am Masse-/Minuspol des Arduino angeschlossen ist, wird der verbaute Widerstand entweder

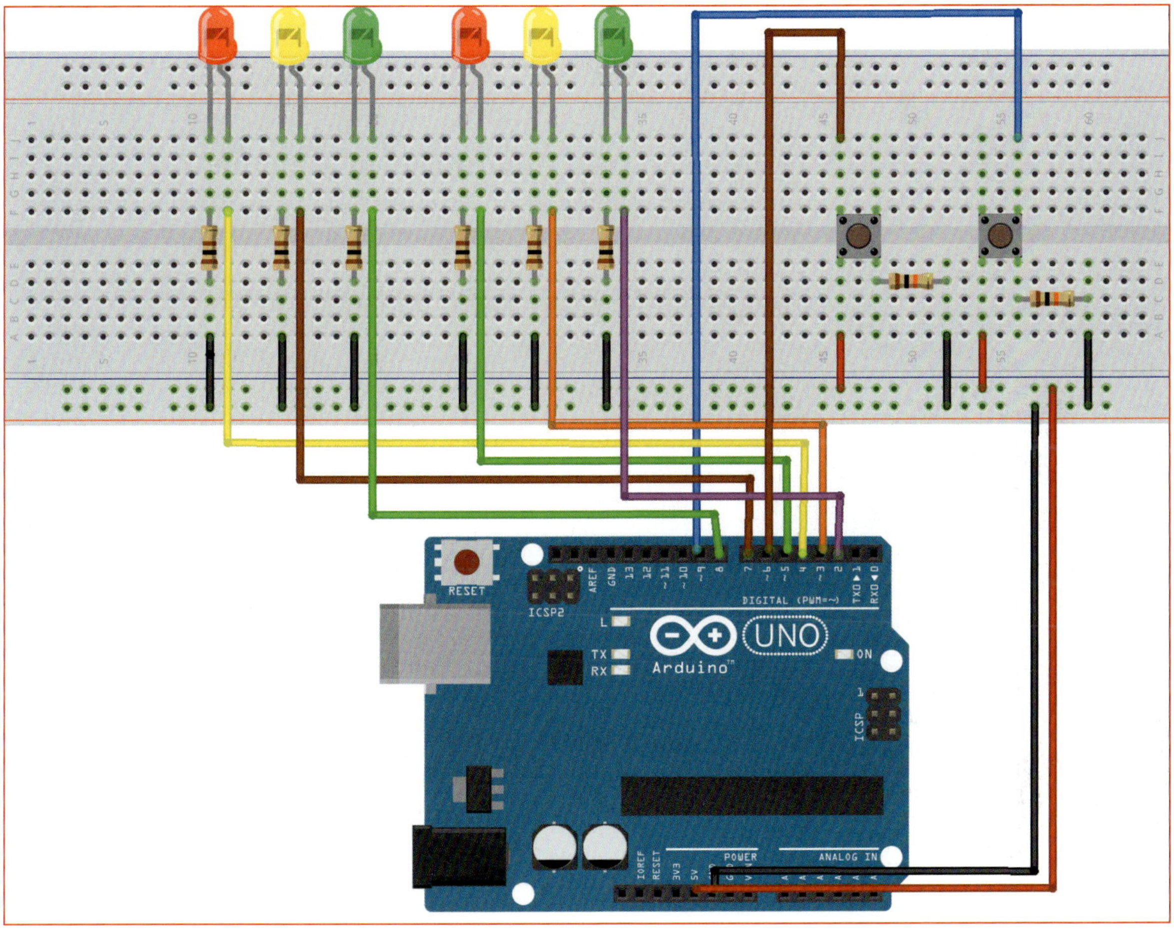

Für die korrekte Signalbestimmung wird ein Pull-up-/Pull-down-Widerstand benötigt, der in wenigen Handgriffen auf der Steckplatine in der Schaltung verbaut wird.

als Pull-up- oder als Pull-down-Widerstand bezeichnet. Damit die beiden Digitaleingänge bei jeweils offenem Taster einen eindeutig definierten Zustand liefern können, schließen Sie den 10-kΩ-Widerstand (Pull-down) gegen Masse an. Damit wird sichergestellt, dass der Status des Digitaleingangs bei geöffnetem Taster wieder auf Masse (0 V) gezogen wird – beim Drücken des Schalters schützt der verbaute Widerstand den Arduino vor dem Kurzschluss.

6.2 Von der Steckplatine zum Code

In dieser Schaltung liefert jeweils der gedrückte Schalter an der Variablen *buttonPin_1* bzw. *buttonPin_2* den Status *LOW*, andernfalls den Wert *HIGH*. Dafür sind beide Variablen im Quellcode als Eingang definiert.

Im Endausbau des vorliegenden Projekts werden für die kleine Lego-Ampelanlage diese digitalen Pins beim Arduino belegt:

Variablenbezeichnung im Arduino-Quellcode	Verwendeter Pin-Anschluss
buttonPin_1	9
buttonPin_2	6
led_1_green	2
led_1_yellow	3
led_1_red	4
led_2_green	8
led_2_yellow	7
led_2_red	5

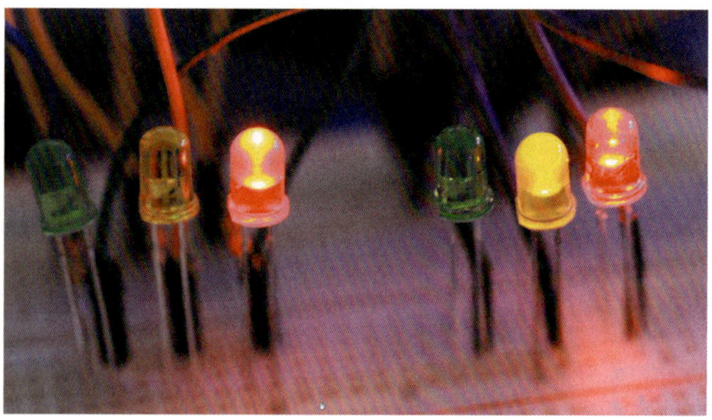

Programmentwicklung mit dem Arduino: Das Zusammenspiel der LEDs lässt sich zunächst auf dem Steckboard testen.

Im ersten Schritt des Projekts (Datei: *lego-ampel-arduino-step01.ino* im Verzeichnis */Lego-Ampel*) werden die an Pin 6 und Pin 9 angeschlossenen Taster weggelassen, und somit wird eine vollautomatische Ampel simuliert.

Wie in der Verkehrspraxis kann ein Wechsel von Rot nach Grün erst über die vorherige Gelbphase erfolgen – die Beschaltung der einzelnen LEDs stellt sich wie in den nachstehenden Tabellen dar. Beim Wechsel von der Farbe Rot zur Farbe Grün an Ampel A sind folgende Änderungen an dem Status der jeweiligen Variablen nötig. Diese entsprechen dem Status, der im Quellcode per *digitalWrite*-Aufruf an den jeweiligen Pin gesendet wird.

Schritt	Signal Ampel A	Signal Ampel B	Statusänderung Variable, Wert
1			led_1_red, HIGH led_2_green, HIGH
2			led_2_green, LOW led_2_yellow, HIGH
3			led_2_yellow, LOW led_2_red, HIGH
4			led_1_yellow, HIGH
5			led_1_red, LOW led_1_yellow, LOW led_1_green, HIGH

Beim Wechsel von Rot nach Grün bei Ampel B:

Schritt	Signal Ampel A	Signal Ampel B	Statusänderung Variable, Wert
1			led_1_green, LOW led_1_yellow, HIGH
2			led_1_yellow, LOW led_1_red, HIGH
3			led_2_yellow, HIGH
4			led_2_red, LOW led_2_yellow, LOW led_2_green, HIGH

Nach den üblichen Definitionen der verwendeten Pins und der Initialisierung in der *setup()*-Prozedur stellt sich die Ampelfunktion auf dem Arduino recht einfach dar. In diesem Codebeispiel ist die Schaltfunktion für die beiden Ampeln in die prozedurale Funktion *switchAmpel()* ausgelagert, die Schritt für Schritt die jeweiligen LEDs über die *digitalWrite*-Funktion ansteuert. Die Funktion *switchAmpel()* selbst wird von der *loop*-Prozedur immer wieder aufgerufen, sodass nach dem Start des Arduino die Ampel umgehend in Betrieb ist.

Download-Lego-Ampel /lego-ampel-arduino-step01.ino

Dateiname: lego-ampel-arduino-step01.ino (Auschnitt)

```
const int led_1_green = 2;
const int led_1_yellow = 3;
const int led_1_red = 4;
const int led_2_green = 8;
const int led_2_yellow = 7;
const int led_2_red = 5;
int switchtime = 1000;
//
void setup() {
    pinMode(led_1_green, OUTPUT);
    pinMode(led_1_yellow, OUTPUT);
    pinMode(led_1_red, OUTPUT);
    pinMode(led_2_green, OUTPUT);
    pinMode(led_2_yellow, OUTPUT);
    pinMode(led_2_red, OUTPUT);
}

void switchAmpel(){
    digitalWrite(led_1_red, HIGH);
    digitalWrite(led_2_green, HIGH);
    delay(4*switchtime);
    digitalWrite(led_2_green, LOW);
    digitalWrite(led_2_yellow, HIGH);
```

Ampel 1

Zweite Ampel

```
    delay(switchtime);
    digitalWrite(led_2_yellow, LOW);
    digitalWrite(led_2_red, HIGH);
    delay(switchtime);
    digitalWrite(led_1_yellow, HIGH);
    delay(switchtime);
    digitalWrite(led_1_red, LOW);
    digitalWrite(led_1_yellow, LOW);
    digitalWrite(led_1_green, HIGH);
    delay(4*switchtime);
    digitalWrite(led_1_green, LOW);
    digitalWrite(led_1_yellow, HIGH);
    delay(switchtime);
    digitalWrite(led_1_yellow, LOW);
    digitalWrite(led_1_red, HIGH);
    delay(switchtime);
    digitalWrite(led_2_yellow, HIGH);
    delay(switchtime);
    digitalWrite(led_2_red, LOW);
    digitalWrite(led_2_yellow, LOW);
}

void old_loop() {
  digitalWrite(led_1_green, HIGH);
  delay(switchtime);
  digitalWrite(led_1_green, LOW);
  delay(switchtime);
}
void loop() {
  switchAmpel();
}
```

loop-Funktion

Im nächsten Schritt integrieren Sie die beiden Taster in die Schaltung und in den Quellcode, um damit ein manuelles Umschalten der Ampeln – wie bei einem Fußgängerübergang – zu simulieren.

6.3 Fußgängersimulation per Schalter

Download-Link: Lego-Ampel/ lego-ampel-arduino-step02.ino

Im zweiten Schritt werden die beiden Schalter samt Pull-down-Widerstand in die Schaltung eingebaut und im Quellcode (Datei: *lego-ampel-arduino-step02.ino* im Verzeichnis */Lego-Ampel*) eingepasst. Im Gegensatz zum Einstiegsprojekt wurden die Ampelfunktionen in die Prozedur *switchGreen(char ampelID)* ausgelagert, die über eine *char*-Variable gesteuert wird. In der *loop()*-Prozedur erfolgt die kontinuierliche Prüfung, ob – und falls gedrückt – ein Taster ein Grünsignal angefordert hat oder nicht. Ist das der Fall, führt dies in der entsprechenden *if*-Verzweigung zur dazugehörigen *switchGreen*-Parametrisierung und zum Aufruf der Funktion.

Dateiname: lego-ampel-arduino-step02.ino (Ausschnitt)

```
const int buttonPin_1 = 9;
const int buttonPin_2 = 6;
int valuebuttonPin_1 = 0;
int valuebuttonPin_2 = 0;

void setup() {
     pinMode(buttonPin_1,INPUT);
     pinMode(buttonPin_2,INPUT);
}

void switchGreen(char ampelID){
if (ampelID == 'A')
    {
     digitalWrite(led_1_red, HIGH);
     digitalWrite(led_2_green, HIGH);
     delay(4*switchtime);
     digitalWrite(led_2_green, LOW);
     digitalWrite(led_2_yellow, HIGH);
     delay(switchtime);
     digitalWrite(led_2_yellow, LOW);
     digitalWrite(led_2_red, HIGH);
     delay(switchtime);
     digitalWrite(led_1_yellow, HIGH);
     delay(switchtime);
     digitalWrite(led_1_red, LOW);
     digitalWrite(led_1_yellow, LOW);
     digitalWrite(led_1_green, HIGH);
     }
else
    {
     digitalWrite(led_1_green, LOW);
     digitalWrite(led_1_yellow, HIGH);
     delay(switchtime);
     digitalWrite(led_1_yellow, LOW);
     digitalWrite(led_1_red, HIGH);
     delay(switchtime);
     digitalWrite(led_2_yellow, HIGH);
     delay(switchtime);
     digitalWrite(led_2_red, LOW);
     digitalWrite(led_2_yellow, LOW);
     digitalWrite(led_2_green, HIGH);
    }
}

void loop() {
  valuebuttonPin_1 = digitalRead(buttonPin_1);
  valuebuttonPin_2 = digitalRead(buttonPin_2);
  if (valuebuttonPin_1 == HIGH)
```

Ampel Schritt 2

LED 1 GREEN

LED 2 GREEN

Schalter 1 gedrückt

Ampel A grün

Ampel B grün

kein Schalter gedrückt → Standardablauf!

```
    {
    switchGreen('A');
    delay(10*switchtime);
    }
  else
    {
    if (valuebuttonPin_2 == HIGH)
      {
      switchGreen('B');
      delay(10*switchtime);
      }
    else
      {
      switchGreen('A');
      delay(5*switchtime);
      switchGreen('B');
      }
   }
}
```

Wie beim Arduino gewohnt, verbleibt nach dem Kompilieren und Hochladen der Code im Arduino-Speicher und wird jedes Mal, wenn der Arduino neu gestartet/eingeschaltet wird, automatisch ausgeführt. Damit kann der Arduino samt Spannungsversorgung nun in das vorgesehene Lego-Gehäuse verbaut werden – um die verschiedenen LEDs in die passenden Lego-Steine zu verbauen, ist jedoch etwas Mehraufwand notwendig.

6.4 Endmontage: Ampel-LEDs in Lego-Steine implantieren

Zunächst verlöten Sie jeweils den Widerstand mit der Kathode der LED und sichern die Verbindung gegebenenfalls mit einem Schrumpf-

schlauch ab, damit in Sachen Kurzschluss keine Gefahr besteht. Im nächsten Schritt verbauen Sie die Schaltung sowie die LEDs in den gewünschten Lego-Steinen. Hier stehen viele Möglichkeiten zur Verfügung, neben der Elektronik auch den Arduino sowie die Stromversorgung unterzubringen. In diesem Beispiel wurde ein 4x2-Lego-Baustein der Bauhöhe 3 cm mit einem Dremel ausgehöhlt, und an der Seite wurde mit einem passenden Holz-/Metallbohrer (hier 7 mm) die passende Öffnung für die LED geschaffen.

Sind die LEDs samt Widerständen und Kabeln im Lego-Stein untergebracht und ist der Schalter für die manuelle Steuerung eingesetzt, kann der Hohlraum mit Heißkleber befüllt werden.

Je nach Bauhöhe des 4x2-Lego-Bausteins passen Sie die weiteren LEDs wie beschrieben ein und stellen eine korrekte sowie kurzschlussfreie Verkabelung sicher. Sicherheitsbewusste beschriften die jeweiligen Kabel mit ihrer Polarität, falls sie farblich nicht auseinandergehalten werden können. Die Ampelhöhe selbst hängt natürlich davon ab, wie Sie sie dimensionieren. Hier ist es wenig sinnvoll, wenn die Bauhöhe der Ampel beispielsweise 10 cm beträgt und das Kind mit kleinen Lego-Autos spielt. Umgekehrt benötigt ein großes Lego-Technic-Modell mit Lego-Motor auch eine standesgemäße Ampelanlage, falls die Spielumgebung etwas realistischer dargestellt werden soll. Sind die LEDs im Lego-Bauteil an ihrem gewünschten Platz, sorgt das Fixieren mit Heißkleber dafür, dass beim Extrem-Lego-Spiel die Anschlüsse und Kabel sicher sitzen und die Ampel dauerhaft problemlos funktioniert.

Funktionstest: Nach dem Einsetzen der Elektronik testen Sie die Eigenbauampelanlage am Arduino.

Für die Spannungsversorgung des Arduino und der Ampelanlage wurde in diesem Beispielprojekt ein gewöhnlicher 9-V-Akkublock verwendet. Dieser versorgt nicht nur den Arduino, sondern auch die angeschlossenen LEDs mit der notwendigen Spannung.

7

MAUER IN SICHT

Motorisierter Bulldozer mit Abstandssensor

In diesem Projekt kann das Profimodell »Motorisierter Bulldozer« (Lego-Modell Nr. 8275) exemplarisch für die Steuerung zweier Servomotoren über einen Arduino verwenden werden. Die Lenkung erfolgt über Abstandssensoren, die sich ebenfalls im/auf dem Fahrzeug befinden. Im Gegensatz zu anderen Projekten ist damit eine autonome Steuerung über den Arduino möglich. Oftmals kommt es, wie es bei den Kettenfahrzeugen nicht unüblich ist, zu Fahraussetzern, da die Lego-Plastikketten nur auf einem Teppich bzw. auf sehr rauem Untergrund richtig greifen können. Grundsätzlich muss es auch kein motorisierter Bulldozer sein – ein anderes Lego-Modell mit Vor-/Rückwärtsantrieb und Links-rechts-Lenkung mit jeweils einem verbauten Servomotor, wie beispielsweise der Volvo-L350F-Radlader (Lego-Modell 42030), ist ebenfalls denkbar. Bauen Sie zunächst das Lego-Modell der Wahl so weit es geht zusammen und setzen Sie dort den Eigenbauservomotor für den Antrieb sowie für die Lenkung ein – wie sich gewöhnliche RC-Servomotoren mit der Lego-Welt verheiraten lassen, lesen Sie im Abschnitt »9.4 Kreativwerkstatt: Servomotoren und Lego koppeln« ab Seite 177.

7.1 Motoren und Sensoren im Arduino-Zusammenspiel

In diesem Projekt wird die aus dem Sensor-Grundlagenkapitel verwendete Ultraschallsensorschaltung mit zwei angeschlossenen LEDs ergänzt. Damit lässt sich die Entfernung mit einer LED darstellen – in diesem Beispiel leuchtet die rote LED, wenn die Entfernung größer 0 mm und kleiner 50 mm ist, die grüne LED leuchtet im Bereich von 50 mm bis 200 mm, und beide LEDs sind aktiv, wenn sich der Messwert außerhalb des zulässigen Bereichs (kleiner 0 mm oder größer 200 mm) befindet.

HC-SR04-Abstandssensor-Pin	Arduino-Pin-Bezeichnung	Arduino-Pin
VCC	5 V	5 V
TRIG(GER)	Pin 8 (Ausgang)	Digital 8
ECHO	Pin 9 PWM (Eingang)	Digital 9
-	LED Grün	Digital 10
-	LED Rot	Digital 11
GND	Masse	GND

Die Schaltung wird zunächst auf einem Steckbrett umgesetzt, und der Vollständigkeit halber ist diese hier auch als Fritzing-Schaltung abgebildet. Beachten Sie, dass Sie je nach verwendeter LED gegebenenfalls jeweils noch einen Vorwiderstand benötigen.

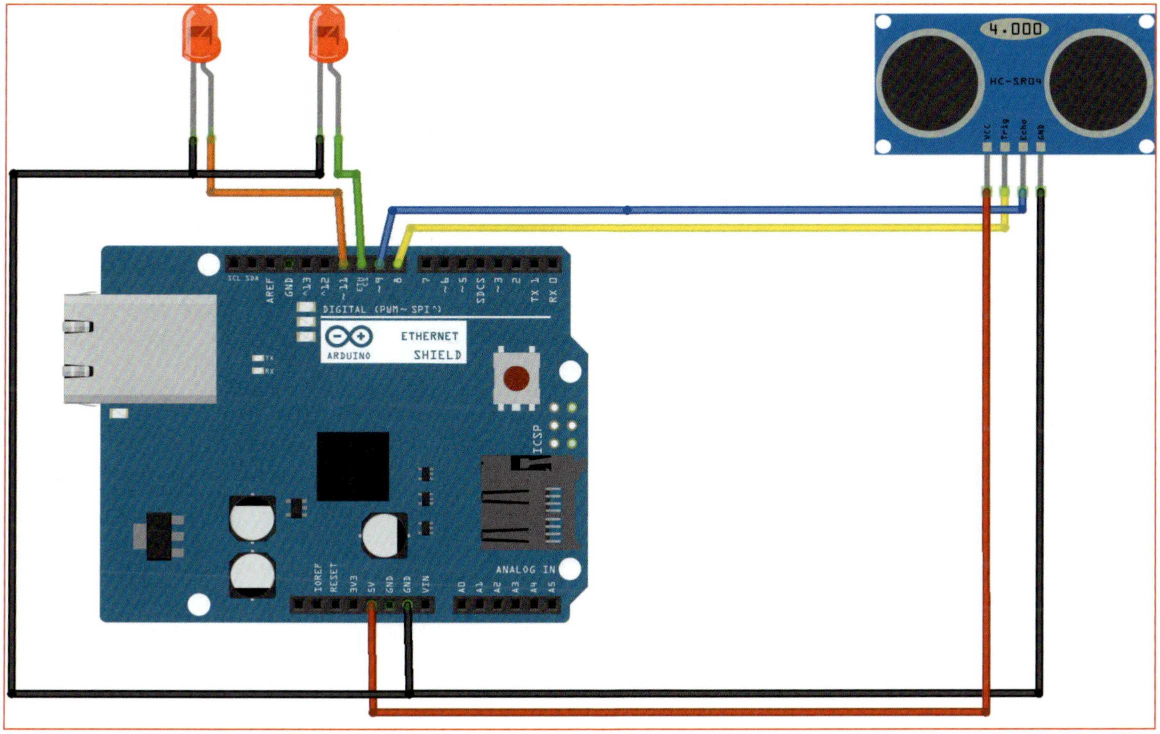

Übersichtlich: Mit zwei angeschlossenen LEDs lässt sich eine visuelle Ausgabe für die unterschiedlichen Abstände recht einfach umsetzen.

Der zur Schaltung passende Sketch ist in der Datei *distance2.ino* im Verzeichnis */distance* abgelegt. In die *loop*-Funktion wurde für die eingesetzten LEDs ein passendes *if/else*-Konstrukt eingebaut, das für die passende Zuschaltung der LED-Ausgänge abhängig vom berechneten Sensorwert sorgt.

Download-Link:
distance/distance2.ino

Dateiname: distance2.ino (Ausschnitt)

```
const int TriggerPin = 8;
const int EchoPin = 9;
const int ledGreen = 10;
const int ledRed = 11;
long Dauer_ms = 0;

void setup(){
  pinMode(TriggerPin,OUTPUT);
  pinMode(EchoPin,INPUT);
  pinMode(ledRed, OUTPUT);
  pinMode(ledGreen, OUTPUT);
  Serial.begin(9600);
}

void loop(){
```

Abstandsmessung mit Arduino
Trigger Pin
Echo Pin
LED Grün
LED Rot

Trigger – Ausgang
Echo – Eingang

Ausgabe auf serielle Konsole

Wenn LED Rot ein, dann LED Grün aus!

Beide LEDs ein

Warten Messung

Berechnet den Abstand in mm ((Zeit)*(Schallgeschwindigkeit))/ Hin- und Zurück zum Objekt) * 10

Aktueller Wert in mm

```
  if (Abstand_mm < 50) {
    digitalWrite(ledRed,HIGH);
    digitalWrite(ledGreen,LOW);
  }
  else {
    digitalWrite(ledRed,LOW);
    digitalWrite(ledGreen,HIGH);
  }
  if (Abstand_mm >= 200 || Abstand_mm <= 0){
    Serial.println("Ausserhalb Messbereich ");
    digitalWrite(ledRed,HIGH);
    digitalWrite(ledGreen,HIGH);
  }
  else {
  }
  delay(1000);
}

long Abstand(long time)
{
    long DistCalc;
    DistCalc = ((time /2.9) / 2);
    return DistCalc;
}
```

Für das Umsetzen der weiteren Schritte ist es wichtig, dass Sie die Funktionsweise des obigen Sketchs verstanden haben. Im nächsten Schritt ersetzen Sie die beiden LEDs mit zwei Motoranschlüssen mit dem Ziel, später ein fahrbares Lego-Modell in Betrieb nehmen zu können.

7.1.1 Richtungsfinder – zusätzliche Sensoren nutzen

In diesem Abschnitt kommen zusätzlich zwei weitere (baugleiche) Abstandssensoren zum Einsatz. Damit lässt sich eine Logik für die »vollautomatische« Lenkung realisieren, da in diesem Fall ein Sensor allein nur einen Bereich von maximal 180 Grad abdeckt. Die beiden zusätzlichen Sensoren sind jeweils für die linke und rechte Seite zuständig, und der dritte Sensor sorgt für die Abstandsmessung bei der Vorwärtsbewegung. Die verwendeten Sensoren sind wie in der nachstehenden Tabelle beschrieben mit dem Arduino verkabelt.

Die sechs Analog-Pins an den Anschlüssen A0 bis A5 lassen sich auch als Digital-Pins (D14 bis D19) verwenden. In diesem Beispiel werden diese Pins komplett genutzt, da die »echten« digitalen Pins später vom Arduino-Motor-Shield für die Steuerung der Servomotoren benötigt werden.

Sensor 1 HC-SR04-Abstandssensor-Pin	Sensor 2 HC-SR04-Abstandssensor-Pin	Sensor 3 HC-SR04-Abstandssensor-Pin	Arduino-Pin-Beschreibung	Arduino-Pin-Bezeichnung
VCC	VCC	VCC	5-V-Anschluss	5 V
TRIG(GER)	-	-	Ausgang	Analog 5/ D19
-	TRIG(GER)	-	Ausgang	Analog 4/ D18
-	-	TRIG(GER)	Ausgang	Analog 3/ D17
ECHO	-	-	Eingang	Analog 2/ D16
-	ECHO	-	Eingang	Analog 1/ D15
-	-	ECHO	Eingang	Analog 0/D14
-	-	-	LED Gelb	Digital 10
-	-	-	LED Rot	Digital 11
-	-	-	LED Grün	Digital 12
GND	GND	GND	Masse	GND

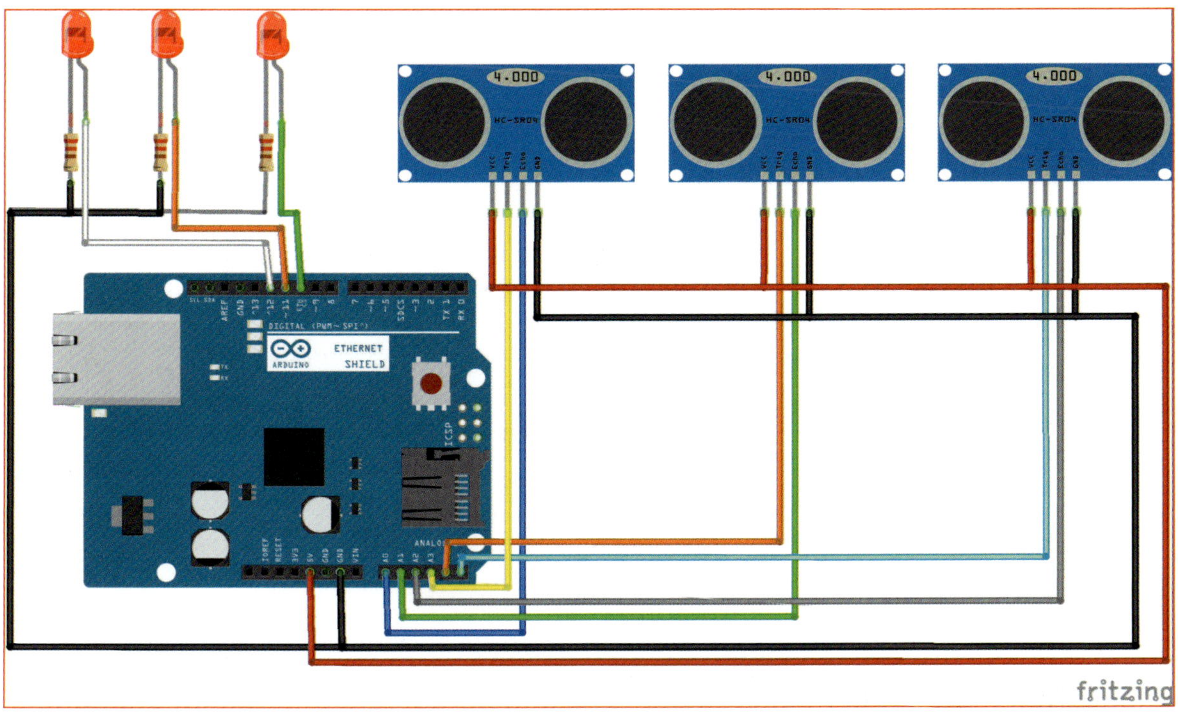

Viel zu verkabeln, aber dennoch übersichtlich: Jeder Abstandssensor benötigt neben Spannungsversorgung und Masse jeweils einen digitalen Pin für den Ein- und den Ausgang.

Der nachstehende Sketch arbeitet ähnlich wie das beschriebene Beispiel mit einem Abstandssensor. Für die Abstandsmessung wird in der *loop*-Funktion regelmäßig über den Trigger-Ausgang über einen *HIGH/LOW*-Wechsel ein Signal gesendet, und es wird jeweils die Dauer gemessen, bis das Signal über den jeweils zugeordneten *EchoPin* wieder eingefangen wurde. Dieser Zeitraum wird in Millisekunden angegeben und lässt sich

Download-Link: distance/distance3sensoren.ino

über die Funktion *Abstand_mm* in einen Millimeterwert für den Abstand des Sensors zum Objekt umrechnen. In diesem Beispiel wird die beschriebene Vorgehensweise für drei angeschlossene Sensoren angewandt – die Messwerte werden anschließend in der seriellen Konsole ausgegeben.

Abstandsmessung mit Arduino

init serielle Schnittstelle

Liest Puls(HIGH oder LOW) auf aktuellen Pin

Abstand berechnen

LED ein wenn Abstand größer 1000 mm

Werte zum Serial Monitor für jeden Sensor

counter Hochzählen

etwas Warten

Dateiname: distance3sensoren.ino (Ausschnitt)

```
const int triggerPin[] = { A3, A4, A5};
const int echoPin[] = { A0, A1, A2};
const int led[] = {10, 11, 12};
int counter = 0;

void setup() {
   Serial.begin(9600);
   // die LED pin auf output
   for (int i=0; i<3; i++) pinMode(led[i], OUTPUT);
}

void loop() {
   long dauer, Abstand_mm;
   if (counter == 3) counter = 0;
   pinMode(triggerPin[counter], OUTPUT);
   digitalWrite(triggerPin[counter], LOW);
   delayMicroseconds(2);
   digitalWrite(triggerPin[counter], HIGH);
   delayMicroseconds(5);
   digitalWrite(triggerPin[counter], LOW);
   pinMode(echoPin[counter], INPUT);
   dauer = pulseIn(echoPin[counter], HIGH);

   Abstand_mm = Abstand(dauer);
   if (Abstand_mm > 1000)
   {
      digitalWrite(led[counter], HIGH);
   } else {
      digitalWrite(led[counter], LOW);
   }
   Serial.print("Sensor ");
   if (counter == 0) Serial.print("Vorne ");
   if (counter == 1) Serial.print("Links ");
   if (counter == 2) Serial.print("Rechts ");
   Serial.print(" - Nr. ");
   Serial.print(counter);
   Serial.print(": ");
   Serial.print(Abstand_mm);
   Serial.println(" mm");
   if (counter == 2) Serial.print("--------------------\n");
   counter++;
   delay(1000);
}
```

Über den Einsatz verschiedener *if/else*-Konstrukte lässt sich der vorliegende Sketch weiter ausbauen. Dies ist etwa dann besonders interessant, wenn die Abstandssensoren verschiedene Messbereiche abdecken sollen.

Messwertausgabe in der seriellen Konsole: In diesem Beispiel wird für jeden Sensor der gemessene Abstand zunächst in die Millimeter-Einheit umgerechnet und anschließend ausgegeben.

Mit der Unterscheidung der unterschiedlichen Sensoren und deren Messwerte haben Sie nun das nötige Rüstzeug zusammen, um damit nicht nur LEDs abhängig von den Messwerten zum Leuchten zu bringen – auch angeschlossene Motoren lassen sich dazu passend einsetzen.

7.1.2 Servomotoren von Abstandssensoren steuern lassen

Egal ob ein, zwei, drei oder mehr Sensoren: Die weitere Herangehensweise ist grundsätzlich immer die gleiche bzw. sehr ähnlich – die einzige Beschränkung obliegt der Anzahl der zur Verfügung stehenden digitalen Anschlüsse. Im nächsten Schritt lässt sich der Arduino mit einem (oder mehreren) Motoren – beispielsweise Servomotoren – verbinden, um diesen beispielsweise abhängig vom gelieferten Messwert in eine bestimmte Richtung drehen zu lassen. Damit lässt sich am Ende des Tages ein selbstständig fahrendes Fahrzeug umsetzen – in diesem Beispiel stand das Lego-Modell »Motorisierter Bulldozer« dafür Pate. Hier ist die Fortbewegung aufgrund der Kettenfahrzeuglenkung recht einfach: Drehen beide Motoren in die gleiche Richtung, geht es entweder vor- oder rückwärts. Drehen beide Motoren entgegengesetzt, erfolgt ein Richtungswechsel nach links oder rechts. Mit diesem Rüstzeug und dem am Arduino ange-

schlossenen Servomotor lässt sich der Arduino mit wenig zusätzlichem Code dafür verwenden.

Der in diesem Projekt ausgewählte Servomotor MG995 wird zwecks Lego-Heirat im Abschnitt »9.4 Kreativwerkstatt: Servomotoren und Lego koppeln« ab Seite 177 vorgestellt und benötigt neben der Spannungsversorgung nur einen Digitalausgang auf dem Arduino, um dort das Signal für den Antrieb zur Verfügung zu stellen. In diesem Musterprojekt wird neben dem Servomotor noch exemplarisch ein HC-SR04-Abstandssensor verbaut, der am Ende des Projekts abhängig vom ausgelesenen Messwert die Steuerung des Servomotors am Arduino übernimmt. Wie gewohnt werden die drei Anschlusskabel (Braun/Rot/Orange) des Servomotors am Arduino angeschlossen. Die braune Leitung wird am Masseanschluss, die rote Leitung am 5-V-Anschluss und die orangegelbe Leitung am digitalen Ein-/Ausgang-Pin des Arduino – in diesem Beispiel Pin 7 – angeschlossen. Für den Anschluss am Arduino und zum Verbauen am Lego-Modell eignen sich hier am unkompliziertesten die bekannten Jumperkabel, die einfach gesteckt werden und Lötarbeiten ersparen. Folgende Pins werden in diesem Projekt auf dem Arduino bestückt:

Sensor HC-SR04-Abstandssensor-Pin	Servomotor	Arduino-Pin-Beschreibung	Arduino-Pin-Bezeichnung
VCC	VCC	5-V-Anschluss	5 V
TRIG(GER)	-	Ausgang	D8
ECHO	-	Eingang	D9
-	SIGNAL	Ausgang	D7
GND	GND	Masse	GND

Download-Link: /distance/distance1sensor1.ino

Nach dem Verkabeln können Sie direkt auf der Arduino-IDE loslegen. Wie sich beispielsweise der Servomotor basierend auf den Rückmeldungen eines Ultraschallsensors mit Anweisungen füttern lässt, zeigt das nachstehende Codebeispiel:

Abstandsmessung mit Arduino

Trigger – Ausgang

Dateiname: distance1sensor1servo.ino (Ausschnitt)

```
const int ServoPin = 7;
long Dauer_ms = 0;
#include <Servo.h>
Servo legoservo;  // Servo object
int links = 0;
int rechts = 179;
int mitte = (links + rechts) / 2;

void setup() {
  pinMode(TriggerPin, OUTPUT);
```

```
  pinMode(EchoPin, INPUT);
  legoservo.attach(ServoPin);
  Serial.begin(9600);
}

void loop() {

  if (Abstand_mm > 0  && Abstand_mm < 500) {
     Serial.print("Abstand:  ");
     Serial.print(Abstand_mm);
     Serial.println(" mm");
     Serial.print("\nRechtsdrehung  ");
     legoservo.write(rechts);
     delay(1000);
     Serial.print("\nPause  ");
     legoservo.write(mitte);
     delay(1000);
     Serial.print("\nLinksdrehung  ");
     legoservo.write(links);
     delay(1000);
  }
  Serial.print("\nPause - Nicht im zulaessigen Messbereich!
                                                    \n\n");
  legoservo.write(89);
}
```

- Echo – Eingang
- Ausgabe auf serielle Konsole
- Ausgabe auf serielle Konsole
- Ausgabe auf serielle Konsole
- Servo Position nach rechts
- Warten Messung
- Ausgabe auf serielle Konsole
- Pause
- Ausgabe auf serielle Konsole
- Pause

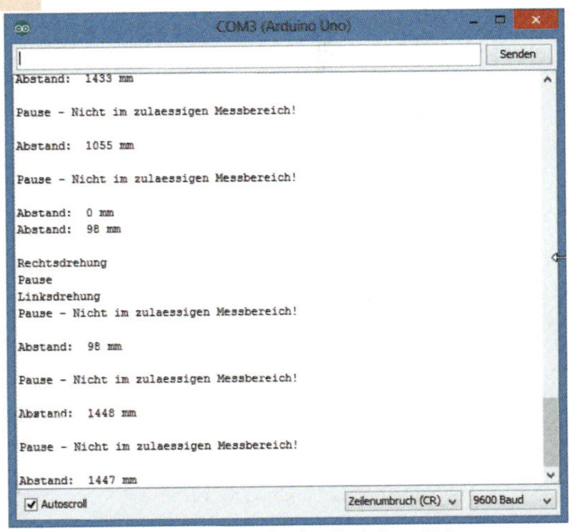

Die serielle Konsole der Arduino-IDE klärt auf: Liegt der festgestellte Messwert jenseits von 500 mm, erscheint eine Meldung *Nicht im zulaessigen Messbereich!*. Innerhalb der Messtoleranz führt der angeschlossene Servomotor eine Rechtsdrehung, eine kleine Pause sowie eine Linksdrehung zur Ausgangsposition durch.

Der Sketch ist relativ selbsterklärend: In der *setup()*-Prozedur werden die zuvor deklarierten Variablen für den Programmlauf initialisiert, und für die Ausgabe am Bildschirm wird noch eine serielle Konsole erzeugt. Die *loop*-Schleife arbeitet im Wesentlichen wie in den bereits besprochenen Abstandssensoren-Beispielen – hier ist jedoch eine zusätzliche *if*-Abfrage für die Motorsteuerung eingebaut, die abhängig vom Messwert die dort festgelegten Drehungen des Servomotors vollzieht. Natürlich lassen sich diese auch in eine eigene Funktion auslagern – für Sie als Arduino-Praktiker soll das kein Problem mehr darstellen.

Kommen mehr Sensoren zum Einsatz, lässt sich diese implementierte *if*-Abfrage mit den Messwerten der anderen Sensoren kombinieren. Im Endeffekt liegen so drei unterschiedliche Positionen (vorne, links, rechts) vor. Damit lässt sich die Vorwärtsbewegung (zwei Motoren synchron im Vorwärtsgang) so lange umsetzen, bis einer der Sensoren nicht von einem Hindernis ausgelöst wird. Abhängig davon, ob links oder rechts ausreichend Platz dafür zur Verfügung steht oder nicht, kann hier eine entsprechende Links-rechts-Drehung erfolgen, um die Vorwärtsbewegung weiter ausführen zu können. Bauen Sie den Beispielcode weiter aus, sollten Sie natürlich die Messwerte innerhalb der seriellen Konsole verfolgen, um die ordnungsgemäße Verarbeitung der umgesetzten Logik sicherzustellen.

UNIMOG
U 400

8

HIMBEEREN IM TANK

LEGO Power Functions mit Raspberry Pi kombinieren

In diesem Projekt nutzen Sie die GPIO-Leiste des Raspberry Pi für die Steuerung der Motoren eines Lego-Fahrzeugs, das mit gewöhnlichen Lego-Servomotoren angetrieben wird, sowie einen WLAN-USB-Stick für die Verbindung vom Steuercomputer zum Raspberry Pi, der, per Akkupack betrieben, sich ebenfalls im/auf dem Fahrzeug befindet. Im Gegensatz zu einem ähnlichen Projekt in diesem Buch werden hier die Original-Lego-Motoren über den Verlängerungskabel-Trick angezapft und über den Raspberry Pi gesteuert. Hier wird zunächst das Lego-Modell der Wahl entsprechend weit genug zusammengebaut, und der Antrieb sowie Lenkung werden mit den passenden Lego-Motoren ausgestattet.

Der Antrieb des Unimogs wird über den Lego-XL-Motor auf dem Differenzialgetriebe umgesetzt. Aus Sicherheitsgründen ist der Lego-XL-Motor zusätzlich mit einem Kabelbinder mit der Achse verbunden.

Die Steuerung der Lego-Motoren kann auf Wunsch prinzipiell weiter mit der Original-Lego-Fernbedienung vorgenommen werden, sofern die Infrarotmodule parallel verbaut werden. Falls der Raspberry Pi mit einer aktiven WLAN-Verbindung ausgestattet ist, wird die Lego-Fernbedienung jedoch nicht mehr benötigt, Sie können dafür auch eine Eigenbausteuerung mit dem Smartphone oder dem Computer zu Hause nutzen. Wie auch immer – in diesem Projekt sind deutlich weniger bis keine Lötarbeiten notwendig, um die beiden Gleichstrommotoren des Lego-Fahrzeugs am Motortreiber anzuschließen und diesen über den Raspberry Pi zu steuern.

8.1 Prinzip und Aufbau

Egal ob Sie nun das aktuelle Lego-Projekt später noch mit einem Kameramodul ergänzen möchten – grundsätzlich ist die nachfolgende Stückliste eine erste Basis für das anvisierte Selbstbauprojekt.

- Raspberry Pi
- Motortreiber L298N Dual H Bridge

- WLAN-USB-Stick für Raspberry Pi (rd. 12 Euro)
- Lego-Fahrzeug mit integrierter Spannungsversorgung für Motoren
- Akkupack für Raspberry Pi (5 V, idealerweise 700 bis 1.000 mA, rd. 30 bis 40 Euro)
- Werkzeuge: Schraubendreherset, Abisolierwerkzeug, Kabelbinder
- Kleinteile: Klebeband, Flachbandkabel, Steckverbindung
- Handwerkliches Geschick

Die Steuerung des Lego-Fahrzeugs läuft in diesem Projekt nicht über die eventuell vorhandene Lego-Fernbedienung, sondern über den Raspberry Pi. Für den Anschluss der beiden Motoren stehen verschiedene Möglichkeiten zur Auswahl – die einfachste Lösung ist der Einsatz eines passenden Motortreibers, der jedoch je nach Modell unterschiedlich hohe zusätzliche Kosten nach sich zieht. Die günstigste Lösung ist der Einsatz eines ULN2803-IC auf der Steckplatine bzw. auf einer Lochrasterplatine; wer es bequemer und einfacher mag, nutzt eine Fertiglösung, die auf dem L298N-Controller-IC basiert. Suchen Sie einfach im Internet dazu in den einschlägigen Verkaufsplattformen nach den Suchbegriffen »L298N Dual H Bridge DC Motor Driver IC« – anschließend bekommen Sie passende Angebote im Bereich um die 5 Euro präsentiert.

Problemlos lässt sich die Platine des Motorcontrollers L298N Dual H-Bridge in die Ladefläche des Lego-Fahrzeugs einpassen und mit Klebeband fixieren.

Dafür wurden kurzerhand an den Anschlüssen der beiden Motoren (Antrieb und Lenkung) die Steuerleitungen C1 und C2 mit jeweils einer Lego-Kabelverlängerung verbunden. Die Kabel des Antriebmotors werden in den mit *MOTA* bezeichneten Anschluss gesteckt, die Kabel des Motors für die Lenkung werden im *MOTB*-Anschlusspfosten des Motorcontrollers L298N Dual H-Bridge befestigt.

Antrieb – Motor	Bezeichnung	Motorcontroller
1	C1/Spannung	MOTA
2	C2/Masse	MOTA

Lenkung – Motor	Bezeichnung	Motorcontroller
1	C1/Spannung	MOTB
2	C2/Masse	MOTB

Die anderen Anschlüsse auf dem Motorcontroller L298N Dual H-Bridge sind wie folgt mit dem Raspberry Pi verbunden:

Motorcontroller	Raspberry Pi	Raspberry-Pi-Pin	WiringPi-Pin
ENA	GPIO10	19	12
IN1/A	GPIO9	21	13
IN2/A	GPIO11	23	14
IN3/B	GPIO25	40	29
IN4/B	GPIO8	24	10
ENB	GPIO7	26	11
GPIO8	5 V	2	-
GND	GND	6	-

Zu guter Letzt versorgen Sie den Motorcontroller bzw. den am Motorcontroller angeschlossenen Gleichstrommotor des Lego-Fahrzeugs mit der zulässigen Spannung. Da die beiden Gleichstrommotoren bereits mit der bisherigen Stromversorgung des Lego-Fahrzeugs klargekommen sind, wird das vorhandene Lego-Batteriefach dafür genutzt. Hier beachten Sie die richtige Polung der Anschlüsse beim Verschrauben auf dem Motorcontroller – doch manchmal sind diese nicht (mehr) beschriftet. Um die korrekten Plus- (»+«) und Minusanschlüsse (»–«) an der Spannungsversorgung herauszufinden, nutzen Sie gegebenenfalls ein Multimeter, um die richtigen Kabel an der Motorplatine anzuschließen.

Motor-controller	Externes Netzteil der Lego-Motoren
VMS	9 V
GND	Masse

Nach dem Zusammenbau haben Sie nun freie Auswahl für die Steuerung des Motortreibers: Entweder Sie nutzen das Terminal in Form von einfachen Shell-Kommandos und entwickeln mit der Zeit entsprechende Skripte und Bibliotheken dafür, oder Sie entscheiden sich später für eine Raspberry-Pi-taugliche Sprache wie Python oder C, mit denen sich umfangreichere Fahrprojekte stemmen lassen. Generell gilt: Haben Sie einmal die Funktionsweise und die Technik verstanden und funktioniert das Skript oder Programm mit einem Motor, ist die Umsetzung mit zwei oder gar drei Motoren unmerklich schwieriger. In diesem Beispiel werden zwei Motoren gleichzeitig betrieben – ein Motor kümmert sich um den eigentlichen Antrieb, der andere übernimmt die Lenkung. Der eingesetzte Motortreiber

besitzt pro Motor einen Ein- bzw. Ausgang, sodass mithilfe des Raspberry Pi die beiden Motoren darüber kontrolliert werden können.

8.2 Lenken und fahren mit der Tastatur

Auch wenn das Gespann Raspberry Pi, Raspbian und Python nicht gerade als perfekte Echtzeitverarbeitungsplattform taugt, ist das Fahren mit dem Lego-Fahrzeug mit der nachstehenden Lösung problemlos möglich. Für die Steuerung des Lego-Fahrzeugs ist das manuelle Ein- und Ausschalten der Motoren per Kommandozeilenbefehl über das Terminal in der Theorie zwar möglich, doch in der Praxis ist dies alles andere als bequem. Hier ist eine bequeme Steuerung per Joystick oder Tastatur das Mittel der Wahl, um die Aktionen beim Lenken, Bremsen und Fahren möglichst unmittelbar auszulösen. In diesem Projekt wird die Beispieldatei *RaspiLegoCAR-step01.py* aus dem Verzeichnis */unimog-bottle-servo* verwendet.

```
mkdir -p unimog-bottle-servo
cd unimog-bottle-servo
```

Download-Link: /unimog-bottle-servo/RaspiLegoCAR-step01.py

Hier behelfen Sie sich mit einem einfachen Python-Skript, das Sie jedoch auf die örtlichen Begebenheiten und die verwendeten GPIO-Anschlüsse etc. anpassen müssen.

Dateiname: RaspiLegoCAR-step01.py (Ausschnitt)

```
# -*- coding: utf-8 -*-
#!/usr/bin/env python

class _Getcharacter:
    def __init__(self):
        self.impl = _Getchar()
    def __call__(self):
        bytes = self.impl()
        if bytes == b'\x03':
            raise KeyboardInterrupt
        elif bytes == b'\x04':
            raise EOFError
        return bytes
# -----------------------------------------------------------
class _Getchar:
    def __init__(self):
        import tty
    def __call__(self):
        import tty
        import termios
        fd = sys.stdin.fileno()
        old_settings = termios.tcgetattr(fd)
        try:
```

```
            tty.setraw(sys.stdin.fileno())
            ch = sys.stdin.read(1)
        finally:
            termios.tcsetattr(fd, termios.TCSADRAIN,
                                                                  old_settings)
        return ch
# ------------------------------------------------------------
getch = _Getcharacter()
# ------------------------------------------------------------
def showControl():

def motor_on(en_pin, sec):
        GPIO.output(en_pin,GPIO.HIGH)
#        print "----------------------"
#        print "| Antrieb an          |"
#        print "----------------------"
        time.sleep(sec)
        return
# ------------------------------------------------------------
def motor_off(en_pin, sec):
        GPIO.output(en_pin,GPIO.LOW)
#        print "----------------------"
#        print "| Antrieb aus         |"
#        print "----------------------"
        time.sleep(sec)
        return
# ------------------------------------------------------------
def setup(in1a_antrieb_pin, in2a_antrieb_pin, ena_antrieb_
  pin, in3b_lenkung_pin, in4b_lenkung_pin, enb_lenkung_pin):

        GPIO.setup(ena_antrieb_pin, GPIO.OUT)
        GPIO.setup(in1a_antrieb_pin, GPIO.OUT)
        GPIO.setup(in2a_antrieb_pin, GPIO.OUT)
        GPIO.setup(enb_lenkung_pin, GPIO.OUT)
        GPIO.setup(in3b_lenkung_pin, GPIO.OUT)
        GPIO.setup(in4b_lenkung_pin, GPIO.OUT)
        return
# ------------------------------------------------------------
def motorrichtung(in1a_antrieb_pin, in2a_antrieb_pin, in3b_
lenkung_pin, in4b_lenkung_pin, dir, units): # vor/rueckwaerts
        showControl();
        for step in range(0,units):
          print '| ---> DIR = ', dir , '
                                                                        |'
          if dir == 0:
                motor_on(ena_antrieb_pin, .1);
                motor_on(enb_lenkung_pin, .1);
                print "| Vorwaerts - gerade
                                                                        |"
                GPIO.output(in1a_antrieb_pin,GPIO.LOW)
```

Ausgabe des Steuermenüs über print-Befehle

Hier wird die PIN-Nummerierung des Raspberry Pi verwendet und NICHT die GPIO-Nummerierung GPIO.setmode(GPIO.BOARD) Definition der Pins im Boardmode..

0 = vorwaerts / geradeaus
1 = rueckwaerts / geradeaus
2 = vorwaerts / links
3 = vorwaerts / rechts
4 = rueckwaerts / links
5 = rueckwaerts / rechts
6 = stehen / links
7 = stehen / rechts

```
        print "| in1a_antrieb_pin auf LOW                |"
        GPIO.output(in2a_antrieb_pin,GPIO.HIGH)
        print "| in2a_antrieb_pin auf HIGH               |"
        GPIO.output(in3b_lenkung_pin,GPIO.HIGH)
        GPIO.output(in4b_lenkung_pin,GPIO.HIGH)
        print "| in3b_lenkung_pin auf HIGH               |"
        print "| in4b_lenkung_pin auf HIGH               |"
    elif dir == 1:
    elif dir == 2:
    elif dir == 3:
    elif dir == 4:
        motor_on(ena_antrieb_pin, .1);
        motor_on(enb_lenkung_pin, .1);
        print "| Rueckwaerts - links"
        GPIO.output(in1a_antrieb_pin,GPIO.HIGH)
        print "| in1a_antrieb_pin auf HIGH               |"
        GPIO.output(in2a_antrieb_pin,GPIO.LOW)
        print "| in2a_antrieb_pin auf LOW                |"
        GPIO.output(in3b_lenkung_pin,GPIO.HIGH)
        GPIO.output(in4b_lenkung_pin,GPIO.LOW)
        print "| in3b_lenkung_pin auf HIGH               |"
        print "| in4b_lenkung_pin auf LOW                |"
    elif dir == 5:
    elif dir == 6:
    elif dir == 7:
    else:
        motor_off(ena_antrieb_pin, .1);
        motor_off(enb_lenkung_pin, .1);
        print "| Alle Anschluesse auf HIGH -> STOP       |"
        GPIO.output(in1a_antrieb_pin,GPIO.HIGH)
        print "| in1a_antrieb_pin auf HIGH               |"
        GPIO.output(in2a_antrieb_pin,GPIO.HIGH)
        print "| in2a_antrieb_pin auf HIGH               |"
        GPIO.output(in3b_lenkung_pin,GPIO.HIGH)
        GPIO.output(in4b_lenkung_pin,GPIO.HIGH)
        print "| in3b_lenkung_pin auf HIGH               |"
        print "| in4b_lenkung_pin auf HIGH               |"
```

Definitionen

Initialisieren

Drehrichtung einstellen
1 = links – motor zurueck
0 = rechts – motor vorwaerts

```
ena_antrieb_pin=19
in1a_antrieb_pin=21
in2a_antrieb_pin=23
in3b_lenkung_pin=40 # 22
in4b_lenkung_pin=24
enb_lenkung_pin=26
if __name__ == '__main__':
    setup(in1a_antrieb_pin, in2a_antrieb_pin, ena_antrieb_
    pin, in3b_lenkung_pin, in4b_lenkung_pin, enb_lenkung_pin)
    richtung = 0
    showControl();
    inkey = _Getcharacter()
    while True:
        k=inkey()
        print(k[0])
        # 'a' ord: 97 # LINKS
        if (k[0] == 'a'):
            #
            #    LINKS
            #
            dir = 2 # 2 links
        # 'd' ord: 100
        elif(k[0] == 'd'):
            #
            #    RECHTS
            #
            dir = 3 # 3 rechts
        elif(k[0] == 's'):
            #
            #    GERADEAUS
            #
            dir = 0 # 0 geradeaus vorwaerts
        elif(k[0] == 'q'):
            #
            #    alles STOP
            #
            dir = 8; # 8 stop
            motor_off(ena_antrieb_pin, 1);
            motor_off(enb_lenkung_pin, 1)
        elif(k[0] == 'w'):
            #
            #    VORWAERTS
            #
            dir = 0 # 0 geradeaus vorwaerts
        elif(k[0] == 'y'):
            #
            #    RUECKWAERTS
            #
            dir = 1
```

```
        elif(k[0] == 'l'):
            #
            #    STEHEN LINKS
            #
            dir = 7
        elif(k[0] == 'r'):
            #
            #    STEHEN RECHTS
            #
            dir = 6
        # 'x' exit programm ord: 120
        elif(k[0] == 'x'):
            print('[ Raspi-LegoCAR ] Steuerung wird
                                              beendet.!');
            motor_off(ena_antrieb_pin, 1);
            motor_off(enb_lenkung_pin, 1);
            GPIO.cleanup();
            exit();
        motorrichtung(in1a_antrieb_pin, in2a_antrieb_pin,
                in3b_lenkung_pin, in4b_lenkung_pin, dir, 1000)
```

Das eigentliche Fahren und Lenken erfolgt in einer eigenen Funktion. Die Funktion *motorrichtung* selbst wird automatisch durch das Python-Skript aktiv. Je nach Wert der Variablen *dir* sorgt der Gleichstrommotor für die entsprechende Drehrichtung, die das Lego-Fahrzeug vorwärts oder rückwärts bewegt. Für die Steuerung der beiden verbauten Motoren reicht eine einfache Steuertabelle aus:

GPIO_ENA_ ANTRIEB	GPIO_IN1A_ ANTRIEB	GPIO_IN2A_ ANTRIEB	Beschreibung Antrieb
0	-	-	Motor A ist abgeschaltet.
1	0	0	Motor A ist abgeschaltet.
1	0	1	Motor A ist eingeschaltet und dreht rückwärts.
1	1	0	Motor A ist eingeschaltet und dreht vorwärts.
1	1	1	Motor A ist eingeschaltet und dreht sich nicht (Bremse).

Analog lässt sich die Lenkung über den zweiten Motor, der mit Anschluss *MOTORB* des Motorcontrollers verbunden ist, darstellen.

GPIO_ENB_ LENKUNG	GPIO_IN3B_ LENKUNG	GPIO_IN4B_ LENKUNG	Beschreibung Lenkung
0	-	-	Motor B ist abgeschaltet.
1	0	0	Motor B ist abgeschaltet.
1	0	1	Motor B ist eingeschaltet und dreht rückwärts (Linkslenkung).
1	1	0	Motor B ist eingeschaltet und dreht vorwärts (Rechtslenkung).
1	1	1	Motor B ist eingeschaltet und dreht sich nicht (geradeaus).

Die beiden Motoren lassen sich in einer Wahrheitstabelle zusammenfassen, und daraus lässt sich die Steuerlogik für die Programmierung ableiten.

GPIO_IN3B_ LENKUNG	GPIO_IN4B_ LENKUNG	GPIO_ENB_ LENKUNG	GPIO_IN1A_ ANTRIEB	GPIO_IN2A_ ANTRIEB	GPIO_ENA_ ANTRIEB	Dezim wert
0	0	0	0	0	0	0
0	0	0	0	0	1	1
0	0	0	0	1	0	2
0	0	0	0	1	1	3
0	0	0	1	0	0	4
0	0	0	1	0	1	5
0	0	0	1	1	0	6
0	0	0	1	1	1	7
0	0	1	0	0	0	8
0	1	1	0	0	0	24
1	0	1	0	0	0	40
0	0	1	0	0	1	9
0	1	1	0	0	1	25
1	0	1	0	0	1	41
0	1	1	1	0	1	29
1	0	1	1	0	1	45
0	1	1	0	1	1	27
1	0	1	0	1	1	43

Um die Steuerung bzw. den Python-Code für Sie einfach zu halten, wurden anhand der obigen Wahrheitstabelle somit die folgenden gültigen Zustände definiert:

- Zustand # 0 = vorwärts/geradeaus
- Zustand # 1 = rückwärts/geradeaus
- Zustand # 2 = vorwärts/links
- Zustand # 3 = vorwärts/rechts
- Zustand # 4 = rückwärts/links
- Zustand # 5 = rückwärts/rechts
- Zustand # 6 = Motoren betriebsbereit

Im dargestellten Skript sind die wichtigsten Funktionen zum Fahren (vor-/rückwärts) sowie zum Lenken (links/rechts beim Vorwärtsfahren) jeweils auf eine eigene Taste gelegt. Aufmerksame Leser werden die fehlenden

Beschreibung	Zustand
Motor A ist abgeschaltet, Motor B ist abgeschaltet.	6
Motor A ist eingeschaltet, Motor B ist abgeschaltet.	6
Nicht definiert.	6
Motor A ist eingeschaltet und dreht rückwärts, Motor B ist abgeschaltet.	1
Nicht definiert.	6
Motor A ist eingeschaltet und dreht vorwärts, Motor B ist abgeschaltet.	0
Nicht definiert.	6
Motor A ist eingeschaltet und dreht sich nicht (Bremse), Motor B ist abgeschaltet.	6
Motor A ist abgeschaltet, Motor B ist eingeschaltet.	6
Motor A ist abgeschaltet, Motor B ist eingeschaltet (Linksdrehung).	6
Motor A ist abgeschaltet, Motor B ist eingeschaltet (Rechtsdrehung).	6
Motor A ist eingeschaltet, Motor B ist eingeschaltet.	6
Motor A ist eingeschaltet, Motor B ist eingeschaltet (Linksdrehung).	6
Motor A ist eingeschaltet, Motor B ist eingeschaltet (Rechtsdrehung).	6
Motor A ist eingeschaltet und dreht vorwärts, Motor B ist eingeschaltet (Linksdrehung).	2
Motor A ist eingeschaltet und dreht vorwärts, Motor B ist eingeschaltet (Rechtsdrehung).	3
Motor A ist eingeschaltet und dreht rückwärts, Motor B ist eingeschaltet (Linksdrehung).	4
Motor A ist eingeschaltet und dreht rückwärts, Motor B ist eingeschaltet (Rechtsdrehung).	5

Funktionen beim Rückwärtsfahren (Variable *dir*, 4 = rückwärts/links und 5 = rückwärts/rechts) bemerken. Diese blieben in diesem Projekt unberücksichtigt – lassen sich aber einfach analog zur Vorwärtsbewegung nachrüsten.

Taste	Aktion	Zustand	Variable LINKS	Variable RECHTS	GESCHWINDIGKEIT
a	Lenken links	2	-100	100	100
d	Lenken rechts	3	100	-100	100
w	Antrieb vorwärts	0	100	100	100
y	Antrieb rückwärts	1	-100	-100	100
q	Alle Motoren aus	6	0	0	0
f	Foto anfertigen	-	-	-	-
s	Geradeausfahrt	0	100	100	100
x	Programmende	6	0	0	0

Hier benötigen Sie also nur jeweils eine definierte Taste, um die Steuerung umzusetzen. Starten Sie das vorliegende Skript mit *root*-Berechtigung.

```
sudo python RaspiLegoCAR-step01.py
```

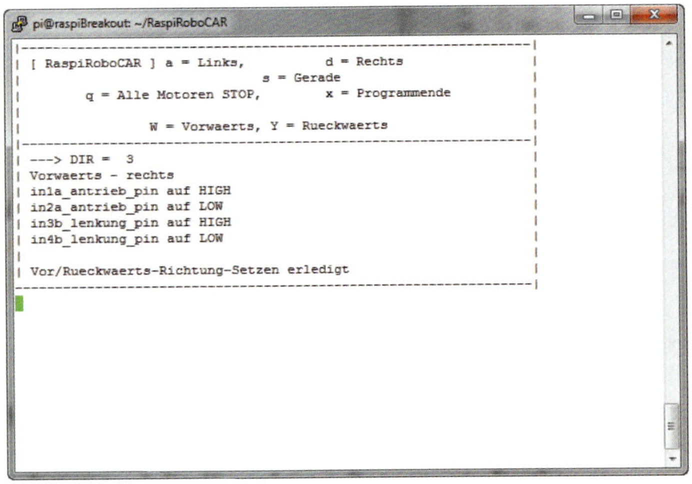

Beim Testen der Steuerung wurde das Lego-Fahrzeug »hochgebockt«, da die Anschlusskabel zum Raspberry Pi naturgemäß nur eine begrenzte Länge haben. Ob die Drehrichtung des Antriebs bzw. der Lenkung passt oder nicht, stellen Sie jedoch bei der Trockenübung fest.

Zunächst werden die benötigten GPIO-Pins initialisiert, und die Grundeinstellungen wie Festlegung der Drehrichtung der Motoren etc. werden vorgenommen.

Im nächsten Schritt nehmen Sie den Raspberry Pi direkt auf dem Lego-Fahrzeug in Betrieb. Zuvor schließen Sie – sofern vorhanden – noch die Raspberry-Pi-Kamera am Raspberry Pi an, um später mit dem Lego-Fahrzeug automatisch oder manuell Schnappschüsse vom Dach des Lego-Fahrzeugs zu schießen.

8.2.1 Google-Streetview-Car mit dem Lego-Mobil

Ist der Raspberry Pi mit beidseitigem Klebeband/Klettband im oder auf dem Lego-Modell befestigt, bietet es sich auch an, das leichte Raspberry-Pi-Kameramodul ebenfalls mit anzuschließen. Wer anstatt des Video-Livestreams hingegen nur Fotoaufnahmen anfertigen möchte, nutzt einfach eine passende Python-Funktion dafür, die sich mit dem Aufruf *foto()* starten lässt und die Aufnahmen dann geordnet im aktuellen Arbeitsverzeichnis ablegt. Zunächst prüft die Funktion, ob überhaupt ein Raspberry-Pi-Kameramodul angeschlossen ist oder nicht. Ist das der Fall, wird die Variable *photopath* befüllt, um dort den Ablagepfad bzw. die Dateibezeichnung festzulegen. In diesem Fall werden neben dem definierten Präfix *Lego-Raspi-CAM* das aktuelle Datum sowie eine automatische Nummerierung mithilfe des Ausdrucks *%04d* verwendet. Dank des parameterfreien Aufrufs der Funktion sowie der integrierten Dateioperationen und der eigenständigen Prüfung, ob nun eine Kamera angeschlossen ist oder nicht, lässt sich die Funktion recht einfach auch in andere Python-Projekte mit wenig Aufwand übernehmen.

```
def foto(destination=os.getcwd(),fileprefix="Lego-Raspi-CAM"):
        import tempfile
        import shutil
        import subprocess
        cam = subprocess.Popen(['/opt/vc/bin/vcgencmd', 'get_
                                    camera'],stdout=subprocess.PIPE)
        checkcam, err = cam.communicate()
        if int(checkcam[21]) == 1:
           photopath=tempfile.gettempdir() + '/' + fileprefix
                  + '-' + time.strftime("%Y%m%d-%04d") + '.jpg'
           os.system ( "raspistill -n -t 500 -w 1024 -h 768 -e
                                 jpg -q 75 -o \"%s\"" % photopath )
```

```
            shutil.copy(photopath,destination)
        else:
            print "| Keine Kamera angeschlossen! "
        return
```

Der um die Fotofunktionen und weitere Kleinigkeiten ergänzte Quellcode basiert auf obiger Beispieldatei *RaspiLegoCAR-step01.py* und ist im Projektverzeichnis */unimog-bottle-servo* unter der Dateibezeichnung *RaspiLegoCAR-step02.py* gespeichert. Falls noch nicht geschehen, verbinden Sie im nächsten Schritt den für die Steuerung des Lego-Fahrzeugs notwendigen Raspberry Pi mit dem heimischen WLAN, damit das Lego-Fahrzeug später bequem per Webseite via Computer oder Smartphone gesteuert werden kann. Grundsätzlich lässt sich eine WLAN-Verbindung entweder im Ad-hoc- oder im Infrastrukturmodus aufbauen. Worauf es in diesem Fall ankommt, ist bereits im Abschnitt »4.1 WLAN-Netzwerk einrichten und Verbindung aufnehmen« ab Seite 99 beschrieben. Anhand des Lego-Fahrzeugs wird auch die Einrichtung eines Webservers sowie die Steuerung mithilfe der Python-Erweiterung *bottle* demonstriert, die sich auch wunderbar in das Lego-RaspiRoboCAR-Projekt integrieren lässt.

Download-Link: unimog-bottle-servo/RaspiLegoCAR-step02.py

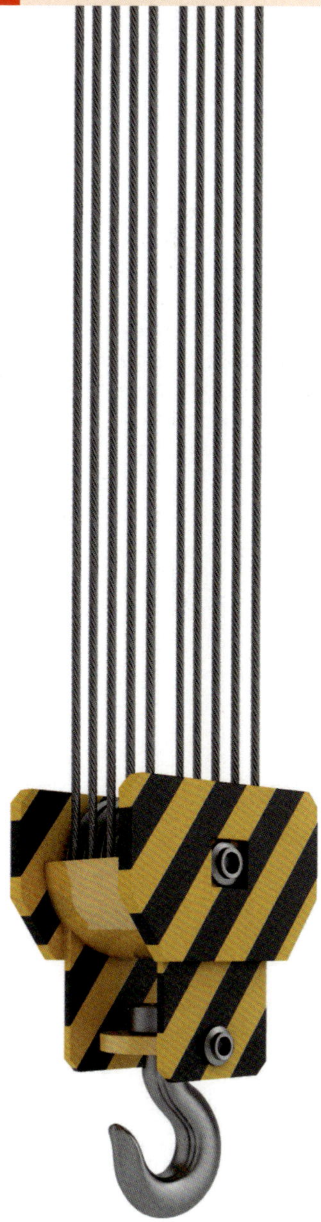

8.3 Lenken und fahren über den Webserver

Das Lenken und Steuern eines Motors erfolgt in einem Programm idealerweise über eine eigene Funktion – wie auch weitere Dinge wie beispielsweise das Ein- oder Ausschalten von Sensoren oder LEDs. Für den Betrieb bzw. die Ansteuerung zweier Antriebsmotoren nutzen Sie in diesem Beispiel das *setMotor*-Kommando. Damit decken Sie die Richtung (links/rechts) sowie die Geschwindigkeit (vorwärts/rückwärts) ab. Dieses Kommando verwendet verschiedene Parameter, mit denen sich Geschwindigkeit und Richtung des Lego-Modells beeinflussen lassen. Grundsätzlich werden drei Parameter (in der entsprechenden Reihenfolge) in der folgenden Syntax benötigt:

```
setMotor(<LINKS>,<RECHTS>,<GESCHWINDIGKEIT>)
```

Die Funktion für die Motorsteuerung für die Fortbewegung des Unimogs wird hier über drei Werte befüllt, die innerhalb der Funktion über die entsprechenden Variablen verarbeitet werden. Nach dem Kommando *setMotor* geben Sie zunächst die Distanz des linken sowie des rechten Rads (beide in mm) und anschließend die Geschwindigkeit (Einheit *mm/s*) an. Mit dem Befehl

```
setMotor 100 100 100
```

bewegen Sie beide Motoren 10 cm mit einer Geschwindigkeit von 0,36 km/h (10 cm in der Sekunde) in gerader Richtung. Möchten Sie das Lego-Modell

zurück zur Ausgangsposition navigieren, wechseln Sie einfach mit dem geänderten Vorzeichen die Richtung. Die Angabe negativer Werte bei den beiden *LWheelDist/RWheelDist*-Variablen sorgt für die Rückwärtsbewegung der Motoren. Wollen Sie die beschriebenen Bewegungen mit einem Skript umsetzen, ist das vorherige Einschalten der Antriebsmotoren bzw. die Versorgung der Motorplatine/des Shields mit der passenden Spannungsversorgung notwendig. Voraussetzung für die Steuerung der Fahrtrichtung ist ein zweiter Motor für die Lenkung – mit den unterschiedlichen Wertezuweisungen der ersten beiden Variablen (linker und rechter Motor) realisieren Sie dann auch Kurvenfahrten mit dem Lego-Modell. Die Geschwindigkeit kann unabhängig von der Drehrichtung von 0 bis 300 mm/s konfiguriert werden, was einer Maximalgeschwindigkeit des Motors von 1,08 km/h entspricht. Bevor Sie jedoch die Bewegungen mit dem Lego-Modell umsetzen, sollten Sie dieses vorsichtshalber aufbocken, damit sich die Räder ohne Bodenkontakt drehen können. Damit verhindern Sie, dass durch eine unsachgemäße Wertezuweisung etwaige Schäden passieren oder der Unimog unkontrolliert durch die Gegend fährt. Um beispielsweise eine Rotation/Drehung im Uhrzeigersinn durchzuführen, reicht das Kommando:

```
setMotor 100 -100 100
```

aus. Umgekehrt weisen Sie mit dem Befehl:

```
setMotor -100 100 100
```

den Unimog an, nach links zu fahren. Neben Spielereien – mit dem Lego-Fahrzeug in der Wohnung herumfahren und dergleichen – lassen sich mit den beschriebenen Möglichkeiten auch weitere Dinge mit der Python-Schnittstelle erledigen – beispielsweise eine Fernsteuerung, damit die kabelgebundene Verbindung zum Raspberry Pi zum Steuern der Motoren nicht mehr notwendig ist.

8.3.1 Live-View und mehr: Lego-Fahrzeugsteuerung über Webseite

Egal ob Bagger, Unimog oder Lego-Roboter: Mit dem kostenlosen WSGI-Framework Bottle (*Web Server Gateway Interface*) bauen Sie im Handumdrehen die Steuerung des Lego-Fahrzeugs als Webanwendung. Damit ist es dann möglich, nicht nur mit dem Computer im Heimnetz, sondern auch mit mobilen Geräten das Lego-Mobil per Daumen fahren zu lassen und – falls angeschlossen – über das Kameramodul dabei live aus dem Cockpit die gefahrene Strecke anzuschauen. Der Vorteil der gewählten Lösung ist, dass der Raspberry Pi seinen Webserver nur dann zur Verfügung stellt, wenn er wirklich benötigt wird. Das spart nicht nur Strom, sondern beschränkt auch die Services im Netzwerk auf das Nötigste. Grundsätzlich stellt der »mobile« Raspberry im Lego-Modell folgende Dienste zur Verfügung:

- Darstellung des Livestreams über die am Raspberry Pi angeschlossene Raspberry-Pi-Kamera.
- Steuerung und Navigation des Lego-Modells per Weboberfläche.
- Reset-Funktion für die Livestream-Funktion.
- Ein- und Ausschalten: USB-(Debug-)Zugang via USB-Kabel (wenn ausschalten, dann auch sicherstellen, dass Motoren aus sind).
- Je nach Wunsch und Ausstattung sind weitere Funktionen wie Steuerung der GPIO-Ein-/-Ausgänge, Ein- und Ausschalten der Beleuchtung etc. möglich.

In diesem Beispiel ist der Huckepack-Raspberry-Pi auf dem Lego-Modell zunächst mit der IP-Adresse 192.168.123.39 konfiguriert. Der Livestream wird über den MJPG-Streamer in einer angepassten Version für den Raspberry Pi bzw. für die Kamera realisiert und steht über Port 8081 zur Verfügung. Die eigentliche Python-Steuerung wird später über den Bottle-Webserver über Port 8080 bereitgestellt, in der auch der Livestream per <*IFRAME*>-Objekt eingebunden ist.

8.3.2 Python-Zugriff über Browser – Bottle im Einsatz

Das Framework Bottle ist für Python-Entwickler in Sachen WSGI (*Web Server Gateway Interface*) eine schnelle und schlanke Alternative, mit der sich für eigene Anwendungen mit wenig Aufwand eine Browserschnittstelle und eine Steuerung realisieren lässt. Das aktuelle Bottle-Paket steht auf Github unter der Adresse

```
https://raw.github.com/defnull/bottle/master/bottle.py
```

zur Verfügung. Für die klassische Installation auf einem Raspberry Pi ist das *git*-Paket die beste Wahl – alternativ laden Sie das *master*-Paket im ZIP-Format auf den Raspberry Pi und entpacken die Datei. Für die Nutzung der Funktionen binden Sie die Datei *bottle.py* über den *import*-Mechanismus in den Python-Code ein. Dafür legen Sie die Datei *bottle.py* einfach in das lokale Projektverzeichnis (hier */unimog-bottle-servo*) und binden die API per *import bottle* in den Python-Code ein. Zu beachten ist in dem nachfolgenden Codebeispiel in der Zeile:

```
002 @route('/lego/:name')
```

dass Sie mit *lego* die Pfadangabe so anpassen, wie sie auf dem Webbrowser erscheinen soll. Mit der Variablen *:name* wird in diesem Fall der aufzurufende Funktionsname abgefangen und mit den vorhandenen Funktionsnamen verglichen. Die in diesem Beispiel vorhandenen Funktionen sind analog zu einem Ziffernblock von 1 bis 9 sortiert.

Download-Link: unimog-bottle-servo/bottle_lego.py

1	**2**	**3**
4	**5**	**6**
7	**8**	**9**

Von Zahlen zu Pfeilen: Über das Zahlenmuster leiten Sie die spätere Steuerung des Lego-Modells bzw. die Richtungen ab, wie in der nachfolgenden Abbildung dargestellt.

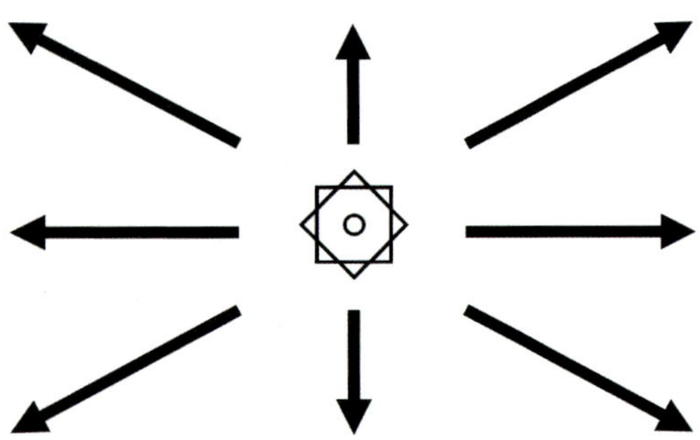

Links, rechts, vor und zurück: Mit den Richtungspfeilen sorgen Sie für eine aussagekräftige Zuordnung der Navigationsbefehle für die Steuerung der Motoren. Der mittige Button (Position 5) stellt die STOPP-Funktion, also das Ausschalten der Antriebsfunktionen, zur Verfügung.

Die für die Richtung notwendige Befehlskette für die Robotersteuerung ist in dem Funktionsblock des Python-Skripts untergebracht. Soll das Lego-Modell in der Vorwärtsbewegung eine Linkskurve fahren, sorgt die Funktion *def index(name='1_V_Kurve_Links'):* für die Fortbewegung über das Kommando *setMotor(-100,100,100)*. Abschließend liefert die Funktion per *return* die Rückmeldung an das Template, dass das Kommando ausgeführt wurde. Nachstehend sind sämtliche Funktionen definiert, die sich über den Nummernblock bzw. über die Richtungsbuttons abbilden lassen.

Dateiname: bottle_lego.py (Ausschnitt)

```
from bottle import route, run, debug, template
@route('/lego/:name')
def index(name='1_V_Kurve_Links'):
        setMotor(-100,100,100)
        return template('<b>Kommando {{name}} wurde
                                ausgefuehrt</b>!', name=name)
def index(name='8_R_Geradeaus'):
        setMotor(-100,-100,100)
        return template('<b>Kommando {{name}} wurde
                                ausgefuehrt</b>!', name=name)

def index(name='9_R_Kurve_Rechts'):
        setMotor(-200,-100,100)
        return template('<b>Kommando {{name}} wurde
                               ausgefuehrt</b>!', name=name)
run(host='192.168.123.39', port=8080)
```

Nach den Definitionen der Funktionen im Python-Skript erfolgt der Start des Bottle-Webdiensts über das *run*-Kommando, in dem sich neben der

IP-Adresse des Bottle-Servers auch der Port, über den der Webservice zur Verfügung stehen soll, festgelegt werden kann. In diesem Beispiel ist der Bottle-Service unter der IP-Adresse *192.168.123.39* an Port *8080* verfügbar. Ist der Bottle-Dienst gestartet, steht der Webservice im Heimnetz zur Verfügung und kann dort von jedem Computer aus über den Webbrowser mit der Adresse:

```
192.168.123.39:8080/lego/<FUNKTIONSNAME>
```

gesteuert werden. In der nachstehenden Abbildung wurde der Platzhalter *<FUNKTIONSNAME>* mit *6_Rotation_Rechts* ersetzt. Die manuelle Zuordnung bzw. das Eintippen der Funktionsbezeichnungen ist etwas lästig, deswegen werden Sie es schnell zu schätzen wissen, die Aufrufe in entsprechende Links gebündelt für eine Steuerung auf einer Webseite unterzubringen. Um nun die gewünschten Funktionen über den Webbrowser zu übermitteln und auf dem Raspberry Pi zu starten, bauen Sie im nächsten Schritt eine Tabelle auf, in der Sie eine Steuerung über die Pfeiltasten optisch nachbilden und jede einzelne Richtung mit dem entsprechenden Funktionsaufruf verlinken.

Die Funktionsnamen entsprechen später den auf der Webseite verwendeten Linkbezeichnungen. Im späteren HTML-Code ist der Funktionsname im *"a href"*-Block zu finden. Hier zählen naturgemäß die Standard-HTML-Regeln, damit der Link in diesem Beispiel über die statische Grafik (hier *1.png*) dargestellt werden kann. Damit lassen sich in diesem Beispiel insgesamt neun Steuerbuttons zur Verfügung stellen. So stellt beispielsweise der Link:

```
table1_z1s1='<td width=205 valign=top align="center"><p>
        <a href="/lego/1_V_Kurve_Links"><img src="/static/1.png" w$
```

den Funktionsaufruf:

```
def index(name='1_V_Kurve_Links'):
```

in der Beispielsteuerdatei zur Verfügung. Die »Klicks« auf die entsprechenden Schaltflächen werden vom Bottle-Webservice entgegengenommen und anschließend als Funktionsaufrufe umgesetzt. Über die erfolgreiche Zuordnung des Links zum Funktionsaufruf informiert Bottle in diesem Fall über die Konsole.

Damit ist nun der erste wichtige Meilenstein für die Steuerung des Lego-Modells erledigt. Im nächsten Schritt implementieren Sie die Streaming-Funktion auf der Steuer-Webseite, um damit am Computer die Bewegungen des Lego-Modells live verfolgen zu können.

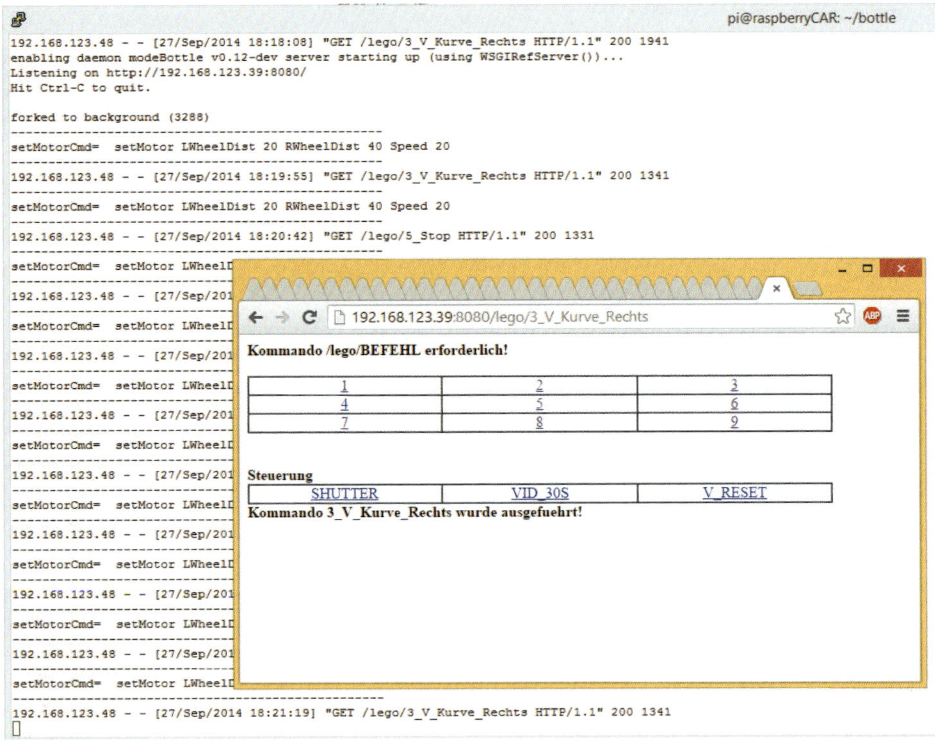

Schritt 1: Um die Funktionen in einfachen Links in einer HTML-Seite unterzubringen, wird eine Tabelle mit den entsprechenden Links auf die Funktionsaufrufe erzeugt.

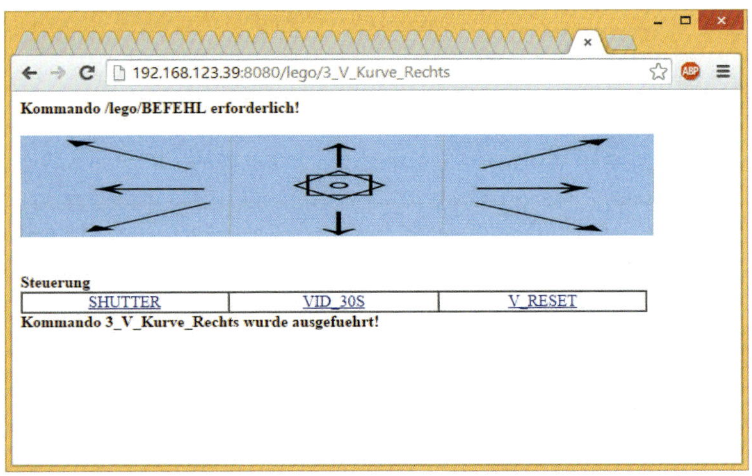

Deutlich komfortabler ist die Steuerung über das virtuelle Steuerkreuz. In diesem Beispiel sind im HTML-Code bereits weitere Funktionen wie *SHUTTER*, *VID_30S* und *V_RESET* untergebracht, die für einen späteren Einsatz einer Webcam/Raspberry-Pi-Kamera im Lego-Unimog genutzt werden können.

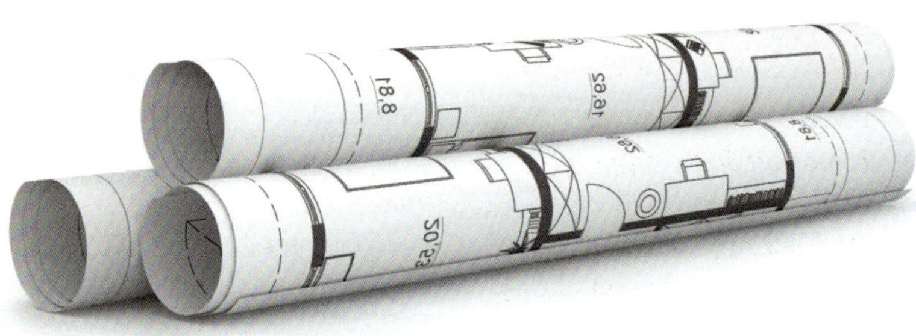

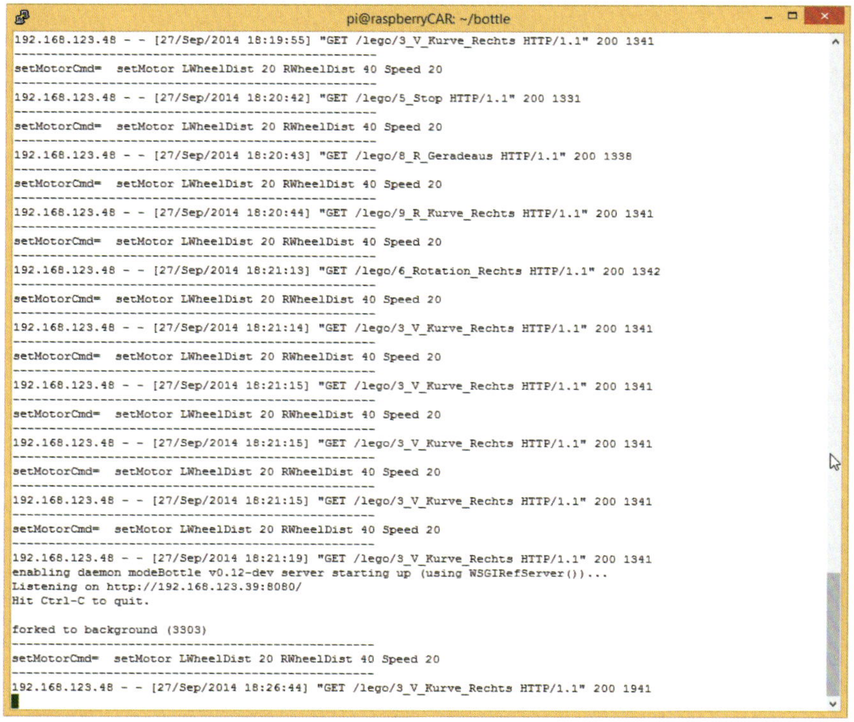

Message in a Bottle: Jeder Zugriff bzw. Aufruf eines Links wird im Konsolenfenster des Raspberry Pi, in dem das Python-Programm gestartet wurde, gemeldet.

8.4 Videostreaming installieren und einbinden

Mit dem Werkzeug MJPG-Streamer lassen sich Videodaten von einer am Raspberry Pi angeschlossenen USB-Webcam oder einer anderen Videoquelle wie der am CSI-Anschluss betriebenen Raspberry-Pi-Kamera in das Netzwerk streamen. War bisher der Einsatz des Raspberry-Pi-Kameramoduls nur über Umwege über das vorherige Fotografieren über *raspistill* und den anschließenden Import über *input_file.so* möglich, nutzen Sie wie nachstehend beschrieben den direkten Weg über ein eigenes Importpaket für die Raspberry Pi-Kamera. Damit das Streaming mit dem MJPG-Streamer funktioniert, muss sichergestellt sein, dass die Kamera (egal ob USB- oder CSI-Modell) ordnungsgemäß am Raspberry Pi installiert und funktionsfähig ist.

8.4.1 Streaming-Werkzeug laden und installieren

Holen Sie sich im nächsten Schritt von Github kostenlos eine angepasste Version des Pakets *mjpg-streamer*, das mit einem Plug-in für das Raspberry-Pi-Kameramodul versehen ist. Dieses stellt nach dem Herunterladen und Kompilieren mit *input_raspicam.so* eine Schnittstelle für den *mjpg-streamer* zur Verfügung.

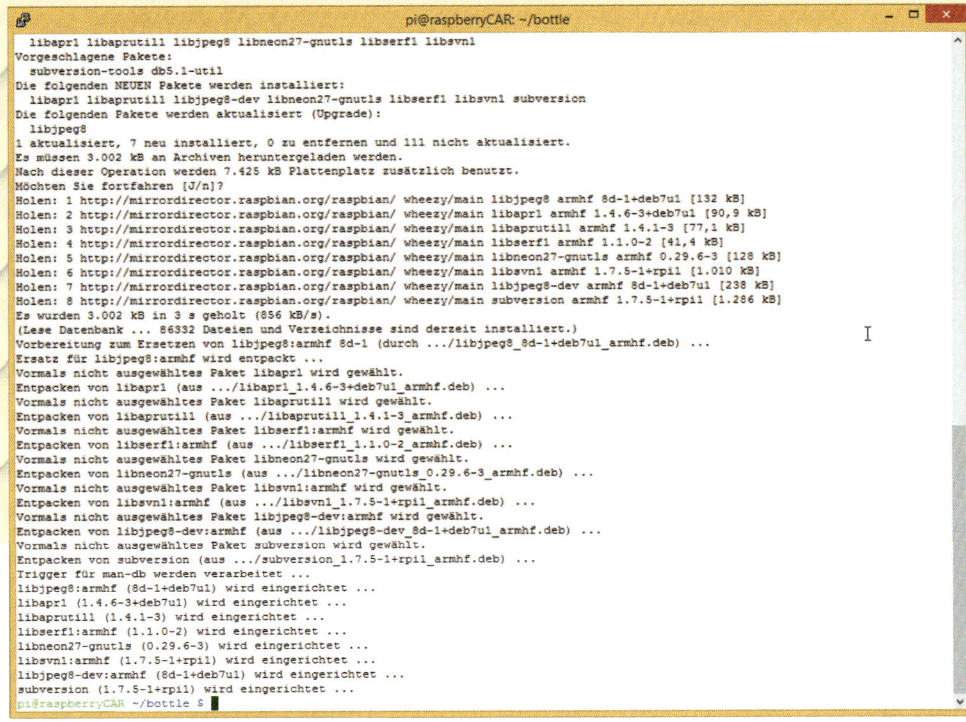
pi@raspberryCAR: ~/bottle

```
  libapr1 libaprutil1 libjpeg8 libneon27-gnutls libserf1 libsvn1
Vorgeschlagene Pakete:
  subversion-tools db5.1-util
Die folgenden NEUEN Pakete werden installiert:
  libapr1 libaprutil1 libjpeg8-dev libneon27-gnutls libserf1 libsvn1 subversion
Die folgenden Pakete werden aktualisiert (Upgrade):
  libjpeg8
1 aktualisiert, 7 neu installiert, 0 zu entfernen und 111 nicht aktualisiert.
Es müssen 3.002 kB an Archiven heruntergeladen werden.
Nach dieser Operation werden 7.425 kB Plattenplatz zusätzlich benutzt.
Möchten Sie fortfahren [J/n]?
Holen: 1 http://mirrordirector.raspbian.org/raspbian/ wheezy/main libjpeg8 armhf 8d-1+deb7u1 [132 kB]
Holen: 2 http://mirrordirector.raspbian.org/raspbian/ wheezy/main libapr1 armhf 1.4.6-3+deb7u1 [90,9 kB]
Holen: 3 http://mirrordirector.raspbian.org/raspbian/ wheezy/main libaprutil1 armhf 1.4.1-3 [77,1 kB]
Holen: 4 http://mirrordirector.raspbian.org/raspbian/ wheezy/main libserf1 armhf 1.1.0-2 [41,4 kB]
Holen: 5 http://mirrordirector.raspbian.org/raspbian/ wheezy/main libneon27-gnutls armhf 0.29.6-3 [128 kB]
Holen: 6 http://mirrordirector.raspbian.org/raspbian/ wheezy/main libsvn1 armhf 1.7.5-1+rpi1 [1.010 kB]
Holen: 7 http://mirrordirector.raspbian.org/raspbian/ wheezy/main libjpeg8-dev armhf 8d-1+deb7u1 [238 kB]
Holen: 8 http://mirrordirector.raspbian.org/raspbian/ wheezy/main subversion armhf 1.7.5-1+rpi1 [1.286 kB]
Es wurden 3.002 kB in 3 s geholt (856 kB/s).
(Lese Datenbank ... 86332 Dateien und Verzeichnisse sind derzeit installiert.)
Vorbereitung zum Ersetzen von libjpeg8:armhf 8d-1 (durch .../libjpeg8_8d-1+deb7u1_armhf.deb) ...
Ersatz für libjpeg8:armhf wird entpackt ...
Vormals nicht ausgewähltes Paket libapr1 wird gewählt.
Entpacken von libapr1 (aus .../libapr1_1.4.6-3+deb7u1_armhf.deb) ...
Vormals nicht ausgewähltes Paket libaprutil1 wird gewählt.
Entpacken von libaprutil1 (aus .../libaprutil1_1.4.1-3_armhf.deb) ...
Vormals nicht ausgewähltes Paket libserf1:armhf wird gewählt.
Entpacken von libserf1:armhf (aus .../libserf1_1.1.0-2_armhf.deb) ...
Vormals nicht ausgewähltes Paket libneon27-gnutls wird gewählt.
Entpacken von libneon27-gnutls (aus .../libneon27-gnutls_0.29.6-3_armhf.deb) ...
Vormals nicht ausgewähltes Paket libsvn1:armhf wird gewählt.
Entpacken von libsvn1:armhf (aus .../libsvn1_1.7.5-1+rpi1_armhf.deb) ...
Vormals nicht ausgewähltes Paket libjpeg8-dev:armhf wird gewählt.
Entpacken von libjpeg8-dev:armhf (aus .../libjpeg8-dev_8d-1+deb7u1_armhf.deb) ...
Vormals nicht ausgewähltes Paket subversion wird gewählt.
Entpacken von subversion (aus .../subversion_1.7.5-1+rpi1_armhf.deb) ...
Trigger für man-db werden verarbeitet ...
libjpeg8:armhf (8d-1+deb7u1) wird eingerichtet ...
libapr1 (1.4.6-3+deb7u1) wird eingerichtet ...
libaprutil1 (1.4.1-3) wird eingerichtet ...
libserf1:armhf (1.1.0-2) wird eingerichtet ...
libneon27-gnutls (0.29.6-3) wird eingerichtet ...
libsvn1:armhf (1.7.5-1+rpi1) wird eingerichtet ...
libjpeg8-dev:armhf (8d-1+deb7u1) wird eingerichtet ...
subversion (1.7.5-1+rpi1) wird eingerichtet ...
pi@raspberryCAR ~/bottle $
```

Erst wenn alle Quelldateien und Module an Bord sind, kann *mjpg-streamer* erfolgreich kompiliert werden.

Abhängig von den bereits installierten Paketen auf dem Raspberry Pi sind unter Umständen noch weitere Pakete notwendig, die jedoch nach dem Kommando:

```
sudo apt-get update
sudo apt-get install libjpeg8-dev cmake imagemagick subversion
```

kontrolliert und gegebenenfalls mit fehlend bemängelt werden. Sind die Voraussetzungen geschaffen, laden Sie das Quellpaket von *mjpg-streamer* auf den Raspberry Pi.

```
cd ~
git clone https://github.com/jacksonliam/mjpg-streamer.git
cd mjpg-streamer
cd mjpg-streamer-experimental/
make
make install
```

Beim Anfertigen von Eigenbaulösungen kann es immer wieder mal vorkommen, dass wie in diesem Beispiel das Kompilieren eines Pakets scheitert – hier mit der Fehlermeldung:

```
make: *** [input_raspicam.so] Fehler 2
"bcm_host.h" was not found.
```

In diesem Fall machen Sie sich auf dem Raspberry Pi auf die Suche nach der Datei:

```
sudo find / -type f -name bcm_host.h
```

Wurde auf dem Raspberry Pi die Firmware bereits aktualisiert, stehen die Chancen gut, dass sich die Datei bereits auf dem Raspberry Pi befindet.

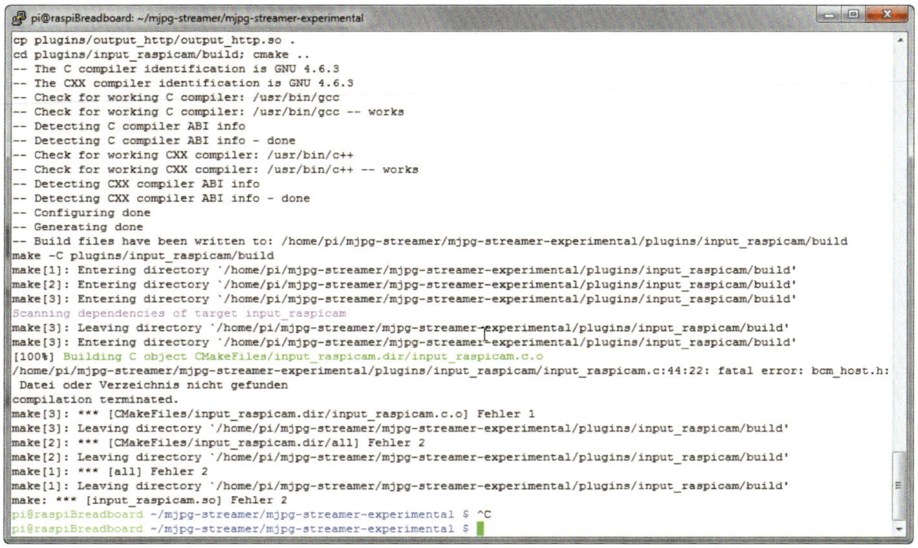

```
pi@raspiBreadboard: ~/mjpg-streamer/mjpg-streamer-experimental
cp plugins/output_http/output_http.so .
cd plugins/input_raspicam/build; cmake ..
-- The C compiler identification is GNU 4.6.3
-- The CXX compiler identification is GNU 4.6.3
-- Check for working C compiler: /usr/bin/gcc
-- Check for working C compiler: /usr/bin/gcc -- works
-- Detecting C compiler ABI info
-- Detecting C compiler ABI info - done
-- Check for working CXX compiler: /usr/bin/c++
-- Check for working CXX compiler: /usr/bin/c++ -- works
-- Detecting CXX compiler ABI info
-- Detecting CXX compiler ABI info - done
-- Configuring done
-- Generating done
-- Build files have been written to: /home/pi/mjpg-streamer/mjpg-streamer-experimental/plugins/input_raspicam/build
make -C plugins/input_raspicam/build
make[1]: Entering directory `/home/pi/mjpg-streamer/mjpg-streamer-experimental/plugins/input_raspicam/build'
make[2]: Entering directory `/home/pi/mjpg-streamer/mjpg-streamer-experimental/plugins/input_raspicam/build'
make[3]: Entering directory `/home/pi/mjpg-streamer/mjpg-streamer-experimental/plugins/input_raspicam/build'
Scanning dependencies of target input_raspicam
make[3]: Leaving directory `/home/pi/mjpg-streamer/mjpg-streamer-experimental/plugins/input_raspicam/build'
make[3]: Entering directory `/home/pi/mjpg-streamer/mjpg-streamer-experimental/plugins/input_raspicam/build'
[100%] Building C object CMakeFiles/input_raspicam.dir/input_raspicam.c.o
/home/pi/mjpg-streamer/mjpg-streamer-experimental/plugins/input_raspicam/input_raspicam.c:44:22: fatal error: bcm_host.h:
 Datei oder Verzeichnis nicht gefunden
compilation terminated.
make[3]: *** [CMakeFiles/input_raspicam.dir/input_raspicam.c.o] Fehler 1
make[3]: Leaving directory `/home/pi/mjpg-streamer/mjpg-streamer-experimental/plugins/input_raspicam/build'
make[2]: *** [CMakeFiles/input_raspicam.dir/all] Fehler 2
make[2]: Leaving directory `/home/pi/mjpg-streamer/mjpg-streamer-experimental/plugins/input_raspicam/build'
make[1]: *** [all] Fehler 2
make[1]: Leaving directory `/home/pi/mjpg-streamer/mjpg-streamer-experimental/plugins/input_raspicam/build'
make: *** [input_raspicam.so] Fehler 2
pi@raspiBreadboard ~/mjpg-streamer/mjpg-streamer-experimental $ ^C
pi@raspiBreadboard ~/mjpg-streamer/mjpg-streamer-experimental $
```

Fehler beim Kompilieren: Hier wird die *bcm_host.h*-Datei benötigt. Diese muss sich entweder direkt im Projektverzeichnis befinden oder entsprechend verlinkt sein, damit der Aufruf funktioniert.

Bekanntlich hat die Firmware erst mal nichts mit dem installierten Betriebssystem zu tun – hier ist es egal, ob Sie Raspbian, Raspbmc, OpenElec oder eine andere Distribution auf dem Raspberry Pi einsetzen. Wenn Sie beispielsweise ein Raspberry-Pi-Kameramodul verwenden möchten, läuft die Aktualisierung der Firmware über dieses Kommando:

```
sudo -i
wget https://raw.github.com/Hexxeh/rpi-update/master/rpi-update
chmod a+x rpi-update
./rpi-update
```

Die Firmware des Raspberry Pi regelt die Unterstützung der Hardware, wie z. B. des Arbeitsspeichers oder einer angeschlossenen Kamera. Sollte ein Gerät mal nicht funktionieren, kann das an der fehlenden Unterstützung seitens der Firmware liegen, und ein Update wird nötig.

Kopieren Sie nach dem (eventuellen) Firmware-Update aus Übersichtlichkeitsgründen die *bcm_host.h*-Datei vom Verzeichnis */root/.rpi-firmware/vc/sdk/opt/vc/include/* in das Verzeichnis */opt/vc/include/*,

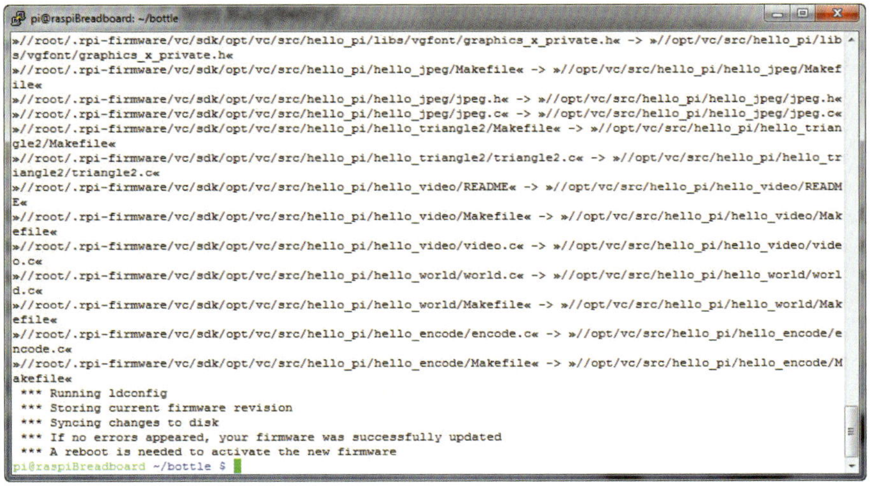

Erst nach einem Reboot des Raspberry Pi stehen die installierte Firmware und die gesuchte *bcm_host.h*-Datei zur Verfügung.

damit die Datei beim Kompilieren des *mjpg-streamer* gefunden und das Kompilieren des MJPG-Streamers erfolgreich abgeschlossen werden kann.

8.4.2 MJPG-Streamer als Live-View-Quelle

Nach dem Kompilieren lässt sich der *mjpg-streamer* einsetzen, es wird jedoch empfohlen, dafür ein eigenes Startskript zu erstellen. Grundsätzlich muss nach dem Kompilieren noch der Library-Pfad angepasst werden, was Sie mit dem Kommando:

```
cd /home/pi/mjpg-streamer/mjpg-streamer-experimental
export LD_LIBRARY_PATH=.
```

nachholen. Anschließend können Sie den *mjpg-streamer* starten, in diesem Fall wurden Parameter wie *-b* (*mjpg-streamer* als Hintergrundprozess), *-i* (Eingang) sowie *-o* (Output, Ziel) festgelegt. Gegebenenfalls ist noch das Umkopieren in die entsprechenden Verzeichnisse notwendig:

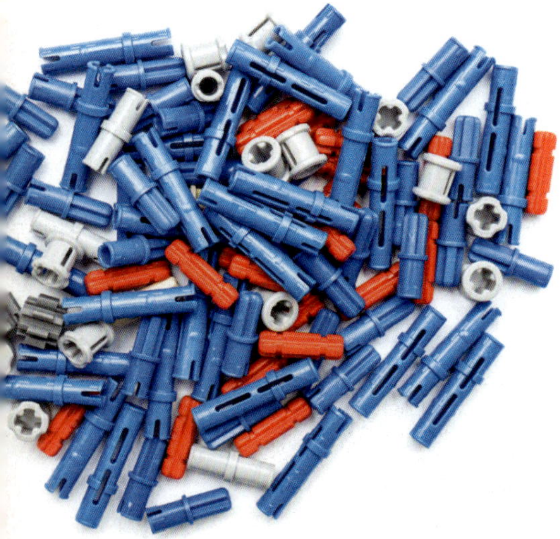

```
sudo cp mjpg_streamer /usr/local/bin
sudo cp *.so /usr/local/lib/
sudo cp -R www /usr/local/www
```

Für den Eingang des Streaming-Programms wird das »neue« Modul *input_raspicam.so* genutzt, das für das Raspberry-Pi-Kameramodul am CSI-Anschluss vorgesehen ist. Das Ergebnis des Streamers wird über das Modul *output_http.so* in das */tmp*-Verzeichnis geschrieben.

```
/usr/local/bin/mjpg_streamer -b -o "output_http.so -w /tmp"
                                    -i "input_raspicam.so"
```

Download-Link: unimog-bottle-servo/mjpeg.sh

Alternativ für das Ausgabeverzeichnis */usr/local/www*:

```
/usr/local/bin/mjpg_streamer -b -o "output_http.so -w /usr/
                             local/www" -i "input_raspicam.so"
```

Für das Feintuning und die Festlegung der Fensterbreite und Fensterhöhe des Videostreams auf die ausreichende Auflösung von 640 x 480 Pixeln wird in diesem Beispiel der *mjpg-streamer* wie folgt konfiguriert:

```
/usr/local/bin/mjpg_streamer -b -o "output_http.so -p 8080 -w
            /tmp" -i "input_raspicam.so -ex night -x 640 -y 480"
```

Erstellen Sie dazu ein Skript

```
nano start_mjpeg.sh
```

mit folgendem Inhalt:

Dateiname: start_mjpeg.sh

```
#!/bin/bash
if pgrep mjpg_streamer
then
  sudo kill $(pgrep mjpg_streamer) > /dev/null 2>&1
  echo "mjpg_streamer beendet"
else
  echo "mjpg_streamer nicht aktiv"
fi
export LD_LIBRARY_PATH=/usr/local/lib/
/usr/local/bin/mjpg_streamer -b -o "output_http.so -p 8080 -w
 /usr/local/www" -i "input_raspicam.so -ex night -x 640 -y 480"
echo "mjpg_streamer wurde gestartet"
exit 0
```

Anschließend speichern Sie die Datei und machen sie mit dem *chmod a+x start_mjpeg.sh*-Kommando ausführbar. Beachten Sie, dass nach dem Beenden des Skripts der *mjpg_streamer* im Hintergrund weiterläuft – mit dem Kommando *sudo killall mjpg_streamer* beenden Sie sämtliche dazugehörigen Prozesse auf der Konsole.

Im nächsten Schritt erstellen Sie im */tmp*-Verzeichnis für die Darstellung des Videostreams eine einfache HTML-Datei:

```
nano /tmp/index.html
```

mit folgendem Inhalt:

```
<html><body>
<img src="/?action=stream" />
</body></html>
```

und speichern diese Datei. Wäre die Wiedergabe-HTML-Seite nicht vorhanden, würde eine Fehlermeldung in der Form:

```
404: Not Found!
Could not open file
```

auf dem Bildschirm erscheinen. Im nächsten Schritt passen Sie die *Ausführen*-Berechtigungen an und starten das *start_mjpeg*-Skript, um das Streamen der Videoaufzeichnung auf die konfigurierte IP-Adresse und den Port zu starten:

```
chmod a+x *.sh
./start_mjpeg.sh
```

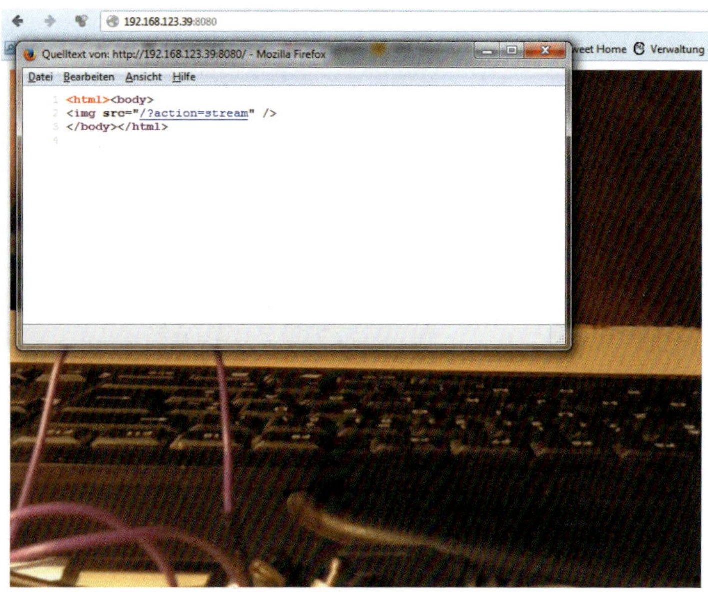

Webseite und dazugehöriger Dreizeiler-Quellcode: Die erstellte HTML-Datei sorgt für das Einbetten des Videostreams zur Darstellung im Webbrowser.

Anschließend lassen sich über die IP-Adresse des Raspberry Pi die aktuellen Videobilder in Form eines »Livestreams« betrachten. Sollte kein bewegtes Bild zu sehen sein, sind höchstwahrscheinlich die Zugriffsberechtigungen für das Ausgabeverzeichnis nicht korrekt konfiguriert und per *chmod*-Befehl zu korrigieren.

Für die Darstellung des Videostreams im Webbrowser geben Sie einfach die IP-Adresse des Raspberry Pi gefolgt von der Portadresse in die Adresszeile des Browsers ein. Lautet die IP-Adresse beispielsweise *192.168.123.39*, verwenden Sie dafür die Adresse:

```
192.168.123.39:8080
```

in der Adresszeile des Browsers. Im nächsten Schritt führen Sie die beiden bisherigen Projekte – die Lego-Modell-Robotersteuerung und den Videostream – in einer gemeinsamen Lösung zusammen. Da beide in diesem Fall auf der gemeinsamen Plattform – dem Raspberry Pi mit der IP-Adresse 192.168.123.39 – betrieben werden, werden für beide Services unterschiedliche Ports benötigt. Da die Steuerung über den Bottle-Webserver über Port 8080 zur Verfügung gestellt wird, wird der Port für die Videoübertragung auf Port 8081 umgestellt und anschließend in der HTML-Datei der Steuerung per *<IFRAME>*-Objekt eingebunden.

8.4.3 Live-View und Steuerung verheiraten

In diesem Schritt kombinieren Sie beide bisher implementierten Lösungen – die *bottle*-Steuerung und die HTML-Seite für die Wiedergabe des Videostreams – in einer gemeinsamen Oberfläche. Für geübte HTML-Experten sollte dies kein Problem darstellen, denn die Linkangabe

```
<img src="/?action=stream" />
```

braucht nur an der gewünschten Stelle im HTML-Dokument eingebaut zu werden. Da der HTML-Code in der Beispieldatei aus Übersichtlichkeits- und Wartungsgründen in einzelne (Variablen-)Module unterteilt wurde, ist der Live-View-Link per <*IFRAME*>-Objekt im *bottle*-Code untergebracht.

```
video0='<iframe src="http://192.168.123.39:8081/?action=
stream" height="320" width="640" frameborder="0"></iframe>'
```

Mehr braucht es zunächst nicht, um einen laufenden Videostream in der Steuerung mit einzubinden, den Code der Funktion *webgui* finden Sie in der Datei *bottle_lego_v2.py*.

Download-Link: unimog-bottle-servo/bottle_lego_v2.py

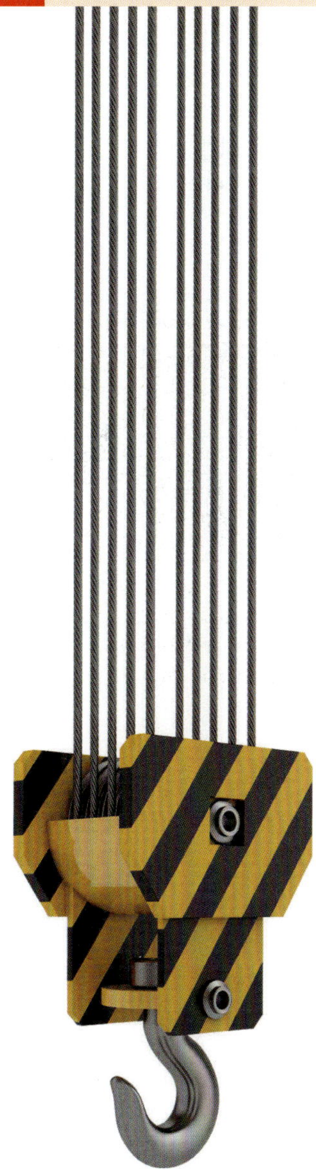

Bevor die Steuer-/Live-View-Anzeige in Betrieb genommen werden kann, muss die Übertragung des Streams gestartet werden. Dies erfolgt indirekt über das Python-Skript, bevor der Bottle-Webserver gestartet wird. Indirekt deswegen, weil über das Python-Skript des Bottle-Webservice ein Shell-Skript (hier *mjpeg.sh*) angetriggert wird, das den *mjpg_streamer* mit den gewünschten Umgebungsparametern konfiguriert und startet. Der Aufruf des Shell-Skripts *mjpeg.sh* erfolgt im Python-Skript mit nachstehendem Kommando:

```
subprocess.call("/home/pi/bottle/mjpeg.sh")
run(host='192.168.123.39', port=8080)
```

Hier stellen Sie zunächst sicher, dass sich die Startdatei (hier *mjpeg.sh*) im angegebenen Verzeichnis (hier */home/pi/bottle*) befindet und zuvor per *chmod a+x mjpeg.sh*-Kommando auch als ausführbar festgelegt wurde. Der Inhalt der Datei *mjpeg.sh* ist ein Dreizeiler:

```
#!/bin/bash
export LD_LIBRARY_PATH="/usr/local/lib/"
/usr/local/bin/mjpg_streamer -b -o "output_http.so -p 8081 -w
           /tmp" -i "input_raspicam.so -ex night -x 640 -y 480"
```

Beachten Sie, dass die IP-Adressen für das Streaming und den *bottle*-Server identisch sind, die Portnummern (Webservice 8080, Stream 8081) jedoch unterschiedlich. Sind die Änderungen in der Funktion *def webgui():* gespeichert und ist die Startdatei für den *MJPG*-Streamer erstellt, können Sie mit dem Kommando *python bottle_lego.py* die neue Weboberfläche für das Lego-Modell starten. Tritt eine Fehlermeldung wie *Server hat die Verbindung abgelehnt* oder *Keine Zugriffsberechtigung* zutage, liegt die Ursache meist in der fehlenden Leseberechtigung des *www*-Users.

```
sudo chown -R www-data:www-data /usr/local/www
```

Falls das Verzeichnis des Webservers auf */var/www* zeigt:

```
sudo chown -R www-data:www-data /var/www
```

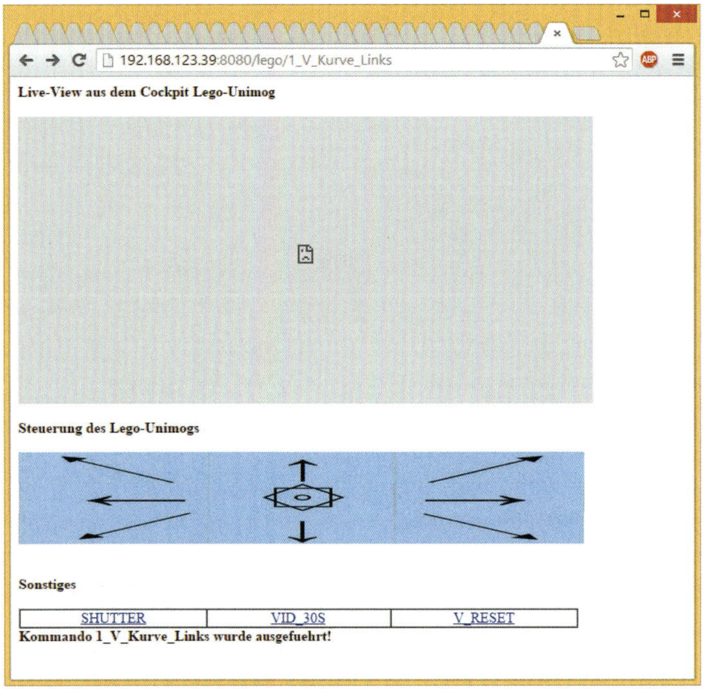

Der erste Versuch: Zumindest die Anzeigeseite wird vom Bottle-Webserver übertragen. Der Stream selbst wird (noch) nicht im Dokument dargestellt.

Ändern Sie das Ausgabeverzeichnis für den Stream in *-w /tmp*, sollte auch der *www*-User *www-data* Lese-/Schreibrechte in diesem Verzeichnis haben.

Erst wenn die Übertragung des Streams gestartet wurde, kann naturgemäß auch eine Live-View-Anzeige zur Verfügung gestellt werden: In diesem Fall geschieht das über das eingebettete Shell-Skript (*mjpeg.sh*), das im Python-Skript vor dem Start des Bottle-Webservers gestartet wird. Nach dem Start des Webstreams und dem anschließenden Start des Bottle-Webservers sollte nun auch das Live-View-Bild übertragen werden.

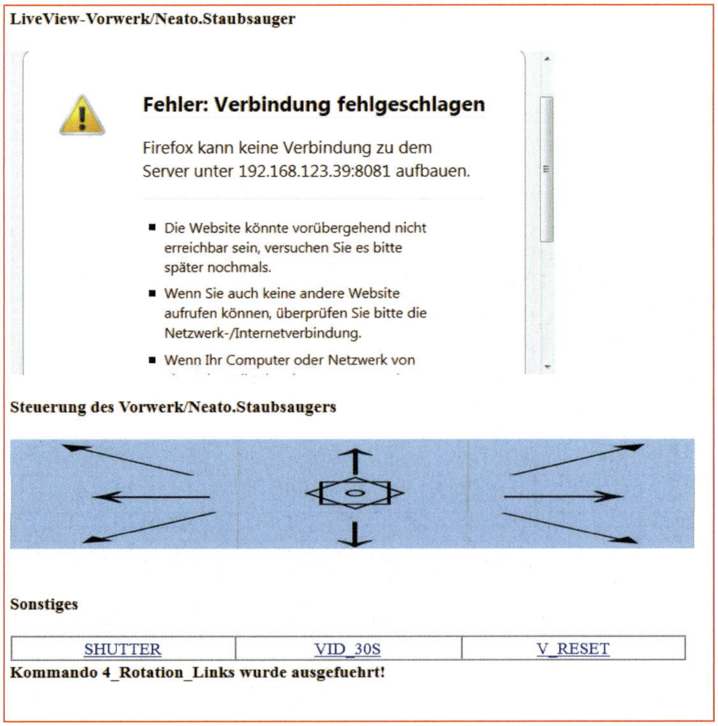

Stream nicht erreichbar: In diesem Fall stellen Sie sicher, dass der Webstream vor dem Start des Webservers gestartet wird.

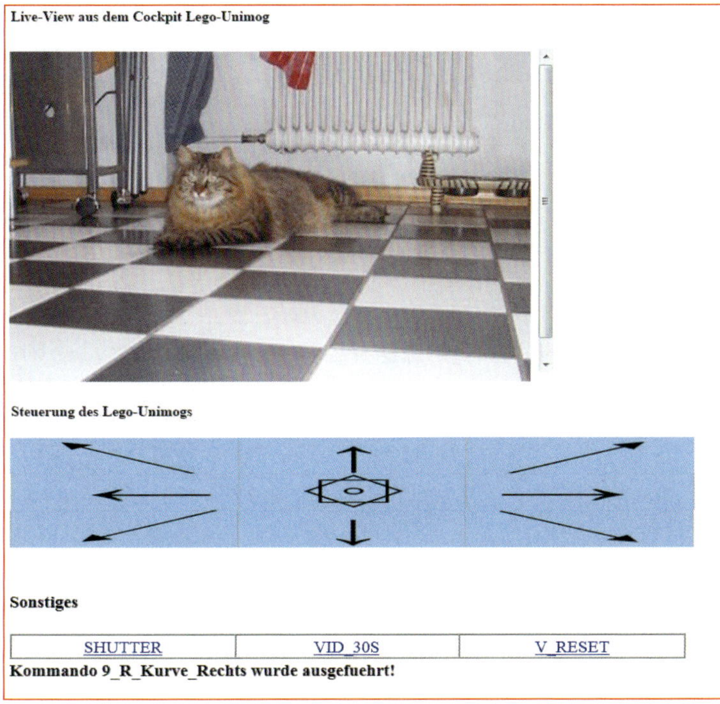

Trockenübung ohne Lego-Unimog: Zunächst werden Grundfunktionalität und Technik am Computer getestet, bevor die Eigenbaulösung samt Raspberry Pi im geräumigen Cockpit des Lego-Unimogs montiert wird.

Stellt sich die Webseite für die Steuerung wie in der Abbildung dar – sprich, der Livestream wird eingebunden und die Navigation über die grafischen Pfeiltasten funktioniert –, lassen sich noch weitere Links und somit Funktionen einbinden. In diesem Beispiel sind deren drei bereits angelegt, weitere brauchen Sie nur noch in der Beispieldatei *bottle_lego.py*, die sich im Projektverzeichnis *\unimog-bottle-servo* befindet, hinzufügen.

LEGO
TECHNIC
LIEBHERR

9

ES GEHT SCHNELLER

Standard-Servos in Modellen verbauen

Normale Lego-Servomotoren – beispielsweise aus der Lego-Mindstorms-Baureihe – sind nicht nur im Fachhandel, sondern auch im Lego-Shop online erhältlich und kosten dort je nach Modell ab 20 Euro und mehr. Soll nun ein etwas größeres Lego-Projekt mit dem Arduino oder einem Raspberry Pi – mit oder ohne BrickPi-Lösung (siehe Kapitel »10.2 BrickPi – Lego-Mindstorms im Eigenbau« ab Seite 184) – umgesetzt werden, kann die Anzahl der notwendigen Motoren schon mal das ursprüngliche Budget sprengen. Rechnen Sie beispielsweise die Gesamtkosten für fünf Servomotoren zusammen, liegen Sie schon bei 125 Euro – ohne dass Sie einen Lego-Stein auf den anderen gesetzt haben.

Lego-Teile-Nr.	Bezeichnung	Offizieller Preis
45502	EV3 Large Servo Motor	29,99 Euro
45503	EV3 Medium Servo Motor	24,99 Euro
9842	Interactive Servo Motor	24,99 Euro

Der Preisvergleich zum beschriebenen Lego-Mindstorms-Paket fällt noch extremer aus: Der Basiskasten EV3 Robotik kostet um die 350 Euro. Wer Spaß daran hat, will schnell mehr – und in diesem Fall ist die Eigenbau-Lego-Elektronikalternative mit dem Raspberry Pi nicht nur leistungsfähig(er), sondern in der Summe auch deutlich kostenschonender.

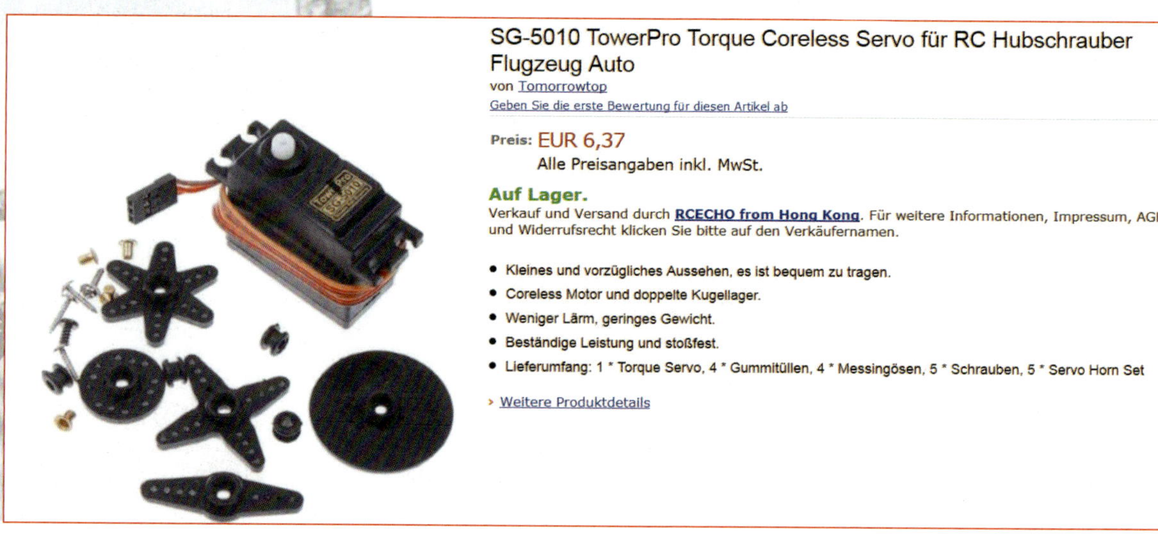

Wartezeit inklusive: Kleine, kompakte Servomotoren für den Lego-Einsatz sind preisgünstig in den Onlinekaufhäusern erhältlich.

Für den Einsatz von Motoren an Ihrem Lego-Modell mit dem Raspberry Pi gibt es deutlich günstigere Alternativen, mit denen Sie ebenfalls ans Ziel kommen – es muss nicht immer ein Originalmotor sein.

Das Ultimate-Modell des mobilen Schwerlastkrans benötigt in diesem Beispiel acht zusätzliche Lego-Motoren.

Nutzen Sie das Lego-Prinzip: Wenn Sie keinen Lego-Motor haben, bauen Sie sich einfach einen! In diesem Projekt werden die bereits modifizierten Servomotoren Tower Pro MG995 von *Kibuck.com* eingesetzt, die ohne mechanische bzw. elektronische Beschränkung kommen und somit auch eine kontinuierliche Drehung des Rotors zulassen.

Ist der Lego-Zahnkranz zusammen mit einer gewöhnlichen Unterlegscheibe mittels einer Maschinenschraube M3 passender Länge am Drehrotorgewinde des Servomotors befestigt, brauchen Sie nur noch eine Art Gehäuse für den Servomotor mit Lego zu bauen – dazu später mehr.

Nur eine passende Gewindeschraube samt Beilagscheiben sowie ein Lego-Zahnkranz sind notwendig, um einen RC-Servomotor für den Anschluss an die Lego-Welt vorzubereiten.

9.1 Lego-Extremmodding: bis zu 16 Servomotoren steuern

Die genutzte Erweiterungsplatine für PWM-Servomotoren nimmt bis zu 16 Servomotoren auf und bietet mit dem PCA9685-IC eine 12-Bit-Auflösung für die Ansteuerung der Motoren. Mit der 12-Bit-Auflösung lässt sich dann auch ganz bequem die Pulsbreite berechnen: Diese hängt vom Zyklus und dieser von der gesetzten Frequenz ab – bei einer Standardfrequenz von 50 Hz beträgt die Periodenlänge 20 ms. Möchten Sie nun beispielsweise einen Impuls der Länge 100 ms erzeugen, dividieren Sie die Zeit durch die Periodenlänge und Sie haben die Anzahl der dafür notwendigen Zyklen. Doch dazu später mehr – zunächst nehmen Sie den PCA9685 in Betrieb. Wer mehrere solcher Module gleichzeitig an einem Raspberry Pi einsetzen möchte, muss zunächst an den Platinen an den Jumpern A0 bis A2 Drahtbrücken einlöten, um die Adressierung der I²C-Adressen festzulegen. Da insgesamt deren drei zur Verfügung stehen, sind damit 2^3, also acht

Links oben befindet sich auf der Platine noch eine Bohrung für den optionalen Anschluss eines Elektrolytkondensators, der abhängig vom Anwendungszweck bzw. der Anzahl der angeschlossenen Servomotoren bestückt werden kann.

PCA9685-Module mit je 16 Servomotoren möglich. Das bedeutet, dass Sie theoretisch mit dem Raspberry Pi bis zu 128 Motoren bei der Ausnutzung aller möglichen Adressen mit dem PCA9685-Erweiterungsboard verwenden können. Der PCA9685-Chip wird über die 3,3-V-Stromversorgung des Raspberry Pi am Anschluss VCC versorgt. Abhängig von der Anzahl und den gegebenenfalls unterschiedlichen Spannungsvoraussetzungen der angeschlossenen Motoren ist für den Betrieb der Servomotoren noch ein Extraanschluss für die Spannungsversorgung mittig verbaut.

Ob nun auf der Platine ein Elektrolytkondensator angeschlossen werden soll oder nicht, darüber scheiden sich erst mal die Geister: Bringt der Servomotor keine konstante Kraft in seine Bewegungen, sind die Drehbewegungen des Motors nicht so synchron, und scheint ihm die Kraft auszugehen, hilft der Kondensator. Als Richtlinie gibt der Hersteller pro angeschlossenem Servomotor einen Wert um die 100 µF für den Elektrolytkondensator an.

Übersichtlicher Platinenaufbau: Die Servomotoren werden an der unteren Pin-Reihe auf dem PCA9685-Board angeschlossen: zunächst das PWM-Signal, dann die Spannungsversorgung (V+) sowie das Massesignal (GND).

Planen Sie beispielsweise den Einsatz von fünf Servomotoren, verwenden Sie einen Elektrolytkondensator mit einer Kapazität von 470 µF. Wer an diesem Anschluss flexibel bleiben möchte, lötet stattdessen eine zweipolige Buchse ein, in die anschließend der Kondensator gesteckt werden kann. Egal welche Lösung Sie wählen, die Polung des genutzten Elektrolytkondensators muss stimmen.

9.2 Adressbelegung für den Anschluss am I²C-Bus

Bei mehreren PCA9685-Geräten auf dem I²C-Bus ist die Adressbelegung des Erweiterungsboards anzupassen. Um die drei Adress-Pins (A0 bis A2) einzustellen, werden die beiden Lötflächen am jeweiligen Anschluss mit etwas Lötzinn miteinander verbunden.

Anschluss PCA9685-IC A2	Anschluss PCA9685-IC A1	Anschluss PCA9685-IC A0	PCA9685 I²C-Adresse (Dezimal)	PCA9685 I²C-Adresse (Hex)	Max. Servos
LOW	LOW	LOW	64	40	16
LOW	LOW	HIGH	65	41	32
LOW	HIGH	LOW	66	42	48
LOW	HIGH	HIGH	67	43	64
HIGH	LOW	LOW	68	44	80
HIGH	LOW	HIGH	69	45	96
HIGH	HIGH	LOW	70	46	112
HIGH	HIGH	HIGH	71	47	128

In diesem Projekt sind die für die Festlegung der I²C-Adresse notwendigen Pins A0/A1/A2 nicht verlötet. Laut Datenblatt (*www.adafruit.com/datasheets/PCA9685.pdf*) sind die Pins A3/A4/A5 frei zu halten – nur A0 bis A2 werden verwendet.

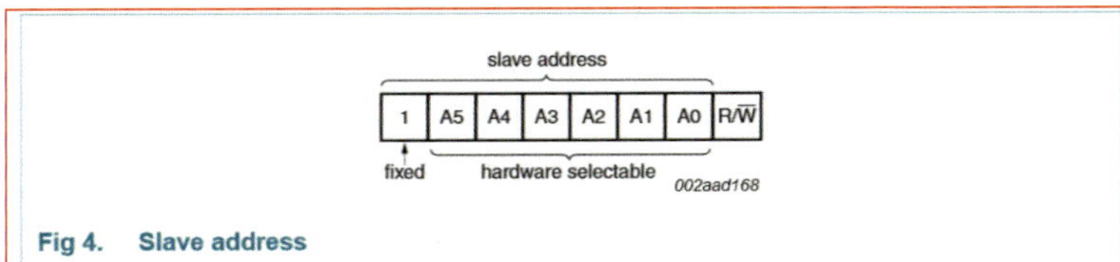

Fig 4. Slave address

The last bit of the address byte defines the operation to be performed. When set to logic 1 a read is selected, while a logic 0 selects a write operation.

Die Adressierung ist relativ simpel gehalten: Nach der fixen führenden Eins kommen die Adress-Pins A0 bis A5, das letzte Bit sorgt für die Unterscheidung zwischen Lese- und Schreibvorgang bei der Adressierung. (Abbildung: Datenblatt PCA9685)

Im nächsten Schritt prüfen Sie nach dem Anschluss des Adafruit-PWM-Boards, ob dieses auch ordnungsgemäß auf dem I²C-Bus erkannt worden ist, im Fall des Raspberry Pi Revision 2 so:

```
sudo i2cdetect -y 1
```

Der Befehl prüft, ob das Board ordnungsgemäß an den SCL/SDA-Pins angeschlossen ist und eine »freie« Adresse zugeordnet wurde, damit die Eindeutigkeit der Geräte sichergestellt ist. Standardmäßig ist kein Pin gesetzt, d. h., Binäradresse *1000000* entspricht dem Hexwert *0x40*, wie in der nachstehenden Abbildung:

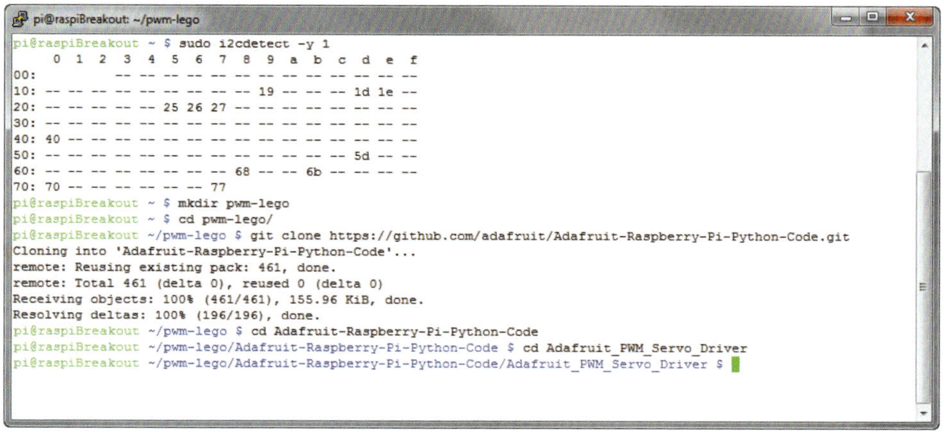

```
pi@raspiBreakout: ~/pwm-lego
pi@raspiBreakout ~ $ sudo i2cdetect -y 1
     0  1  2  3  4  5  6  7  8  9  a  b  c  d  e  f
00:          -- -- -- -- -- -- -- -- -- -- -- -- --
10: -- -- -- -- -- -- -- -- -- 19 -- -- -- 1d 1e --
20: -- -- -- -- -- 25 26 27 -- -- -- -- -- -- -- --
30: -- -- -- -- -- -- -- -- -- -- -- -- -- -- -- --
40: 40 -- -- -- -- -- -- -- -- -- -- -- -- -- -- --
50: -- -- -- -- -- -- -- -- -- -- -- -- -- 5d -- --
60: -- -- -- -- -- -- -- -- 68 -- -- 6b -- -- -- --
70: 70 -- -- -- -- -- -- 77
pi@raspiBreakout ~ $ mkdir pwm-lego
pi@raspiBreakout ~ $ cd pwm-lego/
pi@raspiBreakout ~/pwm-lego $ git clone https://github.com/adafruit/Adafruit-Raspberry-Pi-Python-Code.git
Cloning into 'Adafruit-Raspberry-Pi-Python-Code'...
remote: Reusing existing pack: 461, done.
remote: Total 461 (delta 0), reused 0 (delta 0)
Receiving objects: 100% (461/461), 155.96 KiB, done.
Resolving deltas: 100% (196/196), done.
pi@raspiBreakout ~/pwm-lego $ cd Adafruit-Raspberry-Pi-Python-Code
pi@raspiBreakout ~/pwm-lego/Adafruit-Raspberry-Pi-Python-Code $ cd Adafruit_PWM_Servo_Driver
pi@raspiBreakout ~/pwm-lego/Adafruit-Raspberry-Pi-Python-Code/Adafruit_PWM_Servo_Driver $
```

Ist der PCA9685-PWM-Treiber ordnungsgemäß am Raspberry Pi angeschlossen, installieren Sie Schritt für Schritt die Python-Bibliothek für den vereinfachten Zugriff auf die Anschlüsse.

Adafruit liefert für den schnellen Zugriff auf die PCA9685-Platine entsprechende Python-Bibliotheken und Codebeispiele mit, die Sie wie folgt im Schnelldurchgang auf den Raspberry Pi bringen.

```
cd ~
mkdir pwm-lego
cd pwm-lego
git clone https://github.com/adafruit/Adafruit-Raspberry-Pi-
                                                Python-Code.git
cd Adafruit-Raspberry-Pi-Python-Code
cd Adafruit_PWM_Servo_Driver
```

Ist auf der PWM-Treiberplatine bereits ein Servomotor (Anschluss 0) gesteckt, können Sie die Python-Bibliothek umgehend testen. Mit dem Kommando

```
sudo python Servo_Example.py
```

starten Sie ein Testprogramm, in dem sich der Rotor dauernd nach links und rechts bewegt. Das Programm brechen Sie mit der Tastenkombination STRG+C ab. Im nächsten Schritt nehmen Sie die selbst gebauten Lego-Motoren mit dem PWM-Adafruit-Modul am Raspberry Pi in Betrieb.

9.3 Mehrere Servomotoren im Zusammenspiel

Im Quellcode zu diesem Buch befinden sich im Pfad */Lego* neben der Projektdatei auch die dafür notwendigen Bibliotheken aus dem Adafruit-Paket, sodass Sie umgehend starten können. Mit dem Beispiel *lego-adafruit-pwm-01.py* steuern Sie bequem per Tastatur die an der Adafruit-PWM-Erweiterung angeschlossenen Servomotoren. In diesem Beispiel werden die weitverbreiteten, kostengünstigen Tower Pro MG995 in einer gemoddeten Version verwendet. Gemoddet deswegen, weil diese Servomotoren im Gegensatz zum Original einen Drehwinkel von 360 Grad besitzen und somit als Getriebemotor verwendet werden können. Im Internet gibt es allerhand Anleitungen dazu, wie sich Servomotoren zu einem Getriebemotor umbauen lassen, mit dem Begriff »Servo-Hacking« gelangen Sie in Kombination mit der Modellbezeichnung des gewünschten Servomotors zum Ziel. Hier sind dann der sogenannte Positionsregelkreis unterbrochen und gegebenenfalls die mechanischen Sicherheitsanschläge im Servo entfernt – meist ist das Rückgängigmachen nicht mehr möglich. In diesem Projekt kamen bereits umgebaute Servomotoren des Typs Tower Pro MG995 zum Einsatz, die mit etwas unter 10 Euro pro Stück im Vergleich nicht das Budget sprengen. Bestellt wurden diese Modelle beim belgischen Versender *kibuck.com* (*www.kibuck.com/servo-metal-continuous-rotation.html*). Die Ware kam anders als bei den China-/Hongkong-Händlern binnen weniger Tage an, zudem ersparte sie das lästige Zollnachfragen und weitere Kosten. Beim Einsatz von solchen Getriebemotoren sollten Sie beachten, dass das Einhalten der Drehwinkel nun vonseiten der Software abgefangen werden muss – die mechanische bzw. elektronische Sperre ist entfernt.

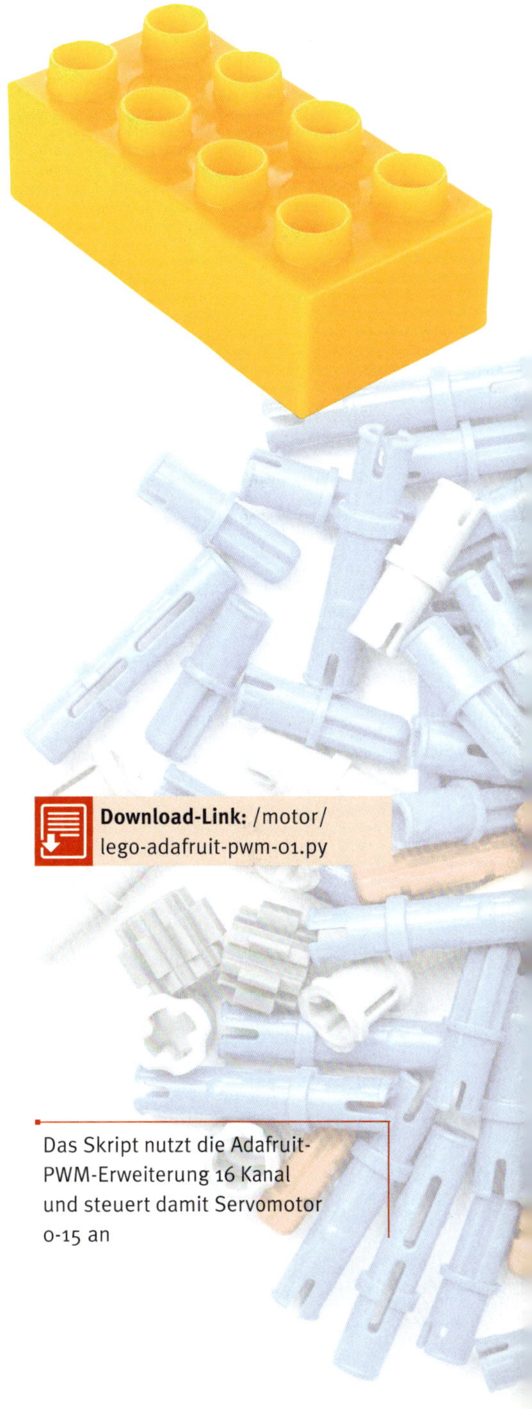

```
cd ~
mkdir -p Lego
cd Lego
nano lego-adafruit-pwm-01.py
```

Mit dem vorliegenden Python-Programm steuern Sie die angeschlossenen Motoren bequem mit der Tastatur. Für die Darstellung eines »Menüs« auf der Kommandozeile sorgt die Funktion *showControl()*, die nach jeder Tasteneingabe aufgerufen wird und auch über die aktuell eingestellte Pulslänge der angeschlossenen bzw. verwendeten Motoren informiert. Die minimale Pulslänge der Servomotoren bei der Verwendung des 12-Bit-PWM-Boards mit 4.096 Einheiten liegt bei 150, maximal kann der Wert bis auf 600 steigen. Nach dem Programmstart wird die Pulslänge auf den definierten Ruhestand gesetzt.

Download-Link: /motor/lego-adafruit-pwm-01.py

```
Dateiname: lego-adafruit-pwm-01.py (Ausschnitt)
# -*- coding: utf-8 -*-
#!/usr/bin/python
from Adafruit_PWM_Servo_Driver import PWM
import time
import serial
import array
import os
import sys
import threading
import struct
#-----------------------------------------------------------
pwm = PWM(0x40, debug=True)
```

Das Skript nutzt die Adafruit-PWM-Erweiterung 16 Kanal und steuert damit Servomotor 0-15 an

Min pulse length out of 4096

Max pulse length out of 4096

frequenz 60 Hz

Motoranschluss auf AdafruitPort

```
#-------------------------------------------------------------
servoMin = 150
servoMax = 600
servoMid = ((servoMax - servoMin) / 2 + servoMin)
offset = (servoMid * 2 / 3)/10
servoMid = int(round(servoMid+offset,0))
step = servoMid

def angle2step(angle):
    step = int(float(angle) * 500.0 / 180.0) + 110
    return step

if __name__ == '__main__':
    pwm.setPWMFreq(60)
    servoMotor=0
    showControl(); #print 'A = Schneller, D = Langsamer, X = Ende'
    inkey = _Getcharacter()
    while True:
        k=inkey()
        print(k[0])
        # 'a' ord: 97
        if (k[0] == 'a'):
            #
            #    fast motor
            #
            step = step + 10
            if step < servoMin:
               step = servoMid;
            if step > servoMax:
               step = servoMax;
            pwm.setPWM(servoMotor, 0, step)
            time.sleep(0.1)
            showControl();
        # 'd' ord: 100
        elif(k[0] == 'd'):
            #
            #    slow motor
            #
            step = step - 10;
            if step < servoMin:
               step = servoMid;
            if step > servoMax:
               step = servoMax;
            pwm.setPWM(servoMotor, 0, step)
            time.sleep(0.1)
            showControl();
        elif(k[0] == 'x'):
            stopStep = 0
            for servoMotor in range(0,16):
```

```
                pwm.setPWM(servoMotor, 0, stopStep)
                time.sleep(0.1)
            step = 0
            print('[ LEGO-SERVO ] Steuerung wird beendet.!');
            exit();
```

Nach dem Programmstart wartet dieses »Menü« auf eine Eingabe: Die Pulslänge und somit die Drehgeschwindigkeit des Rotors lassen sich über die Tasten [A] (schneller) und [D] (langsamer) ändern. Mit den Tasten [Y] und [W] navigieren Sie von einem Motor zum nächsten.

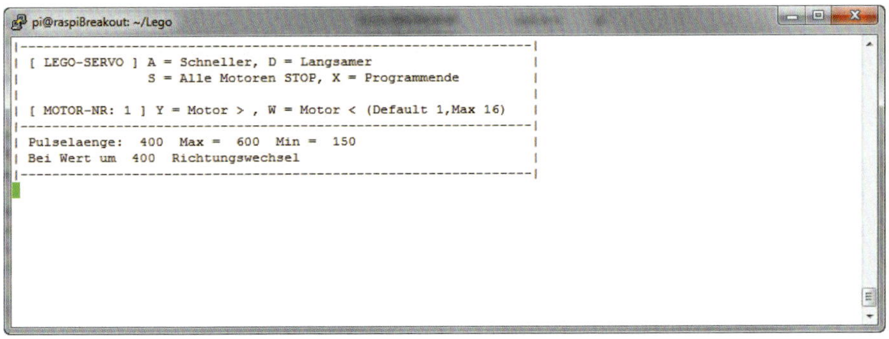

Mit dem vorliegenden Beispielcode lassen sich per Tastatur bis zu 16 Servomotoren über den Raspberry Pi steuern.

Mit der Taste [S] (Stoppfunktion) werden sämtliche angeschlossenen Servomotoren gestoppt, und mit der Taste [X] wird das laufende Programm beendet. Zwar lässt sich ein Python-Programm auch mit der Tastenkombination [Strg]+[C] beenden, doch in diesem Fall drehen sich die angeschlossenen Motoren weiter. Das reguläre Beenden des Programms mit der [X]-Taste stellt sicher, dass sämtliche angeschlossenen Servomotoren abgeschaltet werden.

9.4 Kreativwerkstatt: Servomotoren und Lego koppeln

Die Verwendung von gewöhnlichen Servomotoren aus dem Modell- und Drohnenbau oder aus dem Elektronikbereich für den Einsatz in der Lego-Welt ist eigentlich keine große Sache. Meist besitzen Servomotoren in der Welle ein Innengewinde, das sich für die Befestigung eines Lego-Zahnrads mithilfe einer kleinen Maschinenschraube (meist Durchmesser M3 oder M5) eignet.

Ist der Lego-Zahnkranz mit einer gewöhnlichen Unterlegscheibe und der Maschinenschraube am Drehrotorgewinde des Servomotors befestigt, bauen Sie mit Lego Technic das Gehäuse bzw. die Halterung für den Servomotor. In diesem Fall leistete das Lego-Technic-Set Mini-Baggerlader mit der Teile-Nr. 42004 wertvolle Dienste: Es sind nicht nur die passenden

Mit einer einfachen Übersetzung bringen Sie die Kraft des Servomotors in das Lego-Getriebe. Das treibende Zahnrad ist mit einer Gewindeschraube am Servomotor befestigt.

Zahnkränze und Bauteile vorhanden, Sie haben hier auch noch weitere Lego-Technic-Komponenten übrig, die sich in anderen Lego-Technic-Projekten einsetzen lassen. Addiert man die Kosten für den Servomotor (Tower Pro MG995, modifiziert, 10 Euro) mit dem Lego-Technic-Set (Mini-Baggerlader 42004, 15 Euro), treffen Sie so ziemlich genau den Preis für einen Lego-Originalmotor. Mit jedem weiteren Motor sparen Sie jedoch bares Geld, da die Komponenten des Lego-Technic-Sets je nach Bauweise für zwei Eigenbau-Legomotor-Servomotoren ausreichen und trotzdem noch zig Bausteine übrig bleiben. Das Zusammenbauen des Lego-Gestells für den Servomotor ist für geübte Lego-Bastler kein Problem: Sorgen Sie zunächst für einen sicheren Halt des Servomotors in der Lego-Konstruktion. Je nach Abmessung des Servomotorgehäuses muss gegebenenfalls etwas nachgebessert werden – in diesem Projekt wurden kurzerhand mit dem Teppichmesser kleine Klebestreifen aus einem Stuhlgleitergummi geschnitten und seitlich am Servomotor befestigt. Alternativ nutzen Sie Filzgleiter, die ebenfalls eine Klebeseite mitbringen und bequem zurecht-

geschnitten werden können. Je nach gewünschtem Anwendungszweck passen Sie die Eigenbau-Lego-Motorkonstruktion an.

Wichtig ist, dass das Gegenstück zum Zahnkranz des Servomotors optimal passt. Dies ist nicht nur wichtig, damit die Drehkräfte des Motors übertragen werden, sondern auch, damit es zu keinen mechanischen Missgeschicken und bei den Zahnrädern nicht zu ausgeleiertem Lego-Plastik kommt. Von der Kupplung des Zahnkranzes des Servomotors führen Sie die Drehbewegungen zu dem entsprechenden Einsatzzweck, und es bleiben dann keine Wünsche mehr offen: Von Antriebswellen über Kranmotoren bis hin zu Lenkungen und Seilwinden etc. lässt sich nun alles bequem mit Lego bauen und elektronisch mit dem Raspberry Pi steuern und regeln. Nutzen Sie die bereits besprochene Servoblaster-Technik, dann lassen sich bis zu acht Servomotoren gleichzeitig in einem Lego-Projekt einsetzen.

Abhängig vom Einsatzzweck: Der Servomotor selbst kann mit der Lego-Welt auf unterschiedliche Weise verbunden werden.

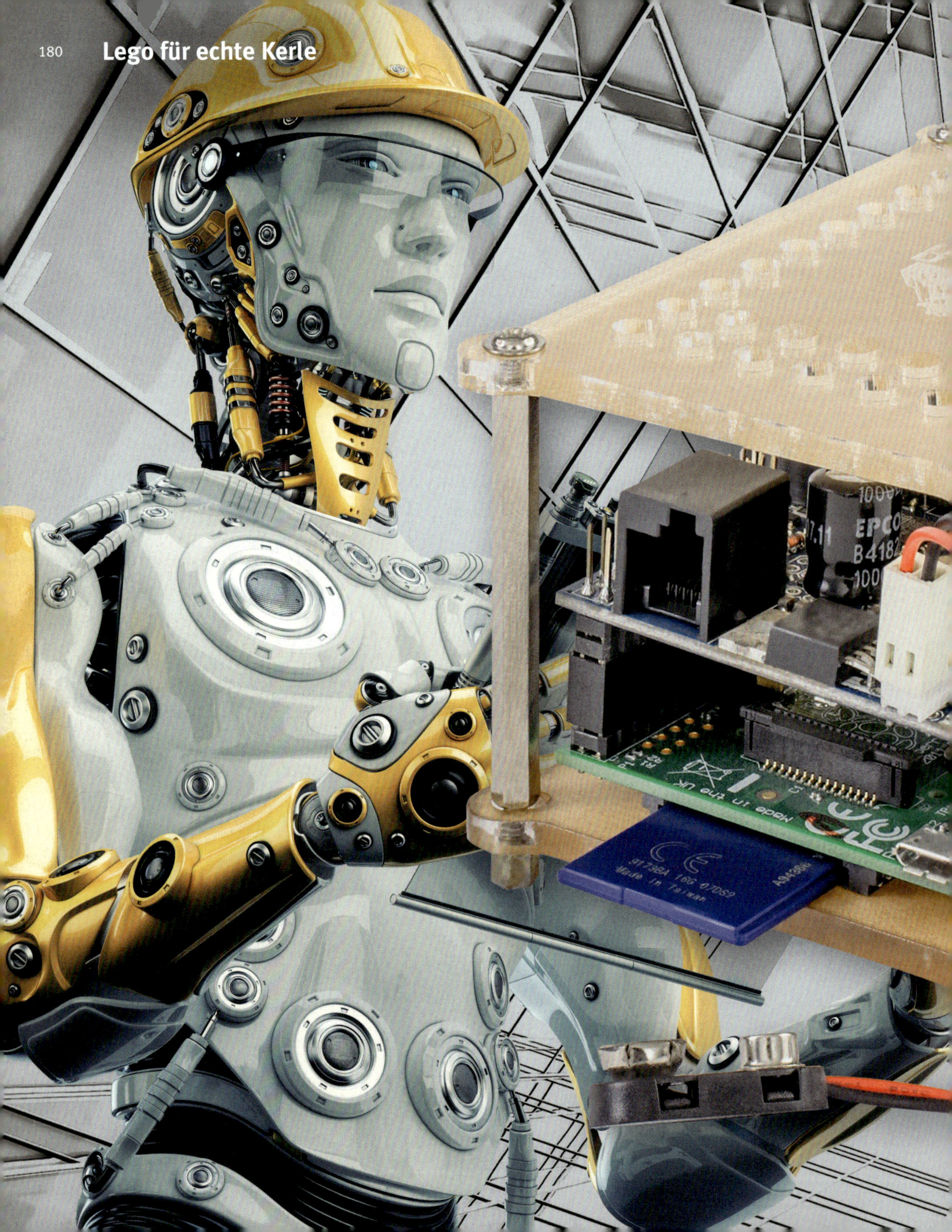
EPCO

10

I ROBOT

Lego Pi mit Mindstorms EV3 und Lego Technic

Mit dem Lego-Mindstorms-Set können Sie die tollsten Robotikkonstruktionen aus Lego bauen, und Sie können Ihrer Technikfantasie freien Lauf lassen. Doch am Anfang ist es sinnvoll, mit den Grundlagen zu starten und die beiliegenden Bauanleitungen zu verwenden, um ein Gespür für die zahlreichen Lego-Steine und die Komponenten zu bekommen.

Egal ob Normalpaket oder Education-Edition: Das Lego-Mindstorms-EV3-Basisset ist eigentlich für den pädagogischen Einsatz gedacht, kann aber wunderbar auch für Robotikbasteleien mit dem Raspberry Pi verwendet werden.

Mit dem Lego-Mindstorms-EV3-Basisset können Sie nicht nur Autos und fahrbare Konstruktionen entwickeln und zusammenbauen, sondern auch dank der enthaltenen Motoren und Sensoren eigene Robotiklösungen bauen, um diese anschließend zu programmieren und auszuprobieren. Der sogenannte EV3-Baustein ist das Hirn des Lego-Roboters und nichts anderes als ein kleiner Computer, der über seine Ein- und Ausgänge die unterschiedlichen Sensoren ausliest und die Bewegungsmotoren steuert. Der Lieferumfang des Lego-Mindstorms-EV3-Basissets setzt sich zunächst aus drei Servomotoren mit integrierten Rotationssensoren, einem Ultraschallsensor, einem Farb-/Lichtsensor, einem Gyro-Sensor und zwei Berührungssensoren zusammen. Dazu gesellen sich ein Akkumodul, ein Kugelrad sowie die notwendigen Anschlusskabel, zahlreiche Lego-Technic-Bausteine sowie die für den Anfang nützliche Bauanleitung, mit der Sie schon mal starten können.

Wie am Ende der Roboter, das Fahrzeug, der Greifarm – oder was auch immer bei Ihnen auf dem Projektspeiseplan steht – ausschaut: Kommt der eine oder andere Motor zum Einsatz, sind noch Zahnräder und weitere Komponenten vonnöten, um die wesentlichen mechanischen Prinzipien und Techniken mit Lego umzusetzen. Je nach Bauprojekt sind unterschiedliche Getriebe, Zahnräder, Kettenräder, Drehkränze, Lenkungen, Radaufhängungen, Kupplungen und vieles mehr notwendig, mit denen sich Mechanik im Detail nachbauen und Prinzipien wie Drehmoment, Leistungs- und kraftvolle Getriebeübersetzungen umsetzen lassen. Hier reichen gewöhnliche Lego-Bausteine nur bedingt aus – das technische Eingemachte der Mechanik und Robotik wird mit Lego-Technic-Bausteinen und Mindstorms-Komponenten umgesetzt. Zusammen mit einem Raspberry Pi sowie einer speziellen Platine für die Lego-Elektrik können Sie die gewohnten Programmier- und Skriptsprachen des Raspberry Pi auch für die Lego-Motoren und Sensoren verwenden.

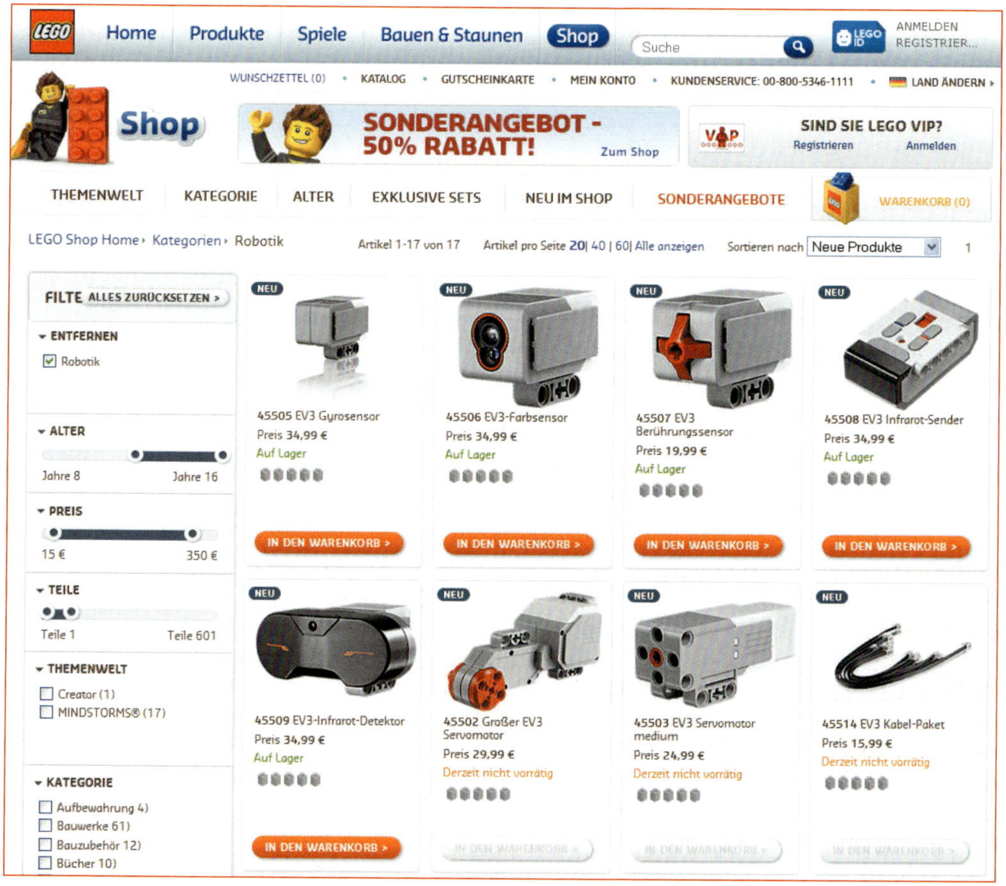

Wer gern mit Lego-Bausteinen bastelt, aber die Anschaffung des Mindstorms-Komplettpakets scheut, kann einzelne Sensoren und Motoren im Fachhandel oder im Internet beim Lego-Store (*shop.lego.com/de-DE/Robotik-NachKategorie*) beziehen.

10.1 Lego Technic und Lego Mindstorms mit Raspberry Pi aufmotzen

Bauen und staunen: »Lego spielen« hört sich so einfach an – ist es aber nicht. Wer das Lego Mindstorms ausgepackt hat und die Bauteile sieht, will am liebsten umgehend loslegen. Doch die Anzahl der Bausteine und der zusätzlichen Möglichkeiten, die die Mindstorms-Bausteine mitbringen, ist zwar sehr beeindruckend, wirkt aber auch ganz schnell frustrierend. Gerade wer die Beispielmodelle nach den Schritt-für-Schritt-Anleitungen gebaut hat, kann dafür mithilfe der Lego-eigenen Software, die kostenlos im Internet erhältlich ist, eigene Programme schreiben. Meist ist alles so gut wie möglich erklärt – wie bei Lego gewohnt: jeder Schalter, jede Einstellung, jede Option und jede Schleife. Doch so einfach wie dargestellt ist es trotzdem nicht, vor allem nicht für einen Familienvater. Fehlt im Code irgendwo auch nur ein Wert oder ist eine Variable falsch eingestellt, bleibt

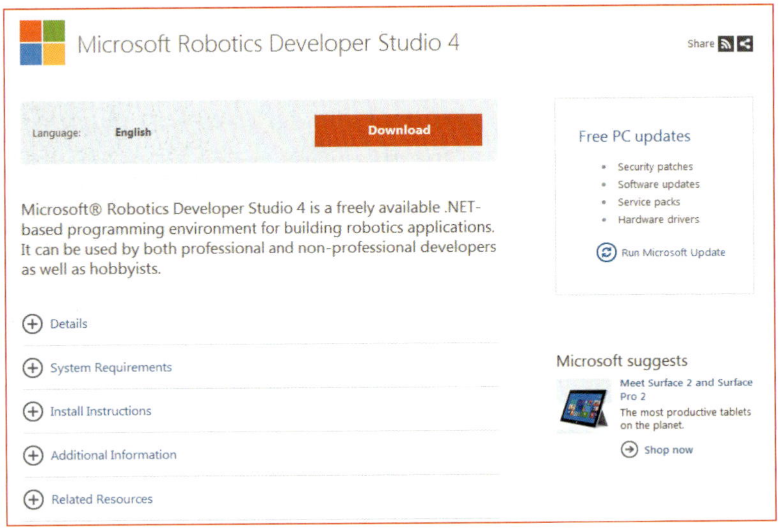

Von Microsoft: Das im März 2012 erschienene Robotics Developer Studio 4 unterstützt auch NXT-Bausteine von Lego.

der Roboter still und bewegt sich nicht. Mechanik und Robotik sind im Zusammenhang mit Lego kein neues Thema – auch Lego selbst bringt mit der Mindstorms-Reihe einige Lösungen mit. Diese nutzen als Steuerzentrale den sogenannten NXT-Baustein, der rein technisch gesehen mit 48 MHz Taktfrequenz und 64 KByte RAM etwas flachbrüstig ausgestattet ist. Für ureigene Lego-Zwecke nach Bauplan ist das natürlich ausreichend, wer anspruchsvollere und vor allem leistungsfähigere Projekte mit alternativen Komponenten wie Videokameras oder aber auch anderen Sensoren und Elektronik umsetzen möchte, der tauscht den NXT-Baustein gegen einen Raspberry Pi aus. Damit wandelt sich Lego Technic in eine bequeme Alternative zwecks Prototyping von Mechanik- und Robotikthemen.

Da sich die Programmierung von Lego-Roboter & Co. mit dem Einsatz des Raspberry nicht mehr nur auf die Lego-NXC-Sprache des NXT-Bausteins beschränkt, kann nun mit dem Raspberry Pi nahezu jede beliebige und verbreitete (Hoch-)Sprache für die Steuerung und das Auslesen der Lego-Sensoren & Co. verwendet werden.

10.2 BrickPi – Lego-Mindstorms im Eigenbau

Aus einem Kickstarter-Projekt (*www.kickstarter.com/projects/john-cole/brickpi-lego-bricks-with-a-raspberry-pi-brain*) ist die Idee entstanden, gewöhnliche Lego-Steine und die Mindstorms-Reihe mit dem Raspberry Pi zu koppeln. Mittlerweile ist daraus ein kleines Unternehmen mit dem Namen Dexter Industries geworden, das sich unter anderem auf die Herstellung von Sensoren und anderen Erweiterungen für Lego Mindstorms spezialisiert hat. Die BrickPi-Platine ist eine Erweiterung zum Aufsetzen auf der GPIO-Pfostenreihe P1, die in erster Linie eine Schnittstelle zu Lego-Mindstorms-NXT-Motoren mitbringt. Alternativ lassen sich auch Sensoren über den Arduino (ATmega328) verwenden. In erster Linie lassen sich bis zu drei Lego-NXT-Motoren und bis zu vier Sensoren anschließen und betreiben. Bezugsquelle des BrickPi-Boards inklusive Versand aus den USA zu einem Preis von 96,00 Dollar und weitere Informationen sowie Quelltexte und Beispiele dazu erhalten Sie bei den BrickPi-Machern von Dexter Industries (*www.dexterindustries.com*).

Alternativ ist für die Stromversorgung ein 9-V-Akku notwendig, der neben dem Raspberry Pi und dem BrickPi-Board auch angeschlossene Motoren und Sensoren versorgen kann.

Die Boden- und die Deckelplatte der BrickPi-Halterung lassen sich mit Lego-Steinen verbinden und sorgen somit nicht nur für eine gelungene Integration in das Lego-Projekt, sondern sorgen auch für den notwendigen Halt der Baugruppe auf der Lego-Konstruktion. Bezüglich Formfaktor und Größe passt sich das BrickPi-Board genau an den Raspberry Pi an: Die Platine des BrickPi-Boards passt von der Größe genau auf den Raspberry Pi. Bevor Sie das BrickPi-Board aufsetzen, ist das Raspberry-Pi-Board mit der BrickPi-Lego-Konstruktion zu verschrauben. Da in diesem Projekt die Revision 2 des Raspberry Pi 1 (Modell B mit 512 MByte RAM) im Einsatz ist, bringt die Platine passende Bohrungen mit, um den Raspberry Pi am Gehäuse der BrickPi-Lego-Konstruktion mit zwei kleinen passenden Holz- oder besser Gewindeschrauben zu befestigen. Ist der Raspberry Pi festgezurrt, setzen Sie das BrickPi-Board auf und montieren die Deckelplatte des BrickPi-»Gehäuses«. Dank des mitgelieferten Adapters lassen sich das BrickPi-Board und der Raspberry Pi mit einer 9-V-Batterie betreiben – ideal für mobile Lego-Projekte.

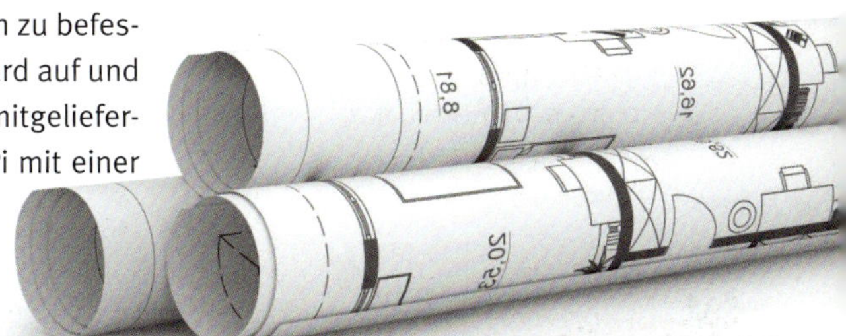

10.2.1 BrickPi-Treiber in Betrieb nehmen

Ist der Raspberry Pi samt BrickPi-Platine als gemeinsame Einheit als BrickPi-Baustein montiert, versorgen Sie den Raspberry Pi mit Strom. In diesem Projekt wird der gewöhnliche USB-Anschluss genutzt, da die Bagger-/Krankonstruktion direkt am Aufstellort betrieben wird und daher keine mobile Lösung notwendig ist. Nach dem Verkabeln und Einschalten des Raspberry Pi nehmen Sie zunächst die Grundinstallation der BrickPi-Treiber und -Bibliotheken vor, bevor Sie mit dem ersten Selbstbauprojekt starten. Hier stehen zunächst zwei Wege zur Verfügung: Entweder Sie nutzen ein komplettes Raspbian-Image, das bereits mit den passenden Treibern und entsprechenden Parametern ausgestattet ist. Die Alternative ist die Selbstbaulösung, um am Ende des Tages das bestehende Raspbian-System um die BrickPi-Funktionen ergänzt zu haben.

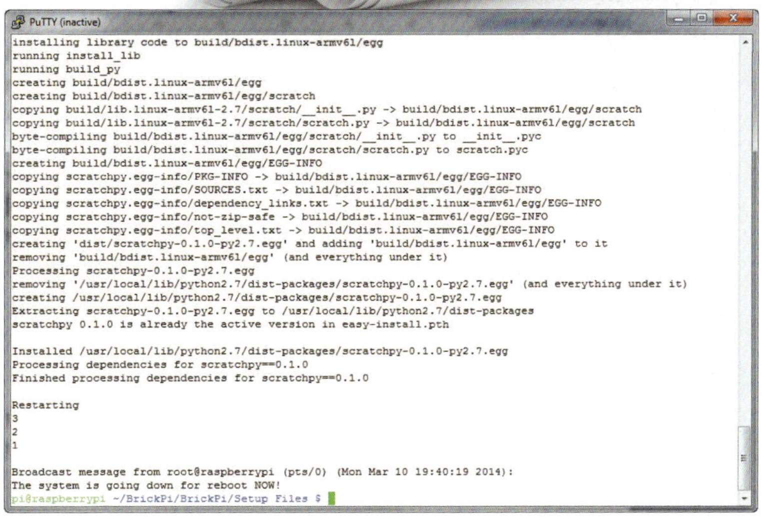

Die Installation der BrickPi-Treiber selbst ist ruck, zuck erledigt. Bestätigen Sie die Standardeinstellungen Schritt für Schritt per Enter und starten Sie anschließend den Raspberry Pi neu, um die BrickPi-Erweiterung in Betrieb zu nehmen.

In diesem Projekt wird die manuelle Installation der notwendigen Tools sowie die Anpassung der Konfiguration des Raspberry Pi für den BrickPi-Einsatz vorgestellt. Der Vorteil ist hier, dass Sie jede Änderung dann auch selbstständig wieder entfernen können, falls das BrickPi-Board nicht mehr zum Einsatz kommt. Dafür verbinden Sie sich mit dem Raspberry Pi und öffnen ein Terminalfenster – in diesem Fall erfolgt die Verbindung über SSH per Kommandozeile. Für den späteren Python-Einsatz stellen Sie zunächst sicher, dass die *python-setuptools* auf dem Raspberry Pi installiert sind, und legen im nächsten Schritt für die Lego-Projekte ein eigenes Projektverzeichnis an. In diesem Beispiel ist es das Verzeichnis *BrickPi*.

```
sudo apt-get install python-setuptools
cd ~
mkdir BrickPi
cd BrickPi
git clone https://github.com/DexterInd/BrickPi.git
cd BrickPi
cd "Setup Files"
sudo chmod a+x install.sh
sudo ./install.sh
```

In dem frisch angelegten Arbeitsverzeichnis klonen Sie das BrickPi-Paket von Dexter Industries lokal auf dem Raspberry Pi und starten anschließend im Unterverzeichnis *\BrickPi\Setup Files* das Installationsskript mit *sudo*-Berechtigung. Dieses lässt sich naturgemäß nur dann ausführen, wenn zuvor per *chmod* die notwendigen *Ausführen*-Rechte zugeordnet wurden.

10.2.2 BrickPi-Schnittstellen aktivieren

Grundsätzlich nutzt das BrickPi-Board hardwareseitig neben den »seriellen« Pins (GPIO14 [UART0-TX] und GPIO15 [UART0-RX]) auf der GPIO-Leiste die I^{2}C-Schnittstelle (GPIO0 [I2C0-SDA] und GPIO1 [I2C0-SCL]) sowie GPIO18 und GPIO21 für das Ein- und Ausschalten der verbauten LEDs. Nach dem Aufsetzen der Platine auf dem Raspberry Pi sind demnach die entsprechenden Einstellungen für den Betrieb der Schnittstellen notwendig. So sind beispielsweise für den I^{2}C-Betrieb auch die notwendigen Bibliotheken gegebenenfalls nachzuinstallieren und die Startdateien des Raspberry Pi entsprechend anzupassen.

```
sudo apt-get install libi2c-dev i2c-tools python-smbus
                                       python-serial python-rpi.gpio
```

Um nun I^{2}C-Funktionen bzw. das SMBus-Modul zu nutzen, stellen Sie sicher, dass in der Datei der Eintrag bei *i2c-bcm2708* mit einem führenden Doppelkreuz (Gartenzaunsymbol #) auskommentiert ist.

```
sudo nano /etc/modprobe.d/raspi-blacklist.conf
```

Zusätzlich benötigt SMBus auch den passenden Treiber, der in der *modules*-Datei eingetragen sein sollte:

```
sudo nano /etc/modules
```

Dort fügen Sie, falls noch nicht vorhanden, eine neue Zeile ein und ergänzen die Bezeichnung des Treibers:

```
i2c-dev
```

Auch für den ordnungsgemäßen Betrieb der Motoren und Sensoren über die seriellen Ports sind Änderungen fern vom Standard notwendig. Zunächst sind die *getty*-Anschlüsse abzuschalten – dies erledigen Sie in der Datei */etc/inittab*.

```
sudo nano /etc/inittab
```

Sind nach dem Öffnen der Datei noch Einträge in der Form:

```
T0:23:respawn:/sbin/getty -L ttyAMA0 115200 vt100
```

vorhanden, setzen Sie ein Doppelkreuz davor, um sie auszukommentieren, damit sie beim Systemstart nicht geladen werden. Auch muss die Startdatei */boot/cmdline.txt* des Raspberry Pi angepasst werden, damit nach einem Neustart beim Bootvorgang die seriellen Anschlüsse stillgelegt bleiben. Dafür passen Sie in der Datei:

```
sudo nano /boot/cmdline.txt
```

den Startstring an. Befindet sich dort ein Eintrag in der Form:

```
console=ttyAMA0,115200 kgdboc=ttyAMA0,115200
```

entfernen Sie ihn und speichern die *cmdline.txt*-Datei. Im nächsten Schritt erhöhen Sie die Clock-Geschwindigkeit durch einen Eintrag in der *config.txt*-Datei.

```
sudo nano /boot/config.txt
```

Dort schauen Sie nach der Existenz eines Eintrags mit der Bezeichnung *init_uart_clock*. Falls Sie ihn nicht finden, legen Sie ihn an und setzen den dazugehörigen Parameter auf den Wert *32000000*.

```
init_uart_clock=32000000
```

Anschließend starten Sie den Raspberry Pi neu. Nun sollten sämtliche Änderungen aktiv sein, um das BrickPi-Board softwareseitig in Betrieb nehmen zu können. Elegant ist die Nutzung der WiringPi-Bibliothek (*https://projects.drogon.net/raspberry-pi/wiringpi*), die auch in einer angepassten Version für BrickPi-Anwender zur Verfügung steht. Diese ist entweder ganz frisch über Github (*https://github.com/DexterInd/BrickPi/tree/master/Setup Files*) nachzuziehen oder wurde – wie in diesem Fall – bereits über die Installation des obigen BrickPi-Treibers auf die SD-Karte des Raspberry Pi kopiert. Wechseln Sie in das entsprechende Verzeichnis und installieren Sie diese angepasste Version, die modifizierte und schnellere Baud-Raten bei der seriellen Kommunikation mitbringt:

```
cd ~/BrickPi/BrickPi/Setup\ Files/wiringPi
sudo chmod a+x build
sudo ./build
```

Ist das *build*-Kommando gestartet, wird die WiringPi-Bibliothek automatisch installiert und eingerichtet. Für den Python-Zugriff liefert Dexter Industries eine eigene Python-Bibliothek mit.

10.2.3 Python-Bibliothek für BrickPi installieren

Nach dem Aktivieren der Schnittstellen samt Neustart des Raspberry Pi machen Sie den Raspberry Pi für die Verwendung der passenden Python-Bibliothek für den Lego-Betrieb fit. Hierfür steht ebenfalls ein Installationsskript zur Verfügung – folgende Schritte sind für die Inbetriebnahme notwendig.

```
cd ~/BrickPi
wget https://github.com/DexterInd/BrickPi_Python/archive/
                                                  master.zip
mv master.zip BrickPi.zip
unzip BrickPi.zip
```

Nach dem Entpacken der Archivdatei installieren Sie die Bibliothek mit dem *setup.py*-Installationsskript. Das im Rahmen der Installation angelegte Verzeichnis *BrickPi_Python-master* kann anschließend wieder gelöscht werden – es wird nur für die Installation benötigt.

Nach erfolgreicher Installation des Python-Pakets starten Sie sicherheitshalber den Raspberry Pi neu.

```
cd BrickPi_Python-master
sudo python setup.py install
sudo reboot
```

Nun steht das BrickPi-Python-Modul global auf dem Raspberry Pi zur Verfügung. Im nächsten Schritt können Sie die an der BrickPi-Erweiterungsplatine angeschlossenen Sensoren und Motoren über die Python-Bibliothek bequem ansteuern, abfragen und auslesen.

10.2.4 Motoren und Sensoren im BrickPi-Einsatz

Grundsätzlich wird das BrickPi-Modul im Python-Code über den *import*-Mechanismus eingebunden. Hierfür reicht im Quellcode die Angabe *import BrickPi* aus. Dexter Industries stellt etwas Beispielcode auf Github (*https://github.com/DexterInd/BrickPi_Python/tree/master/Sensor_Examples*) zur Verfügung. Diese Beispiele setzen jedoch entsprechende bzw. an den passenden Buchsen angeschlossene Lego-Sensoren voraus und können wie

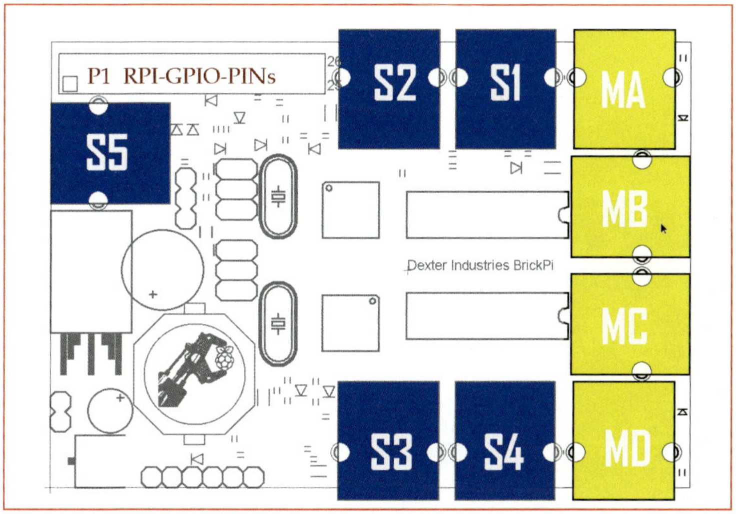

Die neun verfügbaren Anschlüsse für Lego-Sensoren und -Motoren des BrickPi-Boards. (Abbildung: Dexter Industries)

bei Python auf dem Raspberry Pi gewohnt mit *root*-Berechtigungen gestartet werden.

Analog zur Abbildung sind die Bezeichnungen der Anschlüsse 1 bis 5 [PORT_1]...[PORT_5] für die Sensoren und A bis D [PORT_A]... [PORT_D] für die Motoren im Quellcode zu verwenden. Bevor es so weit ist, bauen Sie zunächst mit Lego ein geeignetes Modell, mit dem Sie die Mindstorms-Motoren und -Sensoren passend einsetzen können.

10.3 Lego-Kran/-Greifersteuerung mit dem Raspberry Pi

Im Gegensatz zu früher kann heute das Bauen mit Lego zu einer Wissenschaft ausarten, und ein intuitives Zusammenbauen der Modelle ist spätestens bei größeren Lego-Technic-Modellen eine große Herausforderung. Umso wichtiger ist eine genaue Planung und – falls vorhanden – eine passende Bauanleitung. Diese Bauanleitungen für Lego Technic und Mindstorms werden häufig gesucht, vor allem dann, wenn die Originalbauanleitung verloren gegangen ist. Viele Bauanleitungen sind kostenlos im Internet zu finden, so auch die in diesem Projekt verwendete Kransteuerung, die mit dem Raspberry Pi und dem BrickPi-Erweiterungsboard gekoppelt wurde.

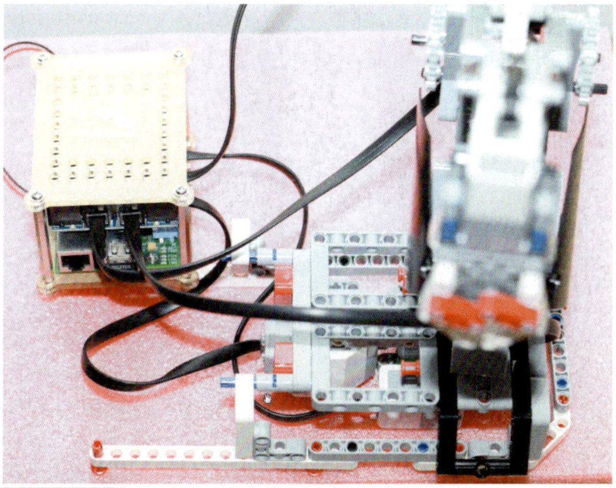

Insgesamt kommen in dem Projekt *Roboterarm 45544* drei Motoren und zwei Sensoren zum Einsatz.

Alternativ lassen Sie Ihrer Kreativität freien Lauf und konstruieren selbst einen drehbaren Roboterarm, dessen motorisierter Greifarm sich heben und senken lässt. Grundsätzlich befindet sich der Arm bzw. der Greifer auf einer drehbaren Plattform. Der Robotorarm selbst lässt sich heben und senken. Am Ende des Robotorarms ist ein weiterer Motor verbaut, der für den Greifmechanismus zuständig ist und ähnlich wie Daumen und Zeigefinger Ihrer Hand arbeitet.

BrickPi-Anschluss	Beschreibung	Roboterarm 45544
MA	Motoranschluss A	Basis
MB	Motoranschluss B	Hebearm
MD	Motoranschluss D	Greifer
S1	Sensoranschluss S1	Sensor Greifarm
S2	Sensoranschluss S2	Sensor Basis

Sind die Motoren und Sensoren verbaut und mit den entsprechenden BrickPi-Anschlüssen verbunden, nehmen Sie die BrickPi-Erweiterung und den Raspberry Pi in Betrieb.

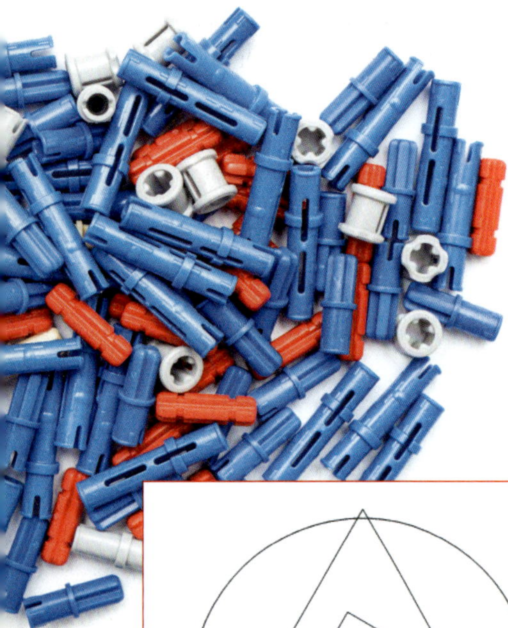

Auch wenn Sie keinen Greifarm oder Robotorarm in Ihrem Projekt vorgesehen haben, lässt sich die Herangehensweise für den Zugriff und die Steuerung der Motoren auf eigene Projekte ummünzen. Unabhängig davon, ob Sie die BrickPi-Erweiterung oder den NXT-Baustein von Lego verwenden – die Länge der zur Verfügung stehenden Anschlusskabel der Lego-Motoren ist begrenzt, was auch die Flexibilität des Lego-Eigenbauprojekts beschränkt.

10.3.1 Basis, Neigung und Greifer – drei Motoren für den Kran

Je nachdem, ob die Motoren für einen Bagger, einen Kran, eine Teleskop- oder eine Greifarmkonstruktion verwendet werden, sind die Drehwinkel der Motoren sowie die zulässigen Richtungen unterschiedlich. Auch die Konstruktion selbst und die Mechanik können die Drehweite – sprich Pulslänge – einschränken.

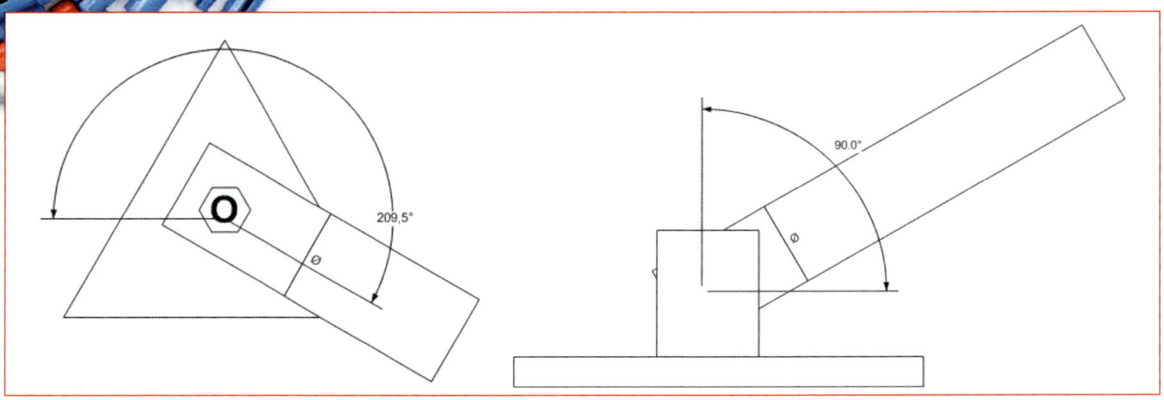

Neiger mit zwei Motoren: Links ist der Drehmotor der Basis schematisch dargestellt, rechts der Hebearm. Hier darf der Drehwinkel des Werkstücks maximal so weit vom Motor wegbewegt werden, dass keine mechanischen Probleme auftreten können.

Auch wenn durch die Bauweise mit Holz, Lego, Kunststoff etc. eine mechanische Sperre des Motors und ein »Überdrehen« des Gelenks verhindert werden kann bzw. verhindert wird, ist eine entsprechende Berücksichtigung der Drehgrenzen am besten schon in der Logik der Steuerung empfehlenswert. Andere Varianten und das in der Grafik beispielhaft dargestellte Zusammenspiel der Komponenten sowie deren Abhängigkeiten lassen sich mit Python auf dem Raspberry Pi umsetzen. Am einfachsten setzen Sie dies erstmal dahingehend um, dass Sie das Terminal als Bedienkonsole verwenden und den gebauten Hebearm manuell steuern. In dem nachfolgenden Beispiel der Datei *legokran-brickpi-step1.py* sind die Motoranschlüsse A, B, D des BrickPi-Boards mit Lego-Motoren bestückt. Die Steuerung der Motoren erfolgt klassisch per Terminal/Tastatur, bei der eine bestimmte Aktion hinter einer bestimmten Taste hinterlegt ist. Durch die Festlegung der Tasten ist klar, welche Funktionen hinterlegt werden müssen. Um die gewünschten Funktionen in Programmcode für den Raspberry Pi zu gießen, setzen Sie aus Übersichtlichkeitsgründen jede einzelne Aktion in eine eigene Python-Funk-

Taste	Aktion
a	Basis Linksdrehung
d	Basis Rechtsdrehung
w	Hebearm nach oben
y	Hebearm nach unten
q	Greifarm schließen
e	Greifarm öffnen
x	Programmende

tion um. So sind beispielsweise die notwendigen Schritte für die Drehung nach links der Basis in der Funktion *basis_turn_left()* hinterlegt, während für die Drehung nach rechts die Funktion *basis_turn_right()* zuständig ist.

Download-Link: Lego-Kran/ legokran-brickpi-step1.py

Dateiname: legokran-brickpi-step1.py (Ausschnitt)

```
#!/bin/python
from BrickPi import *
def basis_turn_left():
    # neiger_hoch
    print('| Drehung nach links...                          |');
    BrickPi.MotorSpeed[PORT_B] = -200
    update_and_wait()
    # dann drehung
    BrickPi.MotorSpeed[PORT_A] = 200
    update_and_wait()
def neiger_runter():
    print('| Neiger nach unten...                           |');
    BrickPi.MotorSpeed[PORT_B] = 200
    update_and_wait()
def greifer_auf():
    print('| Greifer oeffnen                                |');
    BrickPi.MotorSpeed[PORT_D] = 200 #0
    update_and_wait()
def update_and_wait():
    BrickPiUpdateValues();
    time.sleep(0.5)
if __name__ == '__main__':
    BrickPiSetup()
    BrickPi.MotorEnable[PORT_A] = 1
    BrickPi.MotorEnable[PORT_B] = 1
    BrickPi.MotorEnable[PORT_D] = 1
    BrickPiSetupSensors() #
    showControl();
    inkey = _Getcharacter()
    while True:
        k=inkey()
        print(k[0])
        # 'a' turn left ord: 97
        if (k[0] == 'a'):
            basis_turn_left();
            showControl();
        # 'd' turn right ord: 100
        elif(k[0] == 'd'):
            basis_turn_right();
            showControl();
        # 'x' exit programm ord: 120
        elif(k[0] == 'x'):
            print('[ LEGO-KRAN ] Steuerung wird beendet.!');
            exit();
```

Das Skript nutzt die Motorenanschlüsse des BrickPi A, B, D und wird über die Tasten
A = Basis links, D = Basis rechts,
X = Ende
W = Neiger hoch, Y = Neiger runter
Q = Greifer zu, E = Greifer auf
gesteuert

Setup serial port communication

Enable Motor A BASIS

Enable Motor B NEIGER

Send Sensoreigenschaften zu BrickPi

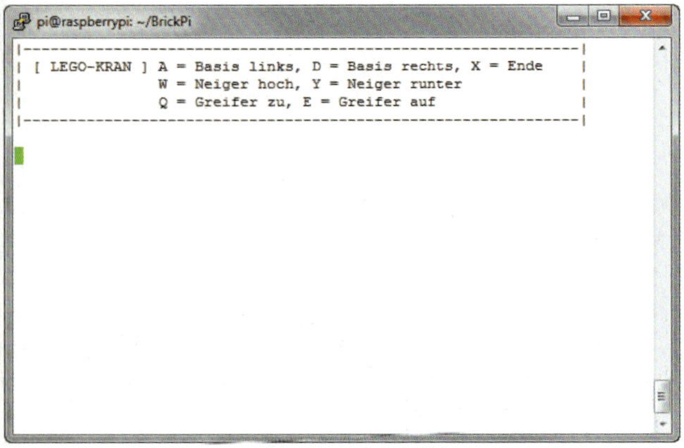

Steuerung des Lego-BrickPi-Krans per Tastatur: Die wesentlichen Kranfunktionen sind jeweils auf einer eigenen Taste hinterlegt.

Nach dem Start des Python-Programms lassen sich über die Tastatur die Motoren und somit der gebaute Lego-Kran steuern. So sind für die Drehbasis die Tasten [A] (Linksdrehung) und [D] (Rechtsdrehung), für die Neigung des Kranarms die Tasten [W] (hoch) und [Y] (runter) sowie für den Greifmotor die Tasten [Q] (Greifer zu) und [E] (Greifer auf) zuständig. Taste [X] beendet das Python-Programm. Die Steuerung bzw. die Abfrage der Tastensteuerung erfolgt über zwei eigene Klassen, die die Tastenanschläge analysieren. In der *while*-Schleife werden die den Tasten zugeordneten Aktionen über die jeweilige Funktion gestartet.

Im Laufe der Entwicklung des Codes einer einfachen Kransteuerung kommen mit der Zeit manchmal Dinge hinzu, die anfangs noch keine Beachtung fanden. Dies fällt oft dann erst im Betrieb nach diversen Tests auf – beispielsweise, dass sich der Basismotor erst dann drehen darf bzw. kann, wenn die Position des Kranarms auch nach oben zeigt. Auch der Hebemechanismus des Kranarms ist aus Lego-technischer Sicht in seinen Parametern beschränkt – ist der Kranarm bereits oben, braucht sich dafür der entsprechende Motor nicht nochmals in diese Richtung zu bewegen. Identisch verhält es sich mit dem Greifarm: Der kann entweder den Status *auf* oder *zu* haben – ist der Greifarm bereits geschlossen, ist ein erneutes Drücken der Taste [Q] zum Schließen des Greifers mechanisch wirkungslos. Für Abhilfe sorgt entweder das Abfangen solcher Spezialfälle direkt im Quellcode mithilfe geeigneter Variablen oder zusätzlich der Einsatz von Sensoren, die die Position von Greifarm & Co. überwachen. Ein angeschlossener Sensor kann wie folgt mit Python in Betrieb genommen werden:

```
BrickPiSetup() # Für die Kommunikation wird zunächst der
                                    serielle Anschluss aktiviert
BrickPi.SensorType[PORT_1] = TYPE_SENSOR_TOUCH # Sensortyp am
                                    entsprechenden Anschluss PORT_1
BrickPiSetupSensors() # Eigenschaften -> BrickPi
while True: # Regelmäßiges Abfragen Status der in Variable
                                    sensorResult gespeichert wird
    sensorResult = BrickPiUpdateValues() # Werte/Status von
                                    BrickPi holen
    if not sensorResult:
        print 'BrickPi.Sensor[PORT_1]:', BrickPi.
                          Sensor[PORT_1] # Ausgabe Sensor-Wert
    time.sleep(.01) # Wartemodus 10 ms
```

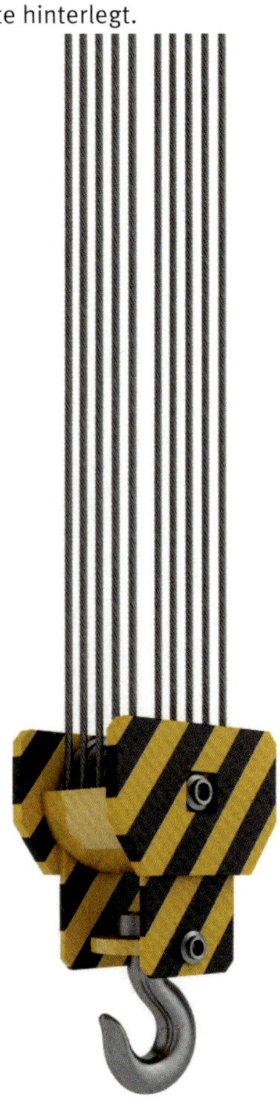

Das obige Beispiel (*legokran-brickpi-step1.py*) wurde um einen Lego-Touchsensor ergänzt und als Datei in die Datei *legokran-brickpi-step2.py* im Projektverzeichnis */Lego-Kran* abgelegt. Aus Platzgründen wurde auf den Abdruck verzichtet – die wesentlichen Anpassungen sind dort kommentiert.